TRAITÉ
DE LA
FABRICATION DES TISSUS.

IMPRIMERIE de J. P. RISLER, à MULHOUSE.

TRAITÉ
ENCYCLOPÉDIQUE ET MÉTHODIQUE
DE LA
FABRICATION DES TISSUS,

PAR

P. FALCOT,

DESSINATEUR, PROFESSEUR DE THÉORIE-PRATIQUE POUR LA FABRICATION DE
TOUS LES GENRES DE TISSUS,

MEMBRE DE LA SOCIÉTÉ D'ENCOURAGEMENT POUR L'INDUSTRIE NATIONALE.

DEUXIÈME ÉDITION,

Entièrement revue, corrigée, et augmentée de plus du double.
Ornée du portrait de Jacquard et de celui de l'auteur.
Accompagnée de 500 planches d'ustensiles, mécaniques, plans de machines,
montages divers, dessins en esquisses et en mises en carte, etc.,
ainsi que d'un album contenant environ 2000 dessins
brefs ou armures applicables à tous les
genres de nouveautés.

Publication honorée de la souscription du Gouvernement.

OUVRAGE INDISPENSABLE
à toutes les personnes qui se vouent à la fabrication des tissus-nouveautés.

Prix : broché 50 francs.

PLANCHES.

A ELBEUF (sur Seine), chez l'AUTEUR.
A MULHOUSE, chez J. P. RISLER, LIBRAIRE.

1852.

Tout Exemplaire du présent Ouvrage, qui ne porterait pas, comme ci-dessous, la signature de l'Auteur, sera contrefait. Les mesures nécessaires seront prises pour atteindre, conformément à la Loi, les fabricants et les débitants de ces Exemplaires.

TABLE DES PLANCHES,
CONTENUES DANS CE VOLUME.

	Nos des planches.
Vers-à-soie.	1
Ourdissoir vertical et cantre longitudinale.	2
Pliage ou montoir.	3
Divers genres de lisses et de mailles. — Peigne.	4
Métier à tisser pour taffetas. Vue latérale.	5
Idem, vu par devant et par derrière.	6
Idem dit à poitrinière.	7
Battants ordinaires.	8
Battant à boîtes simples.	9
Rouleaux et oreillons.	10
Navettes diverses. — Accessoires.	11
Marches, contre-marches et leviers.	12
Carrête. — Chatelet.	13
Divers genres de tempias ou templets.	14
Tension des chaînes. — Divers genres de bascule.	15
Ustensiles et accessoires divers.	16
Rouet. — Escaladou. — Campane. — Tournette. — Guindre.	17
Divers genres de nœuds.	18
Remettage ou rentrage. — Principes.	19
Egancettes ou gancettes. — Mise en corde.	20
Tordage, ou apponse des chaînes.	21
Remettages divers sur un seul remisse.	22
Remettages sur deux remisses.	23
Remettages sur deux et trois remisses. — Lisières dites Insurgins.	24
Tissage. — Effets des croisements	25
Armures fondamentales.	26
Croisements dérivés des armures fondamentales.	27
Rouet à retordre	28
Esquisses pour étoffes à bandes.	29
Etoffes à bandes. — Armures différentes sur les mêmes lisses.	30
Etoffes à bandes. Armures sur deux remisses.	31
Armures diverses. — Gros de Tours. — Reps. — Chevrons. — Velours.	32

TABLE DES PLANCHES.

Nos des planches

Etoffes à double face, formées par un seul remisse.	33
Etoffes à double face, formées sur deux remisses.	34
Etoffes doubles, formées sur un seul remisse.	35
Etoffes doubles, formées sur deux remisses.	36
Etoffes doubles, suite de la planche précédente.	37
Dispositions pour écossais.	38
Idem pour la confection des lisses ou lames figurées.	39
Papiers réglés pour la mise en carte des dessins.	40
Réduction des lisses ou lames. — Armures réduites.	41
Réduction des marches.	42
Amalgame des chaînes.	43
Système lève-et-baisse. — Métier à marches.	44
Mécanique armure vue du côté gauche.	45
Idem id. vue du côté droit.	46
Idem id. vue par devant et par derrière.	47
Idem id. coupes transversales.	48
Idem id. Pièces détachées.	49
Perçage des cartons à la main.	50
Idem sur divers garnissages.	51
Idem par rang longitudinal. — Taffetas.	52
Idem id. Batavia. — Sergé de quatre.	53
Idem id. satin de cinq.	54
Idem par rang transversal. — Satin de huit.	55
Idem id. id. Batavia.	56
Idem id. sergé de quatre. — Satin de quatre. — Satin de cinq.	57
Idem id. satin de huit. — Laçage des cartons.	58
Mécaniques à tambour, à planchettes. — Pièces détachées.	59
Régulateur pour enroulement continu.	60
Principes d'empoutages.	61
Planches d'empoutages. — Supports. — Fausses-lisses. — Faux-corps.	62
Dispositions d'empoutages.	63
Idem id.	64
Empoutage suivi.	65
Idem suivi composé.	66
Idem à pointe.	67
Idem à pointe et retour.	68
Idem suivi sur deux corps.	69
Idem idem dont l'un est interrompu.	70
Idem combiné sur deux corps.	71
Idem bâtard.	72
Idem id. avec bordures à regard.	73

TABLE DES PLANCHES.

N. des planches

Empoutage combiné.	74
Idem sur deux corps dont l'un est avec des lisses.	75
Idem à tringle pour crêpe de Chine.	76
Pendage. — Appareillage. — Enverjure des corps	77
Enverjures ou encroix divers.	78
Signes conventionnels. — Ondulation par effet de trame.	79
Cerceaux divers pour le pliage des cartons	80
Métier à la Jacquard, vu du côté droit.	81
Idem id. vu par devant.	82
Esquisses diverses.	83
Esquisses. Principes pour la mise en carte.	84
Transposition. — Effets à regards et à retours. — Mise en carte.	85
Transposition renversée. — Esquisses. — Courbes diverses mises en carte.	86
Régulateur pour le quadrillé des Esquisses	87
Esquisses. — Quadrille	88
Esquisse. — Mise en carte	89
Mise en carte d'après le quadrille	90
Esquisses. — Principes de contre-semplage.	91
Translatage.	92
Lisage à tambour, vu de côté.	93
Idem id. vu du côté de la lecture de la carte.	94
Idem id. vu du côté du perçage.	95
Pièces détachées. — Escalettes. — Boîtes d'aiguilles, etc.	96
Lisage accéléré, vu de côté.	97
Idem id. vu du côté de la lecture de la carte.	98
Idem id. vu du côté du piquage ou perçage.	99
Idem id. accrochage ou sample portatif.	100
Presse ou machine à percer les cartons	101
Repiquage ou machine à reproduire le perçage des cartons	102
Laçage. — Table à découper les cartons.	103
Esquisses diverses	104
Métrage des étoffes.	105
Armures pour damassés. Liages par lisses de levée et de rabat.	106
Idem id. id. id. id.	107
Mise en carte pour damassés.	108
Mécanique armure, mouvement de lève-et-baisse.	109
Battant à doubles boîtes.	110
Manœuvre de trois navettes dans deux boîtes seulement.	111
Lancé. — Placement des navettes — Esquisse quadrillée	112
Bordures. — Liages. — Poil traînant.	113
Figures diverses	114

TABLE DES PLANCHES.

Nos des planches

Broché ordinaire. Broché crocheté dit indien.	115
Chinés réguliers.	116
Presses pour chiner sur écheveaux.	117
Chinés irréguliers.	118
Damassés. Mouvement des lisses.	119
Esquisses pour fondus.	120
Mise en carte pour fondus.	121
Esquisses pour Labyrinthes et branches courantes.	122
Régulateur compensateur pour les charges des lisses.	123
Esquisses diverses. Sujets détachés.	124
Armures pour tissu-plumes. — Matelassés. — Bazinés.	125
Etoffes double-face, armures diverses.	126
Etoffes doubles, armures diverses.	127
Esquisses diverses pour Tatoués et Cailloutés	128
Armures relatives au sens de la chaîne ou de la trame.	129
Mise en carte, principes pour les décochements.	130
Décochements curvilignes. Serpentines cintrées.	131
Idem id. Cercles. Ovales. Arcs, etc.	132
Esquisses pour boutons.	133
Mise en carte pour boutons.	134
Gaze façonnée. Effets du fil de tour.	135
Gazes. Tour anglais. Tour de perle.	136
Id. Manœuvre des fils de tour simple et double.	137
Id. Tour anglais, à la Jacquard.	138
Id. Sur étoffe avec lisses devant le peigne.	139
Métier à la barre pour rubans ou étoffes	140
Id. à basses lisses pour rubans.	141
Esquisses pour rubans.	142
Idem id.	143
Rubans. — Bords et picots à boucles égales.	144
Idem Picots à boucles composées.	145
Idem Dents de scie.	146
Idem Engrelures.	147
Idem id. frange à panier.	148
Idem 1er contre-semplage.	149
Idem 2e id.	150
Idem 3e id.	151
Idem 4e id.	152
Idem 5e id.	153
Papier briqueté. Papier Grillet.	154
Empoutage pour mécanique paire et impaire.	155

TABLE DES PLANCHES.

	Nos des planches
Mécanique brisée. Garnissage. — Armures pour châles.	156
Empoutage à planchettes pour châles.	157
Principes d'esquisses pour châles.	158
Esquisses pour châles.	159
Déroulage. — Méc. Jacquard, jumelles en fonte, battant à piston.	160
Renversement des cartons.	161
Empoutage pour châle. Coins à chemins et à pointe.	162
Empoutage pour châle au quart, avec lisses.	163
Mise en carte sur papier briqueté.	164
Esquisse d'un châle au quart.	165
Esquisses pour châles-fragments.	166
Scapulaire d'un châle long. Esquisse.	167
Idem id.	168
Scapulaire et carré d'un châle long, à pointe et retour	169
Esquisse d'un demi-châle long, par un seul retour.	170
Velours. Ustensiles divers.	171
Battant brisé, pour la confection des velours en soie.	172
Disposition de la cantre pour velours façonné.	173
Rabot et coupe du velours-soie. — Ustensiles.	174
Entâquage pour velours. — Sinuosités du poil.	175
Remettages et armures pour velours et peluches.	176
Armures diverses pour peluches-soie et pour velours-coton.	177
Tapis, formation du nœud. Manière d'obtenir le velouté.	178
Idem. Métier des Gobelins.	179
Petit métier pour tapis.	180
Ourdissage à chevilles et ustensiles pour tapis.	181
Esquisses et dessins pour tapis. Coins et fragments.	182
Translatage. — Esquisses pour bordures, à chemins.	183
Idem sur trois lats par regard et retour.	184
Passementerie. — Ustensiles et accessoires divers.	185
Métier pour passementerie.	186
Crêtes diverses, simples, doubles et triples (art. passementerie)	187
Crêtes composées et entrelacées.	188
Système à rabat appliqué aux semples du métier à la tire	189
Ancien métier à la tire.	190
Ancien métier à boutons, pour les étoffes façonnées	191
Machine à tirer les lats.	192
Montoir à barres pour les chaînes en grosses matières.	193
Foulage. Pile à maillet.	194
Presse hydraulique et fausse-presse.	195
Machine pour ratiner les étoffes.	196

TABLE DES PLANCHES.

	Nos des planches
Poil traînant. Mise en carte.	197
Poil traînant. Disposition pour la formation des lisses.	198
Battant brocheur.	199
Empoutage mobile.	200
Lisage mécanique, grand accéléré pour le perçage et le repiquage.	201
Lisage à touches. — Dévidoir circulaire.	202
Dessin industriel. Pantographe.	203
Parage continu. — Esquisse.	204
Esquisse. Fragment d'un scapulaire pour châle long.	205
Métier mécanique à deux coups de battant par duite, par M. H. de Bergue	206
Idem.	207
Machine à reproduire les dessins, par M. Grillet.	208
Esquisses diverses pour bandes.	209
Idem id. pour double étoffe.	210
Idem id. pour bandes et filets.	211
Idem id. pour bandes façonnées.	212
Idem id. serpentines entrelacées.	213
Idem id. pour bandes à la Jacquard.	214
Idem id. pour bandes, fleurs diverses.	215
Idem id. pour bandes façonnées.	216
Idem id. pour robes et gilets.	217
Idem id. pour filets et rubans.	218
Idem id. pour robes à deux lais.	219
Idem id. pour gilets cachemire.	220
Mécanisme pour élargir ou rétrécir un tissu lors du tissage.	221
Bretelles entrelacées. — Véritable sac sans couture.	222
Métiers chinois.	223
Idem.	224
Division du mètre comparée aux anciennes mesures ([1]).	225
Étoffe triple, à trois couleurs, pour écossais.	225

([1]) Cette planche étant destinée à être coupée par bandes, rapportées bout à bout et collées sur une tringle de bois pour donner la longueur du mètre et de ses subdivisions, ainsi que sa comparaison à l'ancienne mesure, nous avons remplacé son numéro (225) par une planche contenant la manière d'obtenir une étoffe triple, à trois couleurs, pour écossais.

Nomenclature et Table des planches d'armures.

Nos d'ordre.	NOMBRE DE lisses.	NOMBRE DE duites.	Lettres indicatives.	Nos d'ordre.	NOMBRE DE lisses.	NOMBRE DE duites.	Lettres indicatives.	Nos d'ordre.	NOMBRE DE lisses.	NOMBRE DE duites.	Lettres indicatives.
1	satins div. de 4 à 40,		A	10	10 sur	20	A	35	20 sur	20	C
	4 sur	4	pl. A	11	10 —	20	B	36	20 —	30	A
	4 —	6	id.	12	10 —	30	A	37	20 —	40	A
	4 —	8	id.	13	10 —	40	A	38	20 —	40	B
2	4 —	12	id.	14	10 —	50	A	39	20 —	40	C
	4 —	16	id.	15	11 —	11	A	40	21 —	21	A
	4 —	20	id.		11 —	22	id.	41	21 —	21	B
	5 —	5	A	16	11 —	11	B	42	22 —	22	A
	5 —	10	id.		11 —	22	id.	43	23 —	23	A
3	5 —	15	id.	17	12 —	12	A	44	24 —	24	A
	5 —	20	id.	18	12 —	24	A	45	24 —	24	B
	5 —	25	id.	19	12 —	24	B	46	25 —	25	A
	6 —	6	A	20	12 —	36	A	47	26 —	26	A
	6 —	8	id.	21	13 —	13	A	48	27 —	27	A
4	6 —	10	id.	22	13 —	26	A	49	28 —	28	A
	6 —	12	id.	23	14 —	14	A	50	29 —	29	A
	6 —	18	id.		14 —	28	id.	51	30 —	30	A
	7 —	7	A	24	15 —	15	A	52	30 —	30	B
	7 —	14	id.	25	15 —	30	A	53	31 —	31	A
5	7 —	21	id.	26	16 —	16	A	54	32 —	32	A
	7 —	28	id.	27	16 —	32	A	55	32 —	32	B
6	8 —	8	A	28	17 —	17	A	56	33 —	33	A
	8 —	12	A	29	17 —	17	B	57	34 —	34	A
7	8 —	16	id.		17 —	34	id.	58	35 —	35	A
	8 —	24	id.	30	18 —	18	A	59	36 —	36	A
	9 —	9	A	31	18 —	18	B	60	37 —	37	A
8	9 —	18	id.	32	19 —	19	A	61	38 —	38	A
	9 —	27	id.	33	20 —	20	A	62	39 —	39	A
9	10 —	10	A	34	20 —	20	B	63	40 —	40	A
								64	40 —	40	B

Suite des planches précédentes.

Dispositions diverses.

Coupures, filets, bandes et fonds. — Documents.

pl. A.B.C.D.E.F.G.H.I.J.K.L.M.N.O.P.Q.R.S.T.U.V.X.Y.Z.

VERS-A-SOIE.

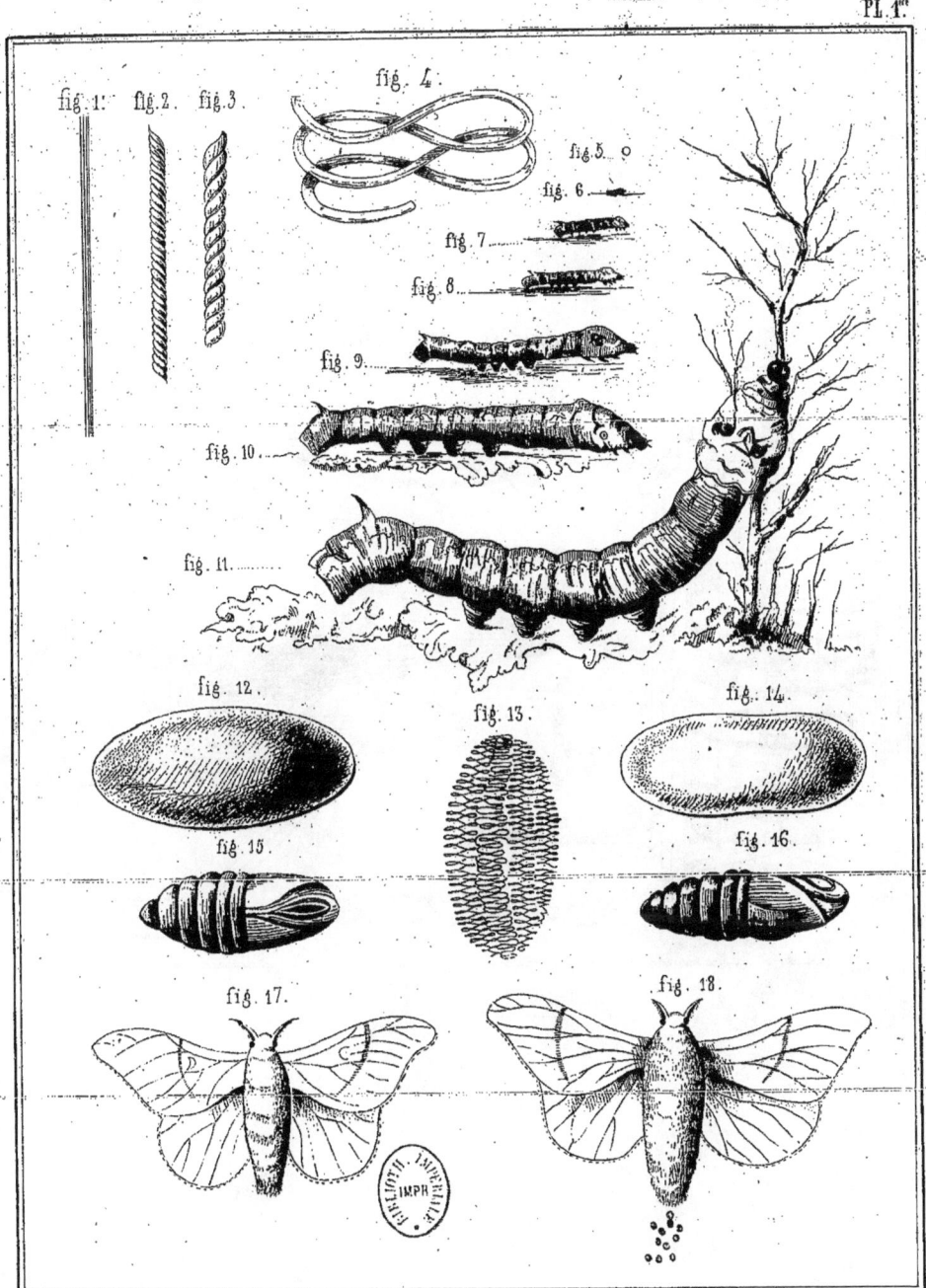

Traité des Tissus. 2.e Édition. — P. FALCOT. — Lith. de B. Boehrer, à Altkirch.

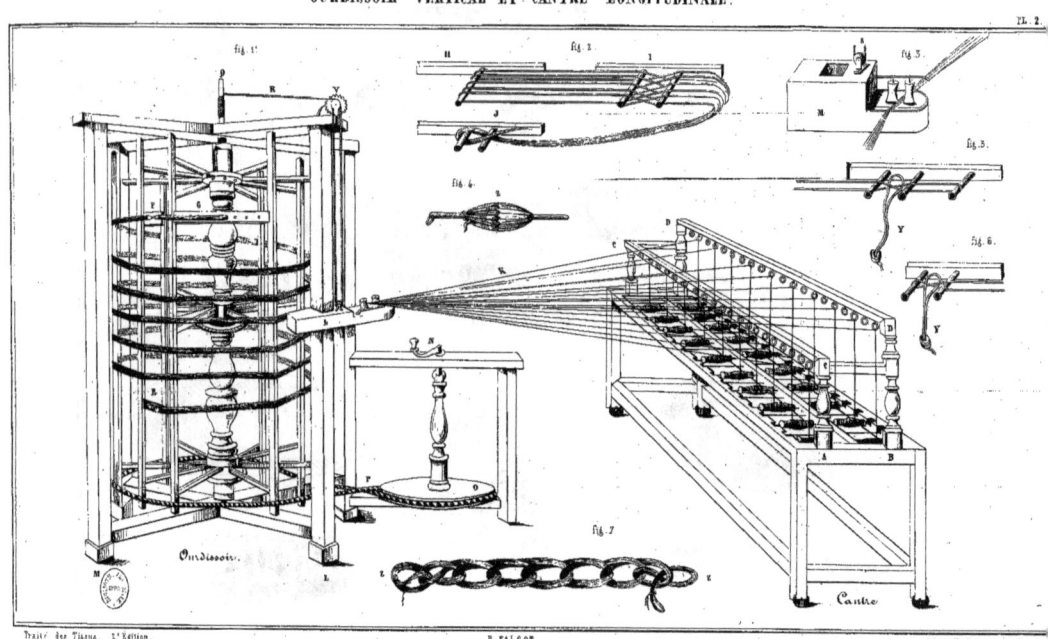

PLIAGE OU MONTOIR.

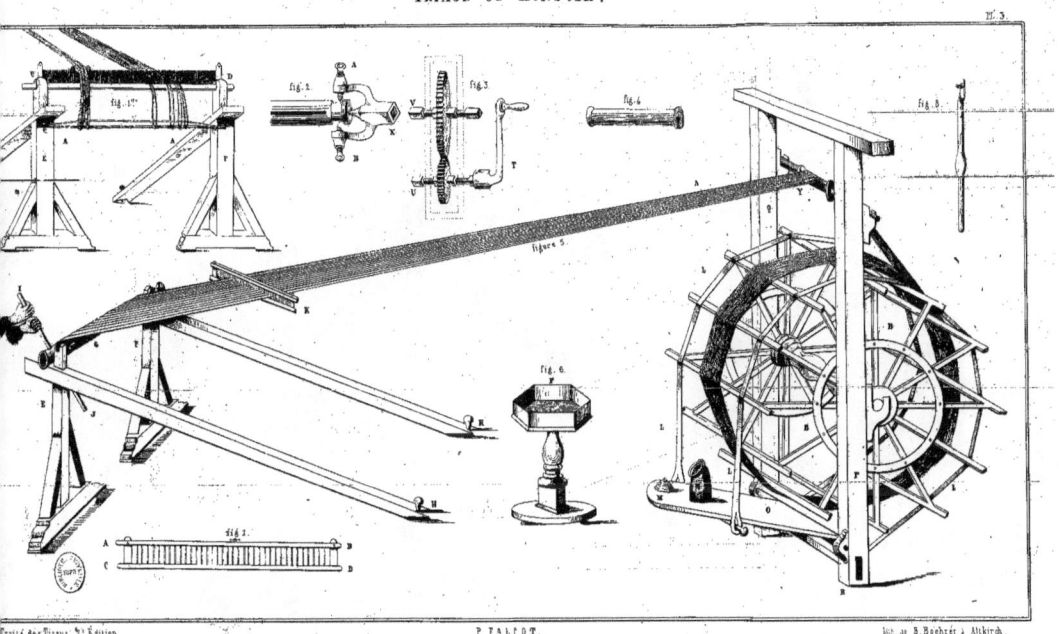

LISSES et PEIGNE.

Formation des divers genres de mailles.

Pl. 4.

fig. 1ère

fig. 2.

fig. 3.

P. FALCOT.

MÉTIER À TISSER

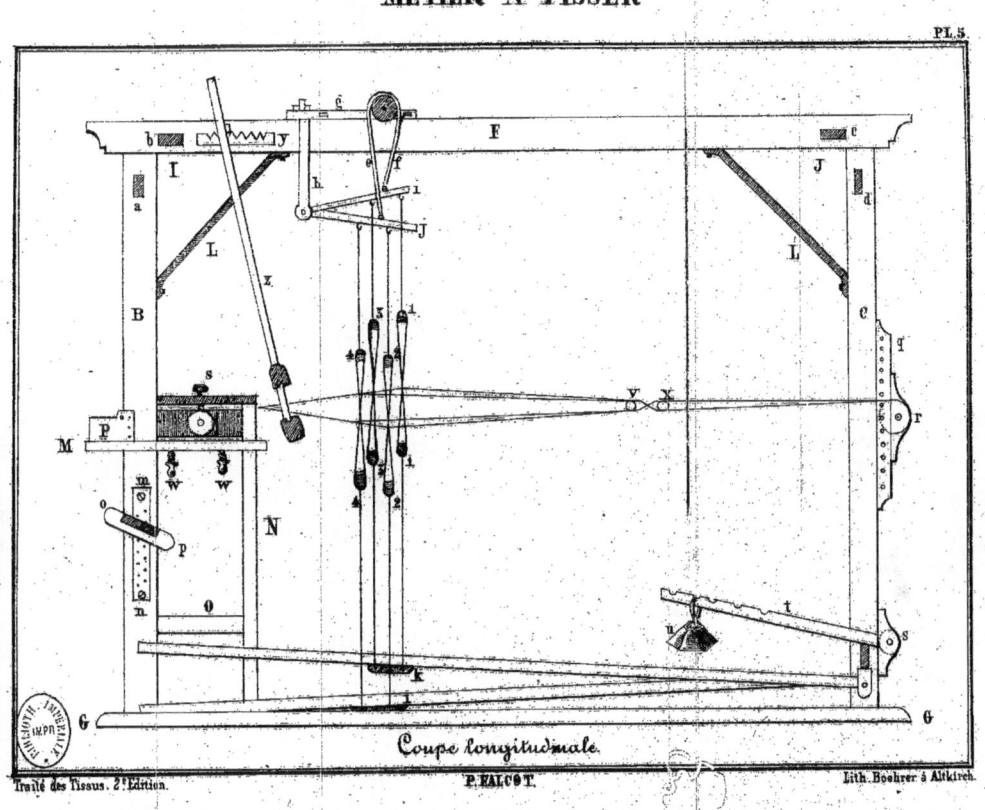

Coupe longitudinale.

P. FALCOT.

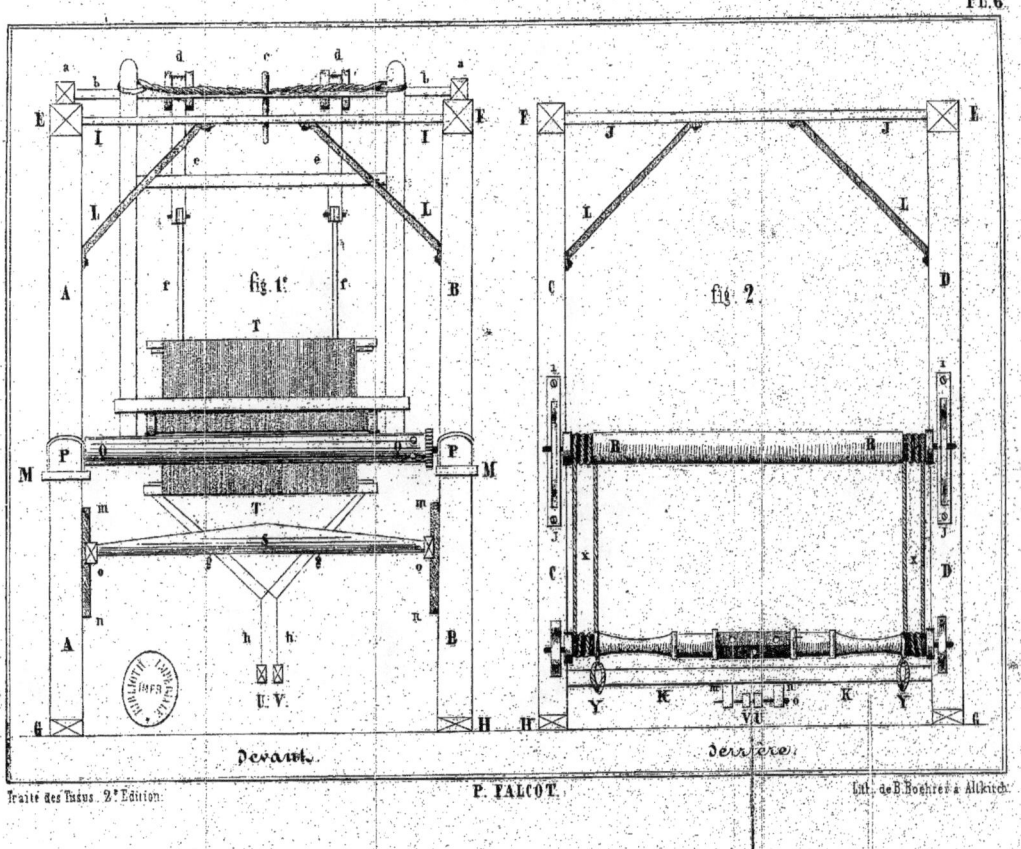

MÉTIER À TISSER.

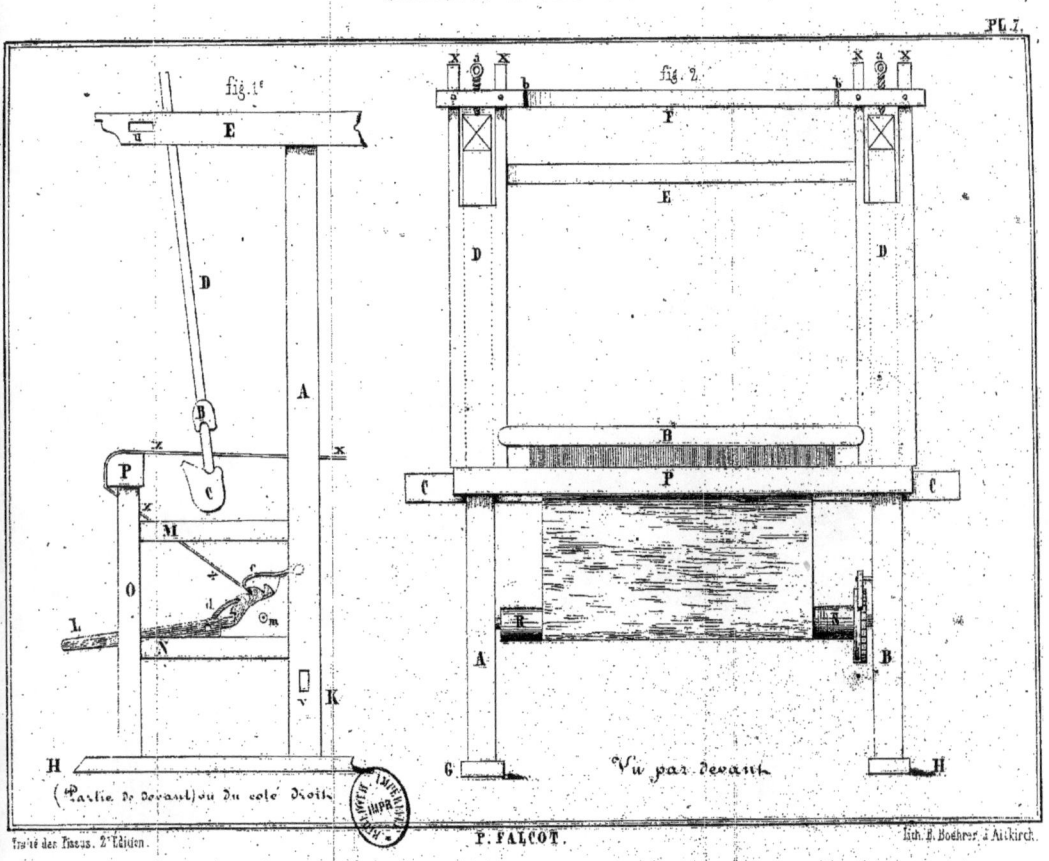

BATTANS ORDINAIRES.

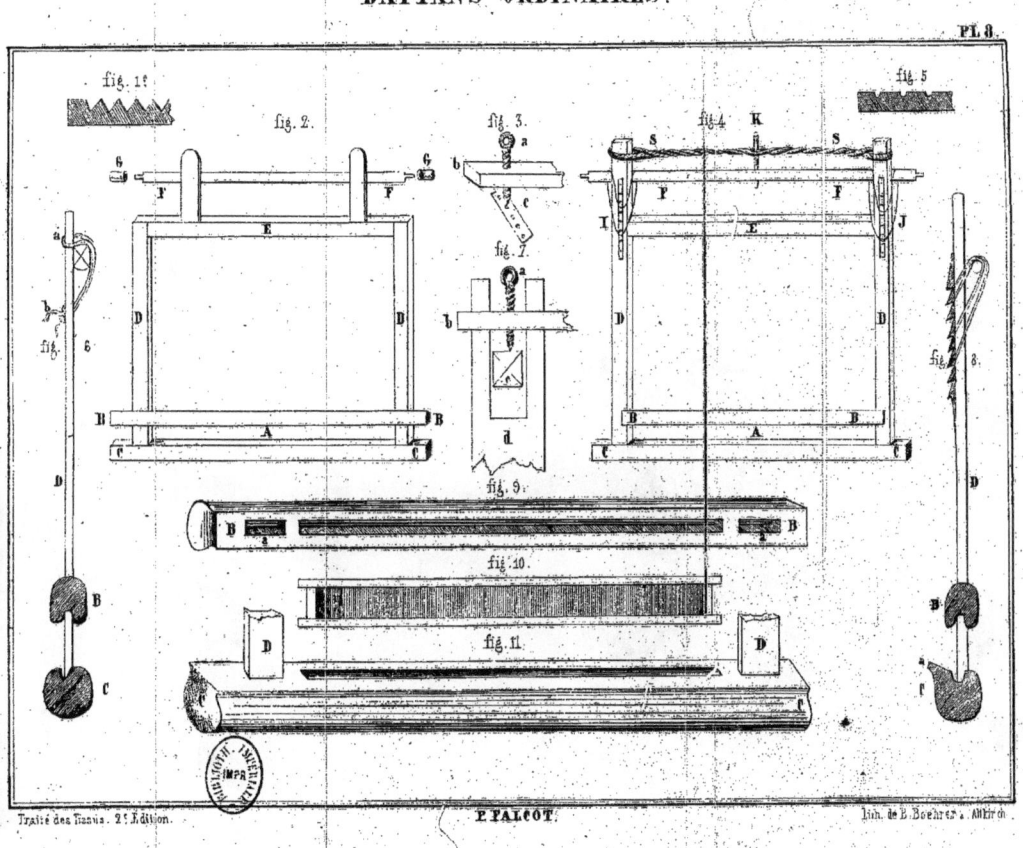

BATTANT A BOITES SIMPLES.

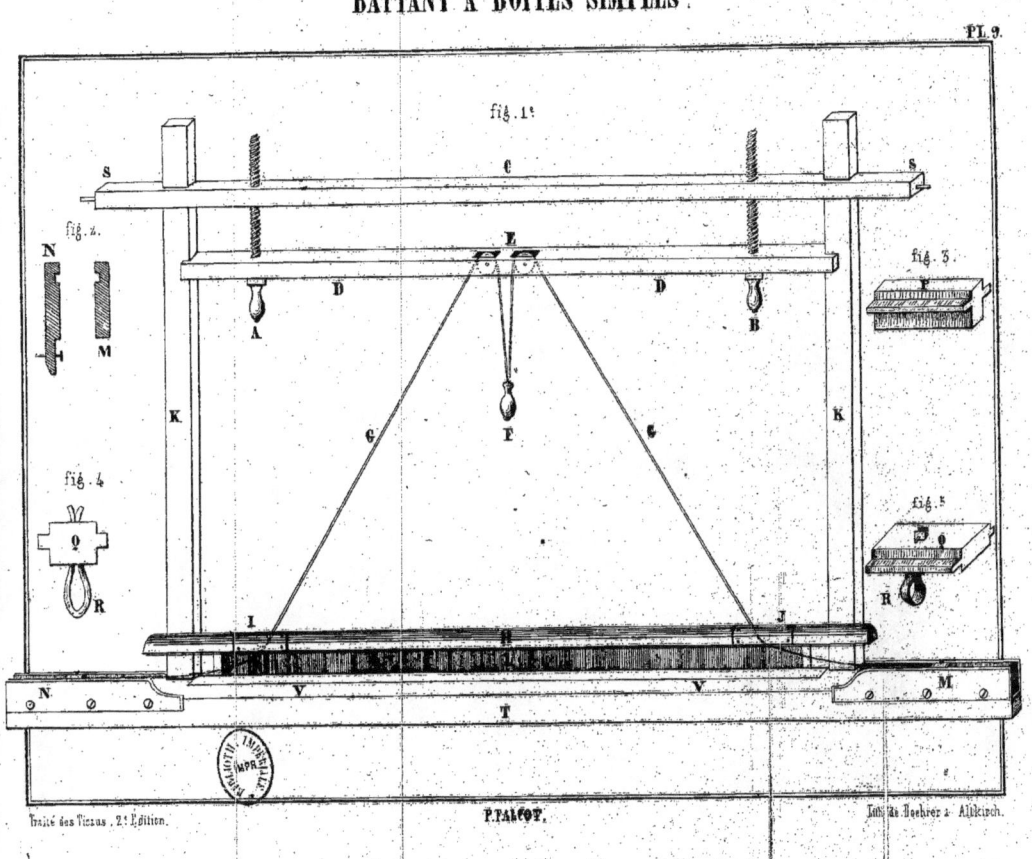

ROULEAUX ET OREILLONS.

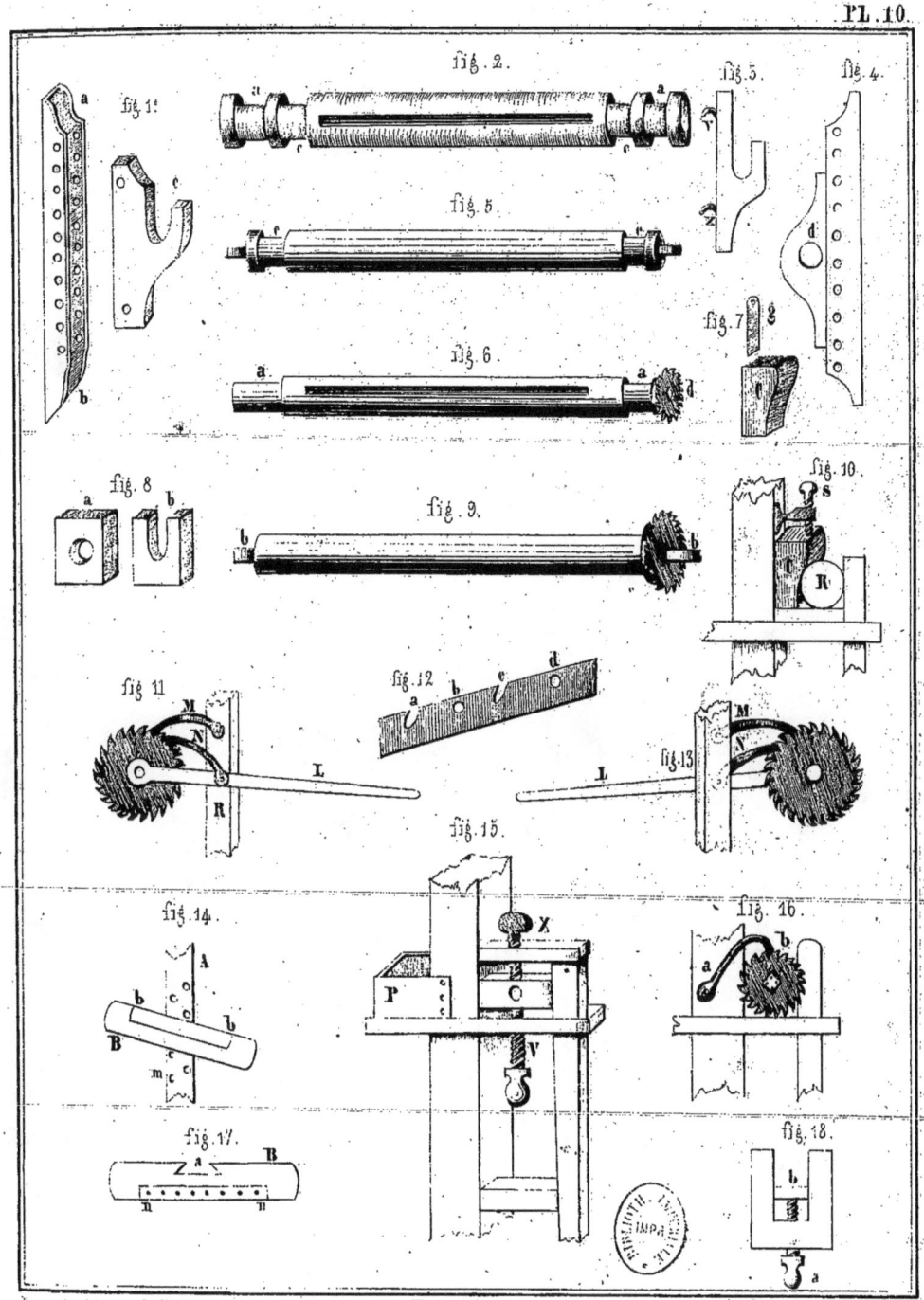

PL. 10.

P. FALCOT.

NAVETTES.

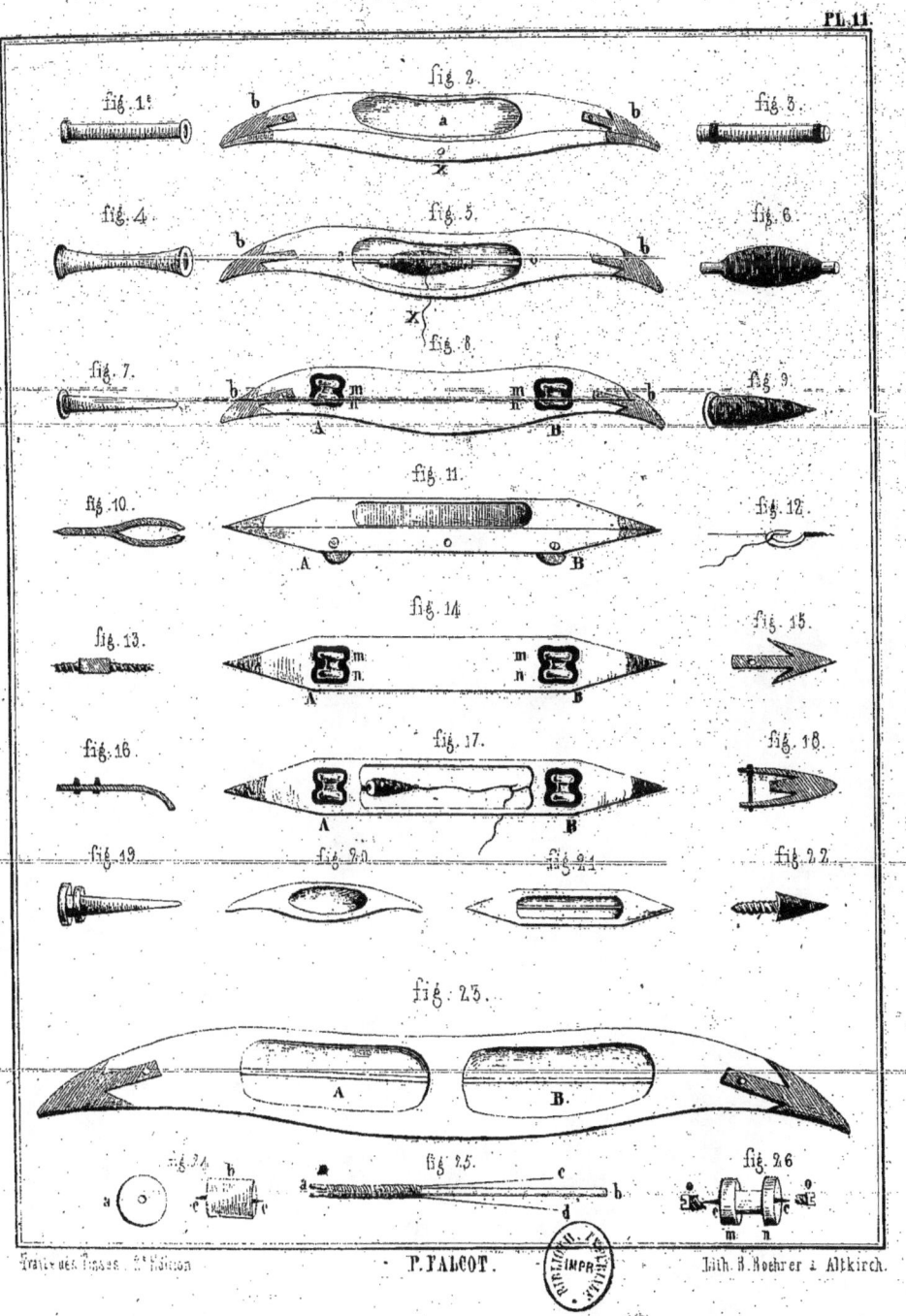

P. FALCOT.

MARCHES & LEVIERS.

PL.12.

fig. 1ᵉ

fig. 2.

Traité des Tissus. 2ᵉ Édition.   P. FALCOT.   Lith. Boehrer à Altkirch.

CARRETTE — CHATELET.

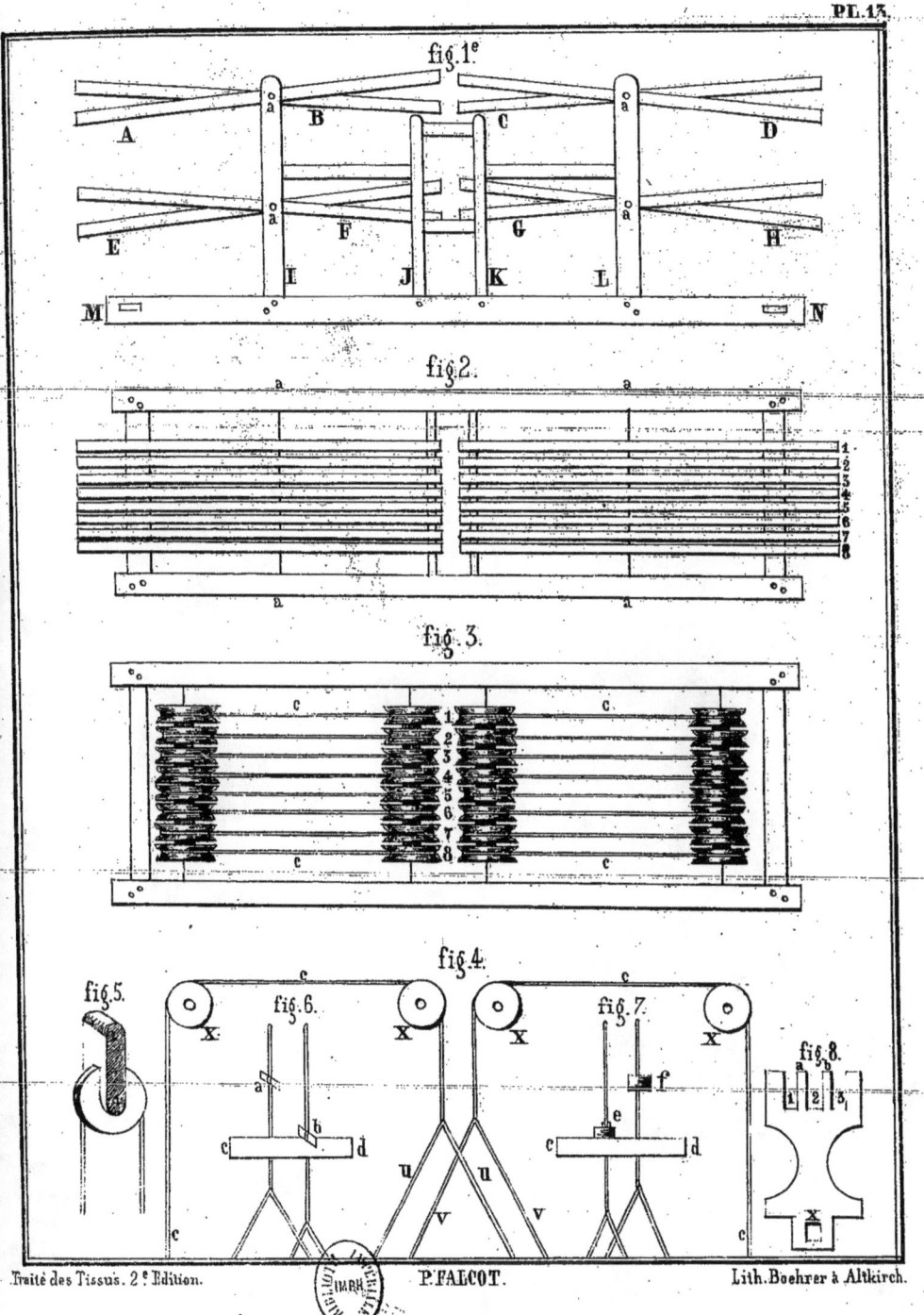

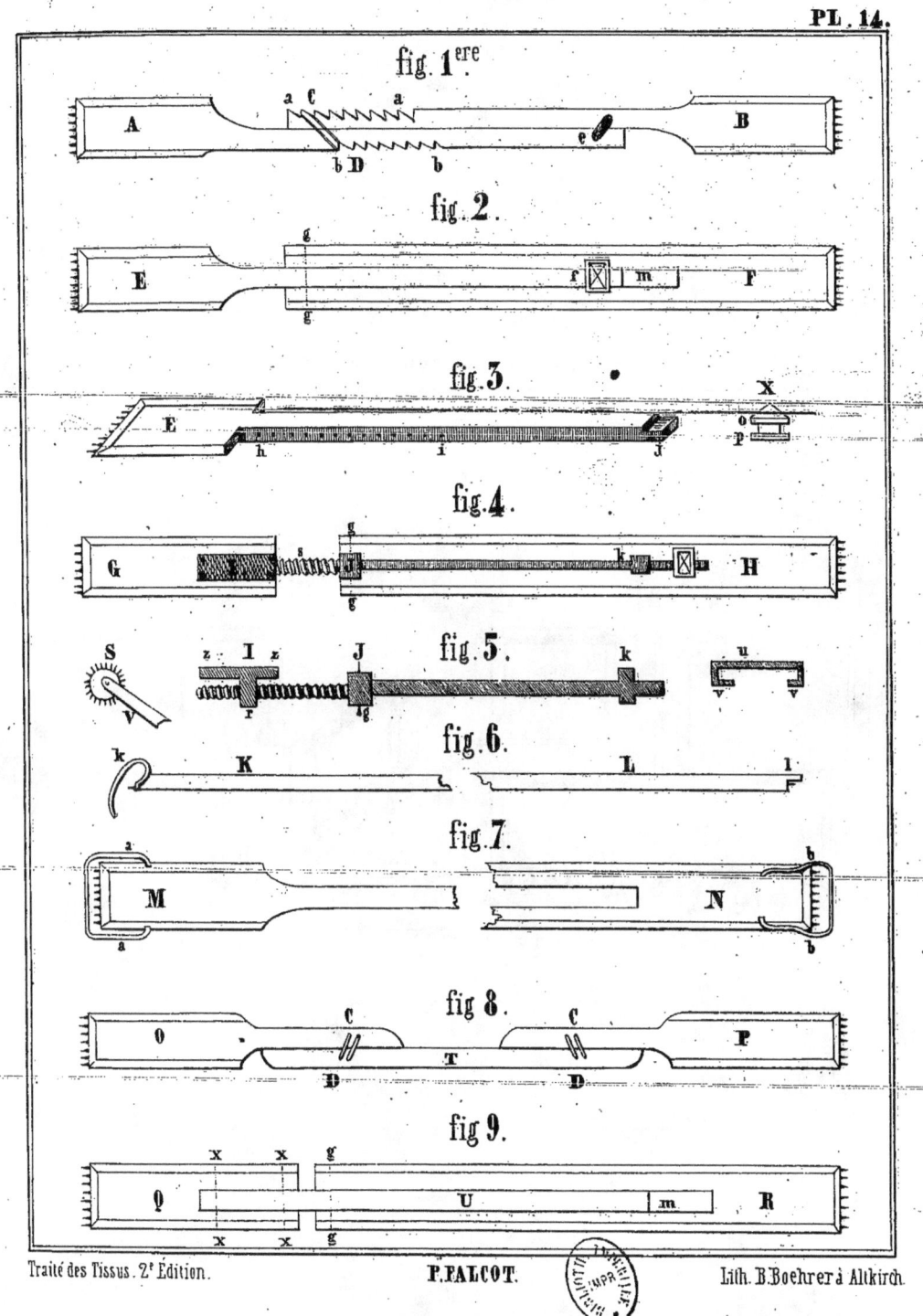

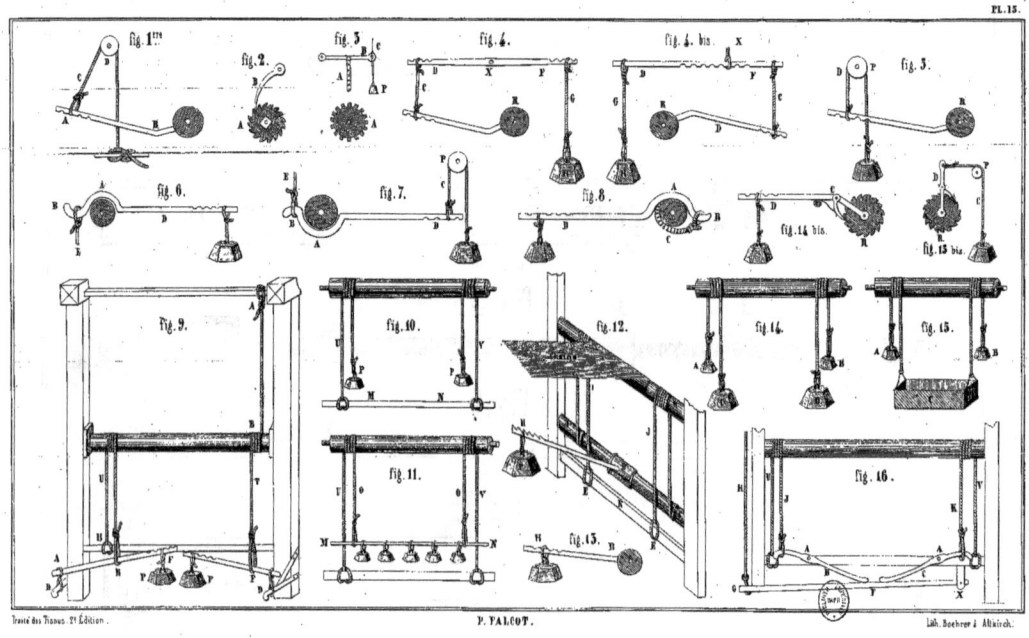

TENSION DES CHAÎNES. — BASCULES DIVERSES.

USTENSILES & ACCESSOIRES DIVERS.

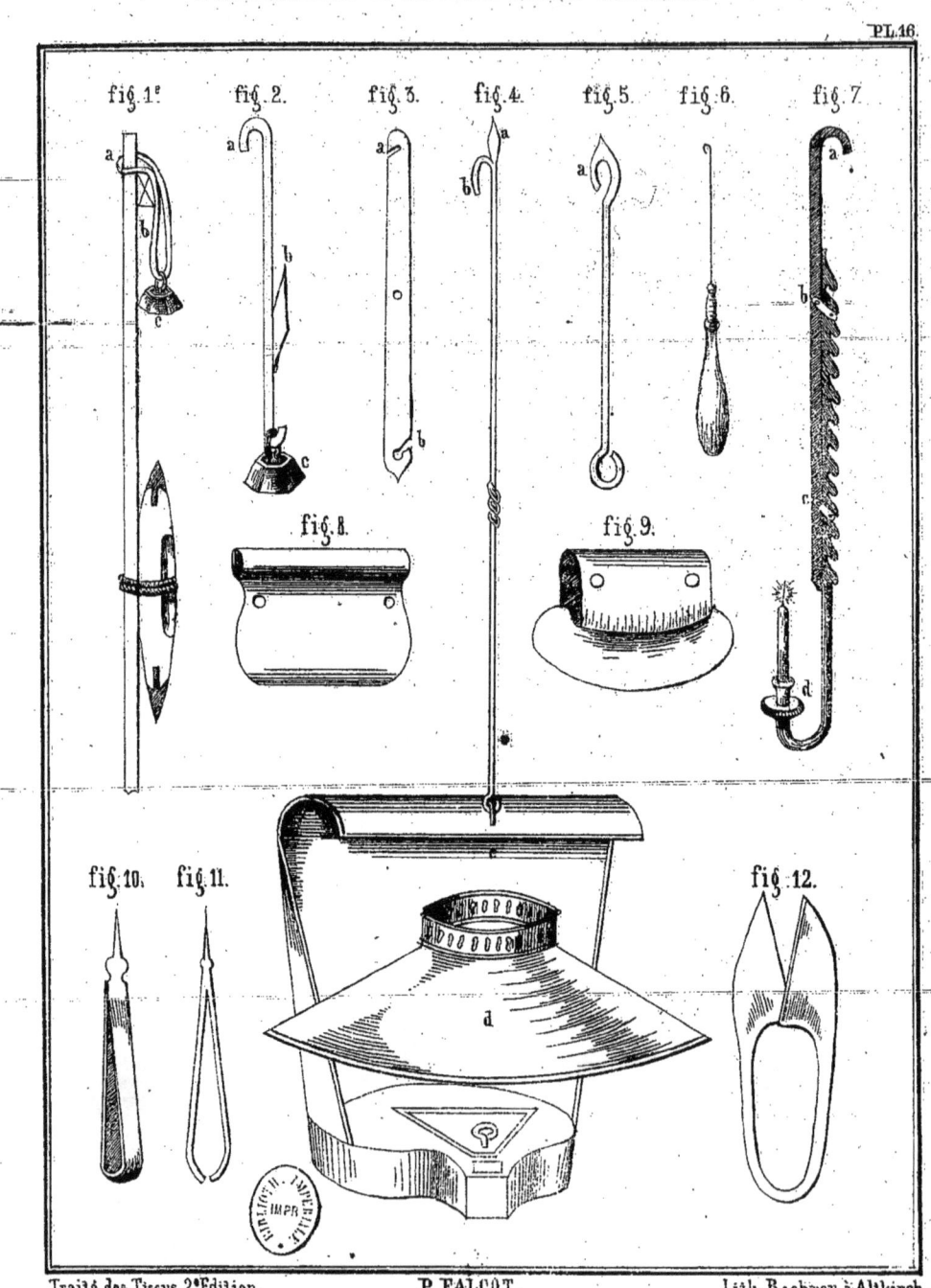

Traité des Tissus. 2.e Edition. — P. FALCOT. — Lith. Boehrer à Altkirch.

USTENSILES.

Traité des Tissus. 2.e Édition.   P. FALCOT.   Lith. de B. Boehrer, à Altkirch.

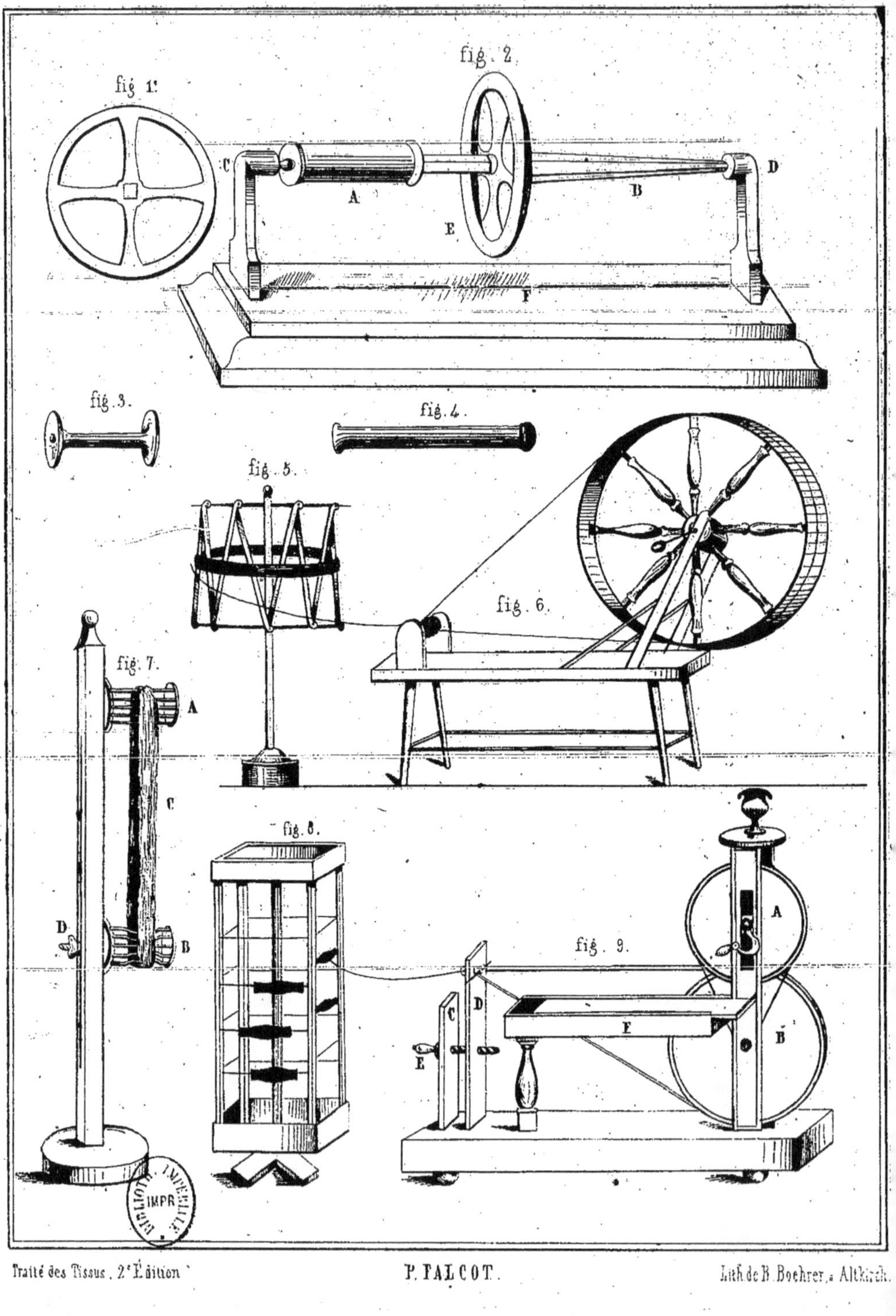

NŒUDS DIVERS.

PL. 18.

fig. 1. fig. 2. fig. 3.
fig. 4. fig. 5.
fig. 6. fig. 7. fig. 8. fig. 9. fig. 10. fig. 11.
fig. 12. fig. 13. fig. 14. fig. 15. fig. 16. fig. 17.
fig. 18. fig. 19. fig. 20.
fig. 21.

Traité des Tissus, 2ᵉ Édition. P. FALCOT. lith. de Boehrer à Altkirch.

REMETTAGE

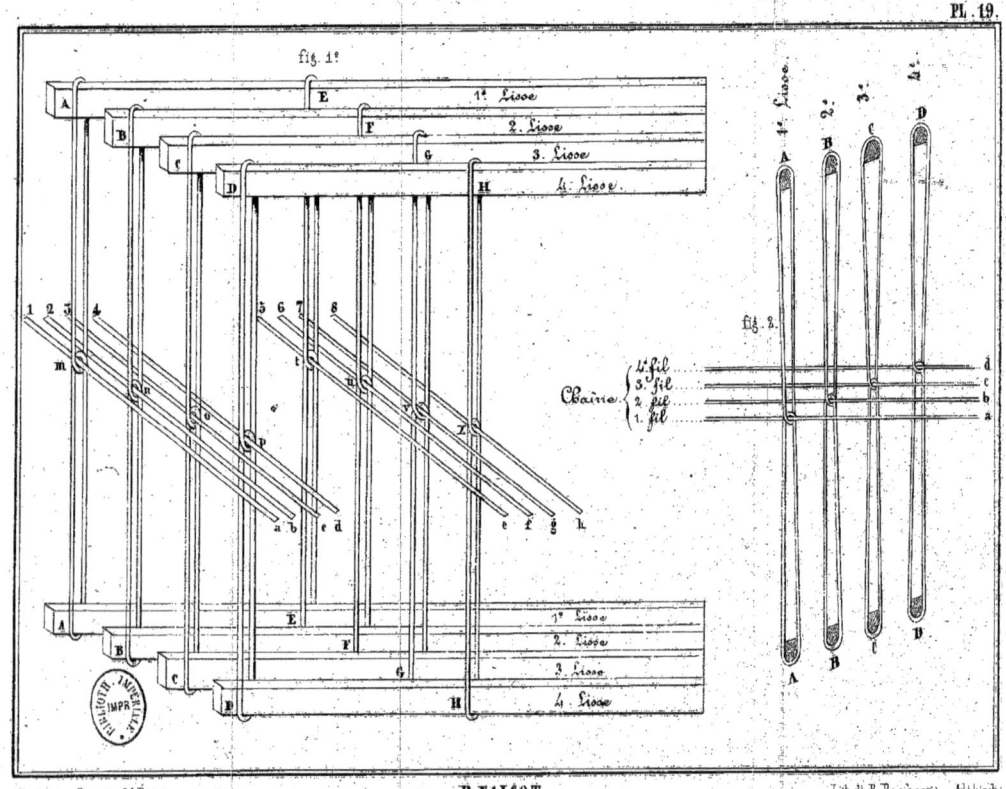

ÉGANCETTE - MISE EN CORDE.

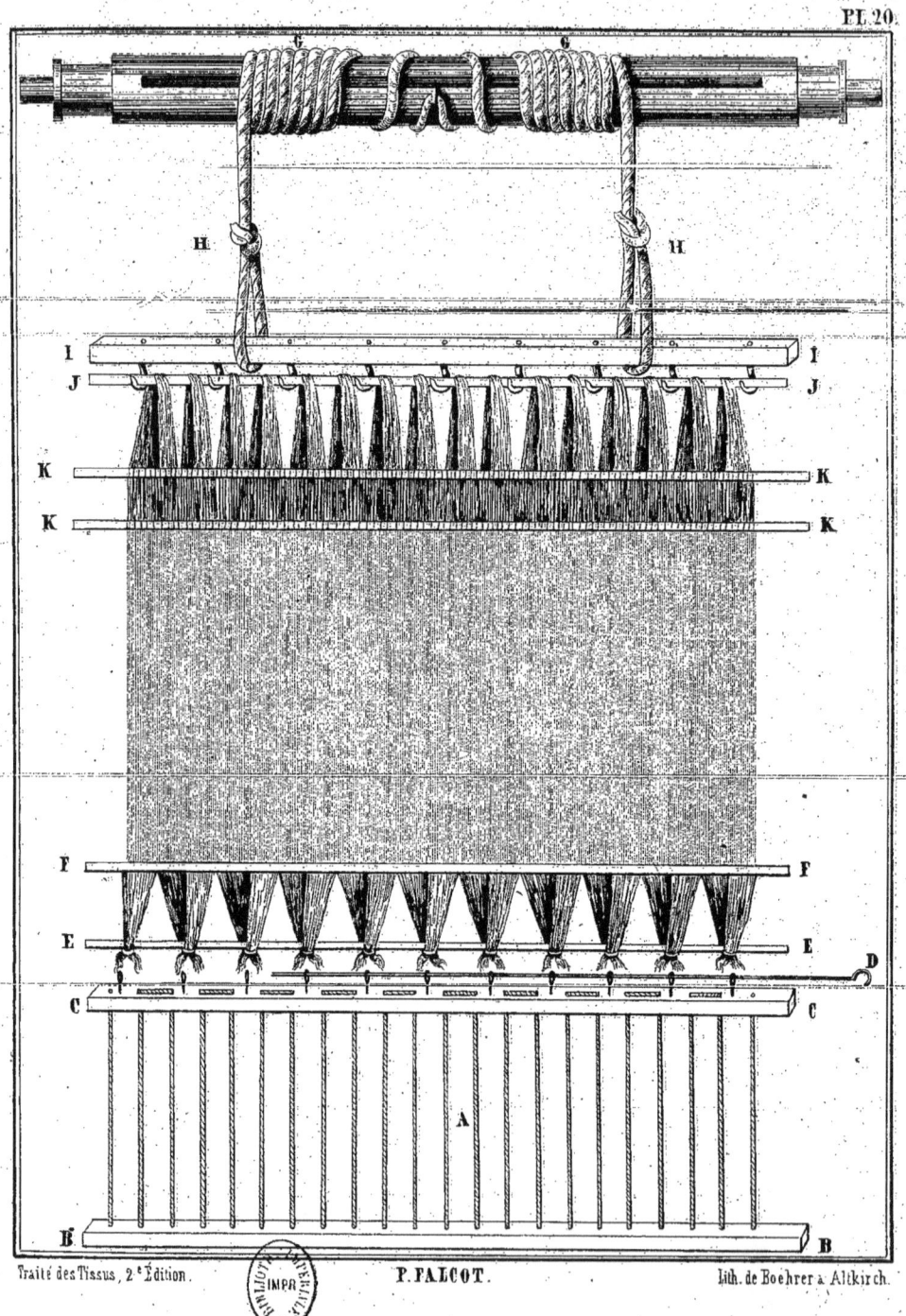

Traité des Tissus, 2.ᵉ Édition.   P. FALCOT.   Lith. de Boehrer à Altkirch.

TORDAGE.

PL. 21.

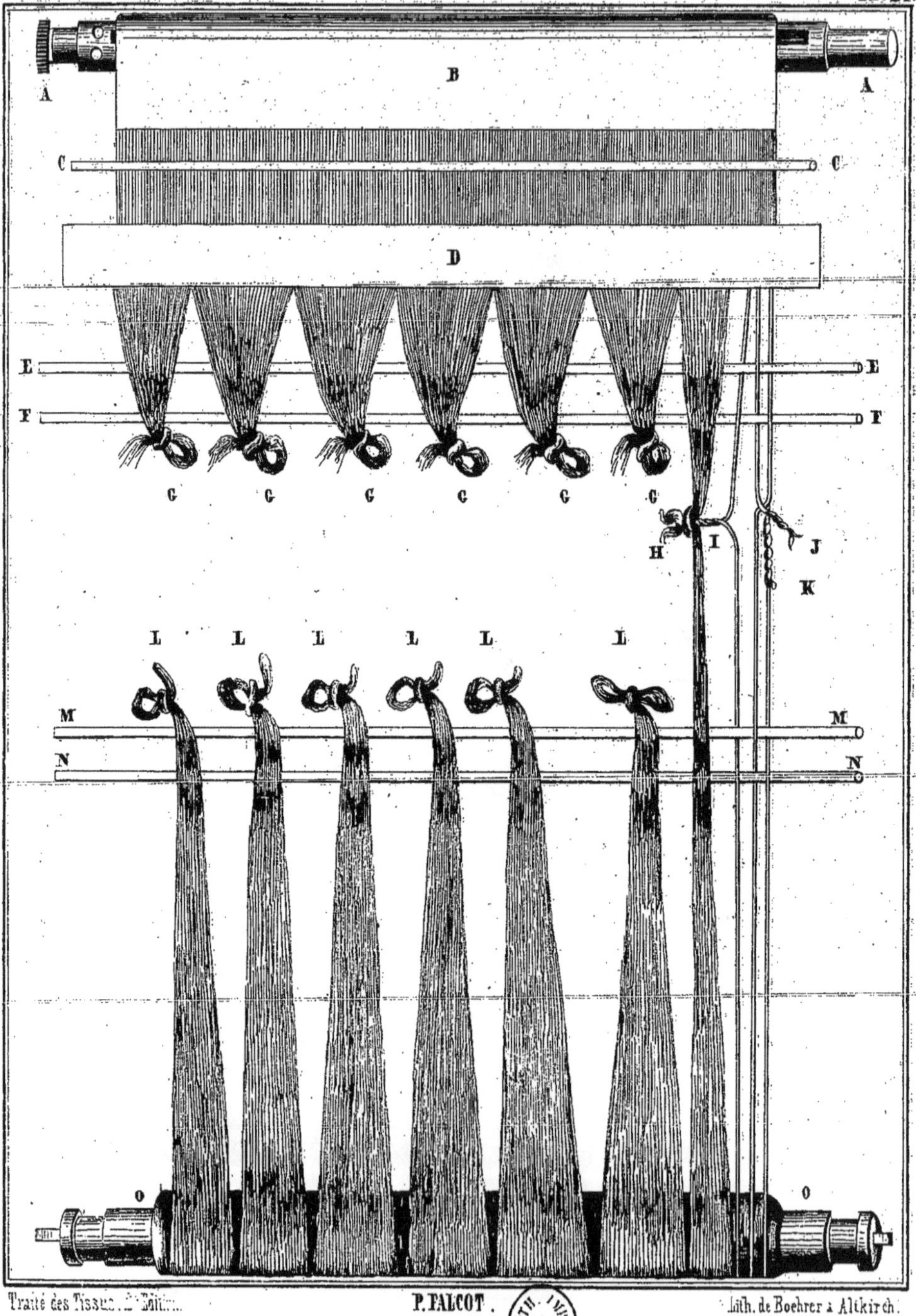

Traité des Tissus. 2e Édition. P. FALCOT. Lith. de Boehrer à Altkirch.

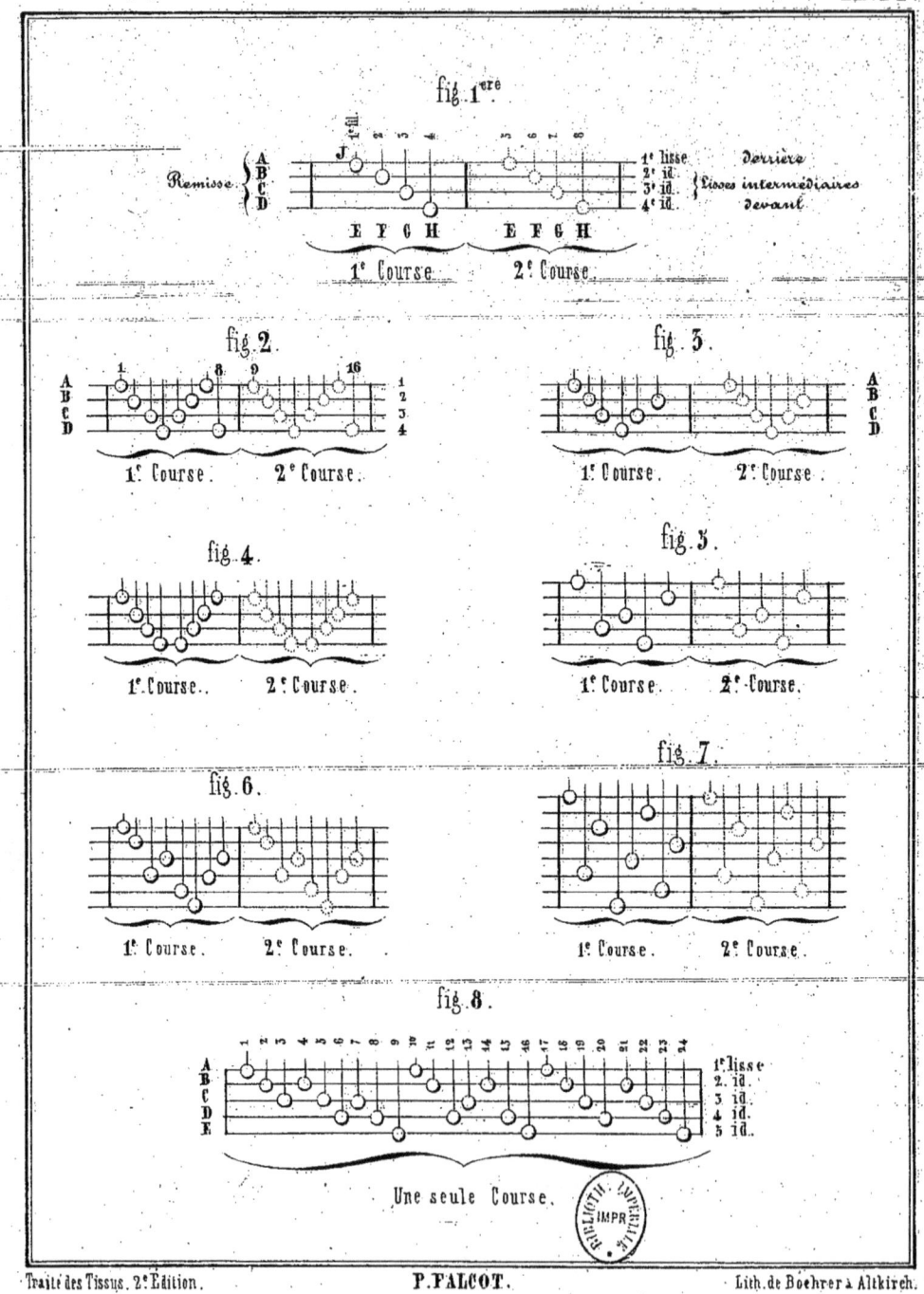

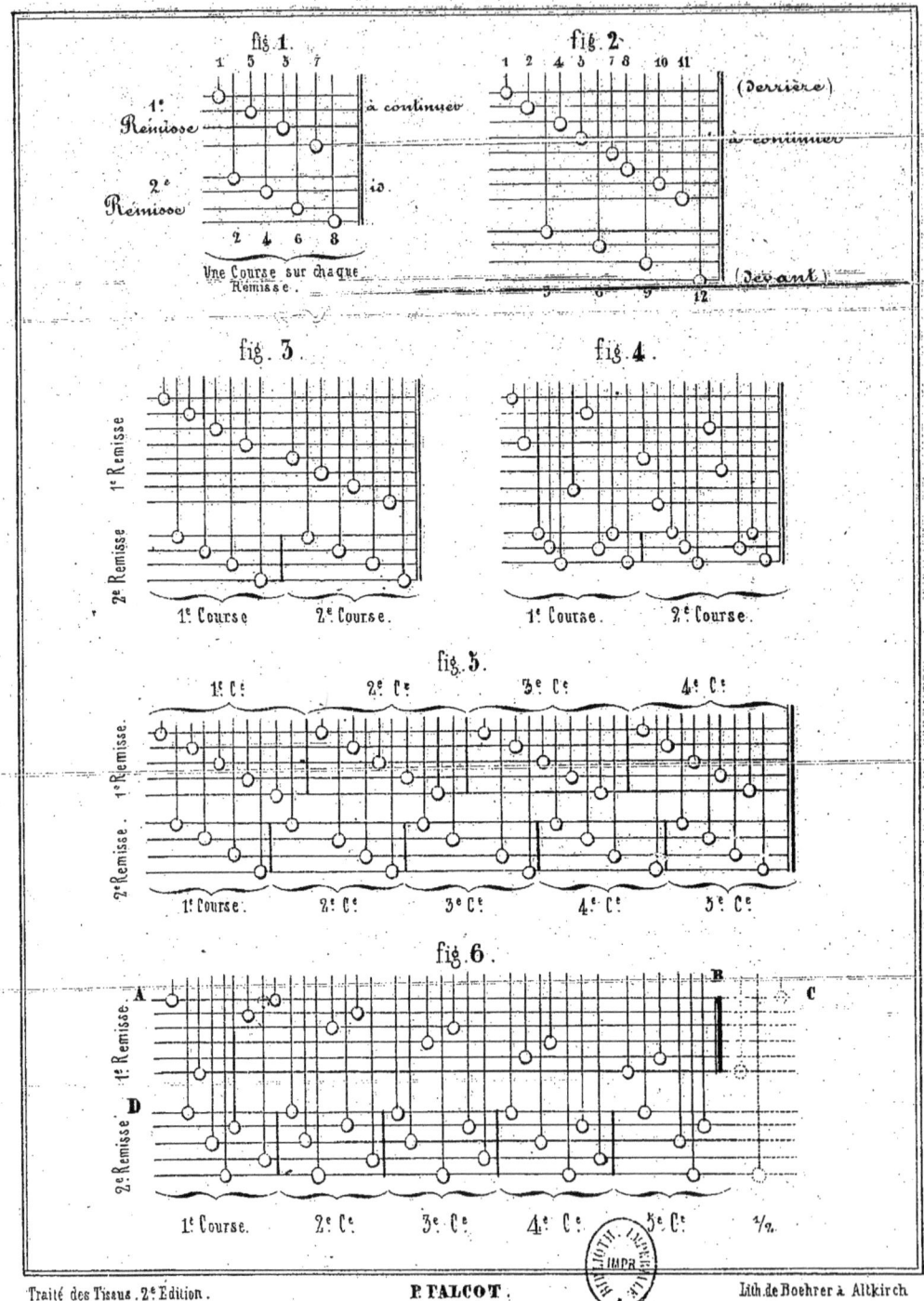

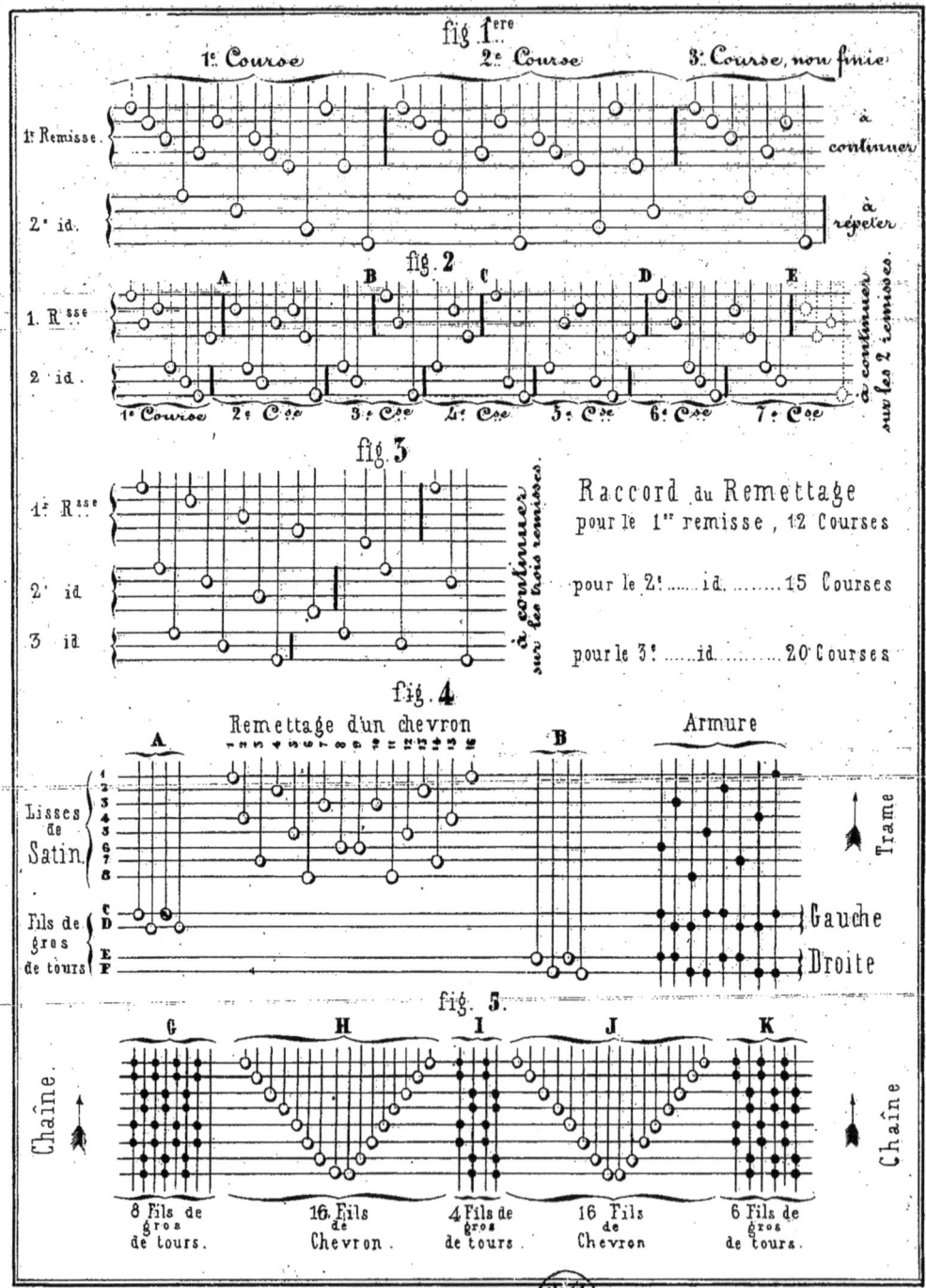

EFFETS DES CROISEMENTS.

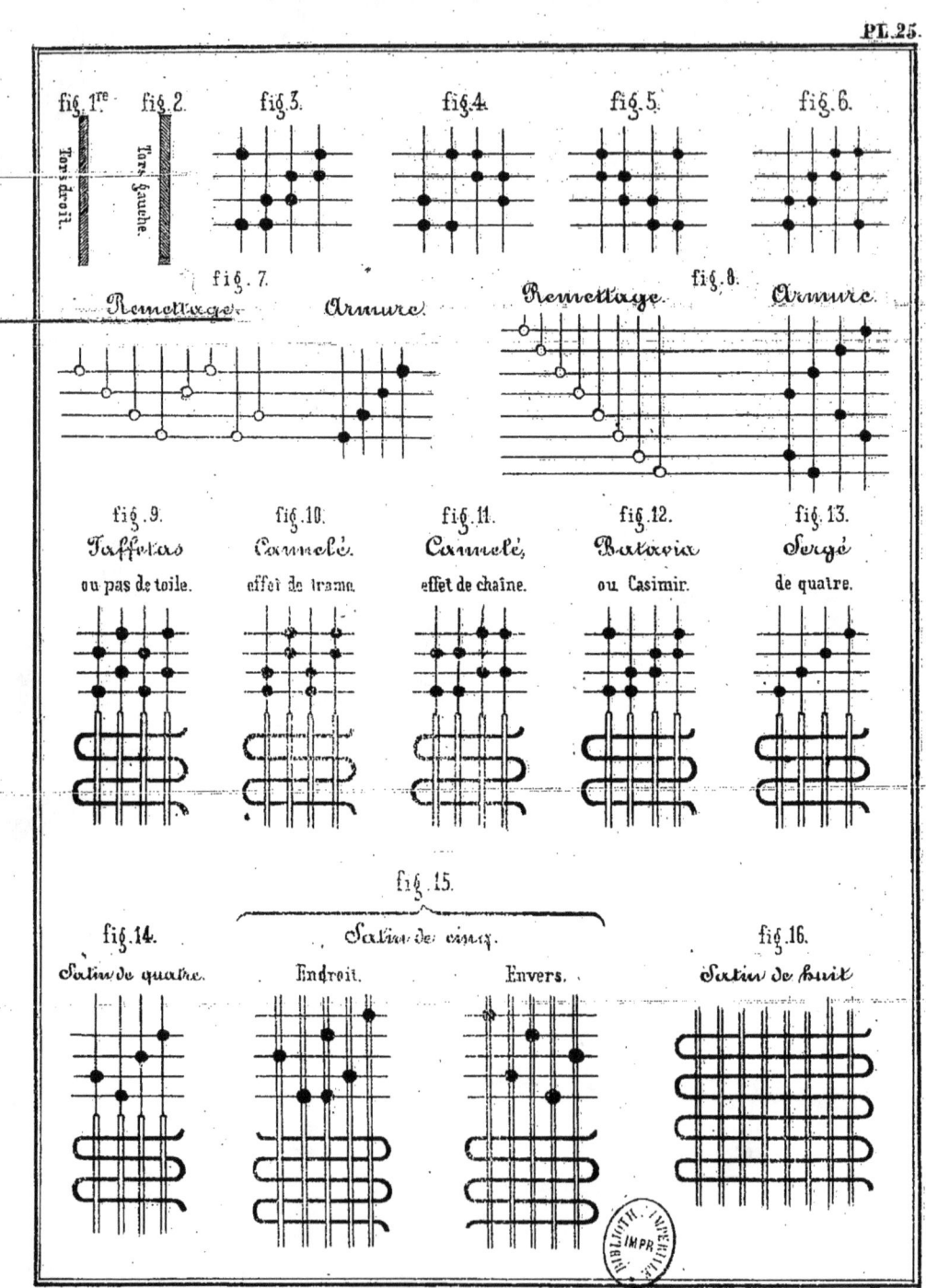

Traité des Tissus. 2.e Edition.   P. FALCOT.   Lith. Boehrer à Altkirch.

ARMURES FONDAMENTALES.

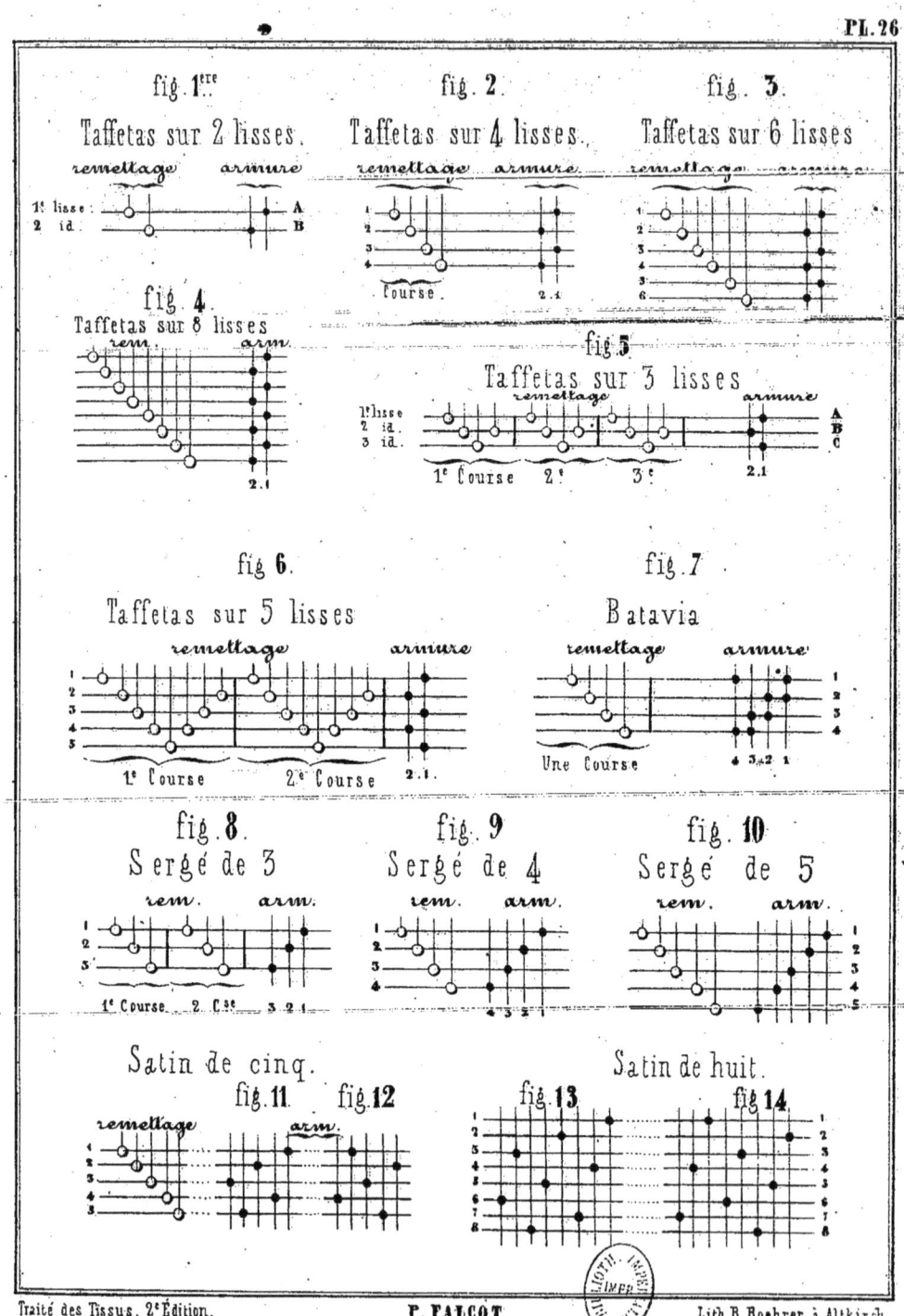

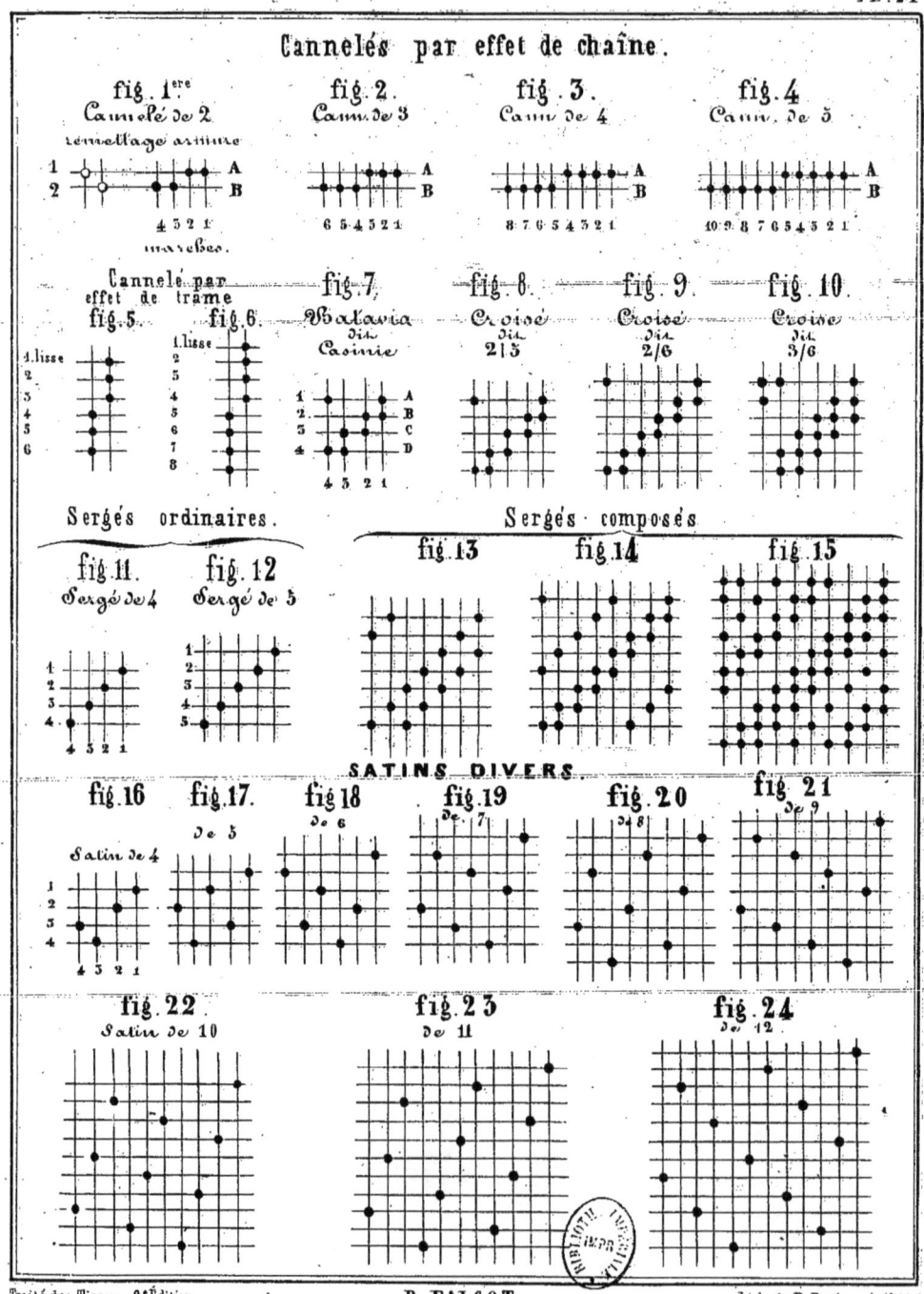

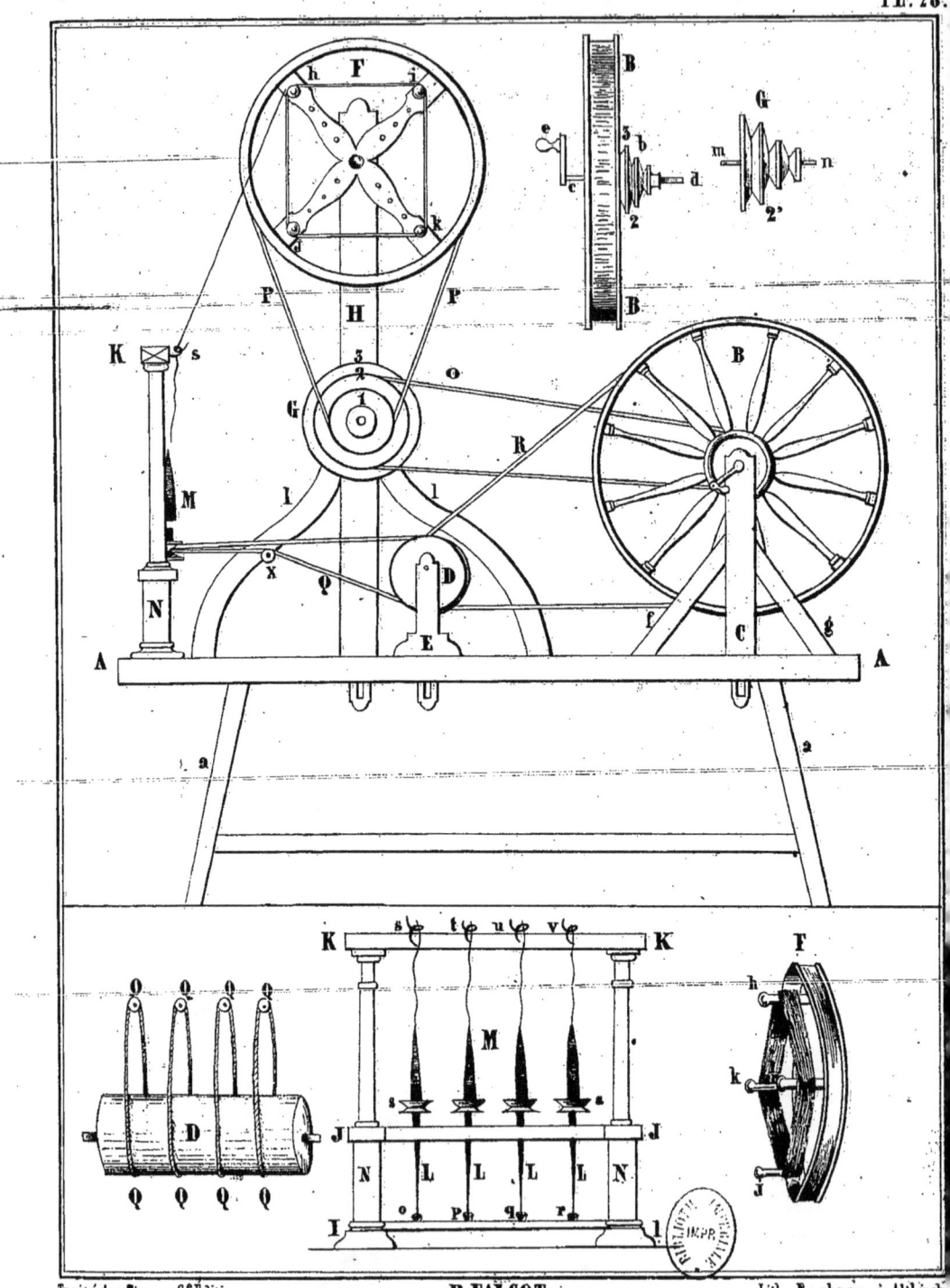

ESQUISSES DIVERSES
pour étoffes à bandes

PL. 29.

fig. 1re.   fig. 2.   fig. 3.

fig. 4.   fig. 5.   fig. 6.

Traité des Tissus. 2e Édition.   P. PALCOT.   Lith. Boehrer à Altkirch.

ÉTOFFES À BANDES,
formées par des armures différentes, et sur les mêmes lisses.

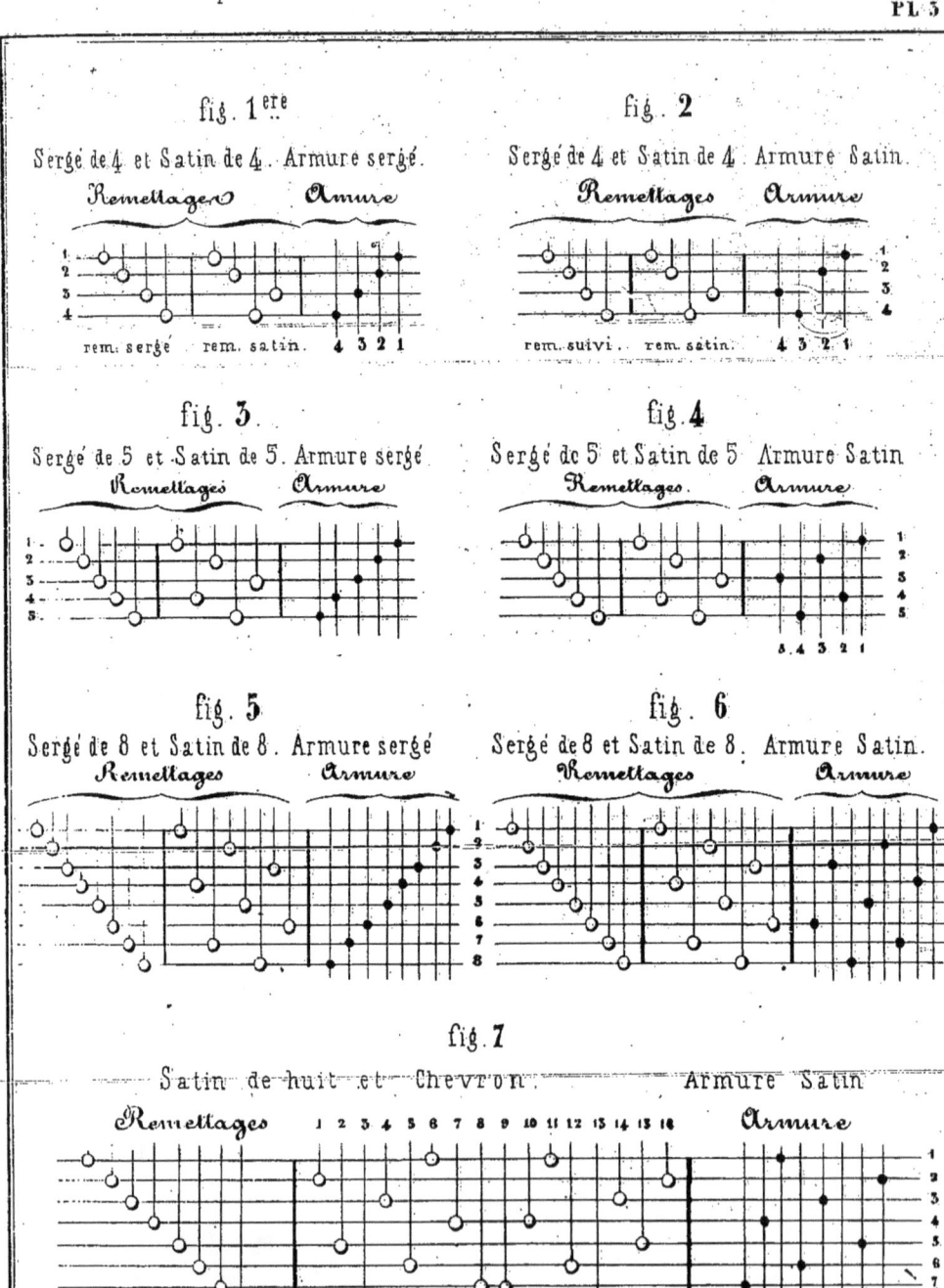

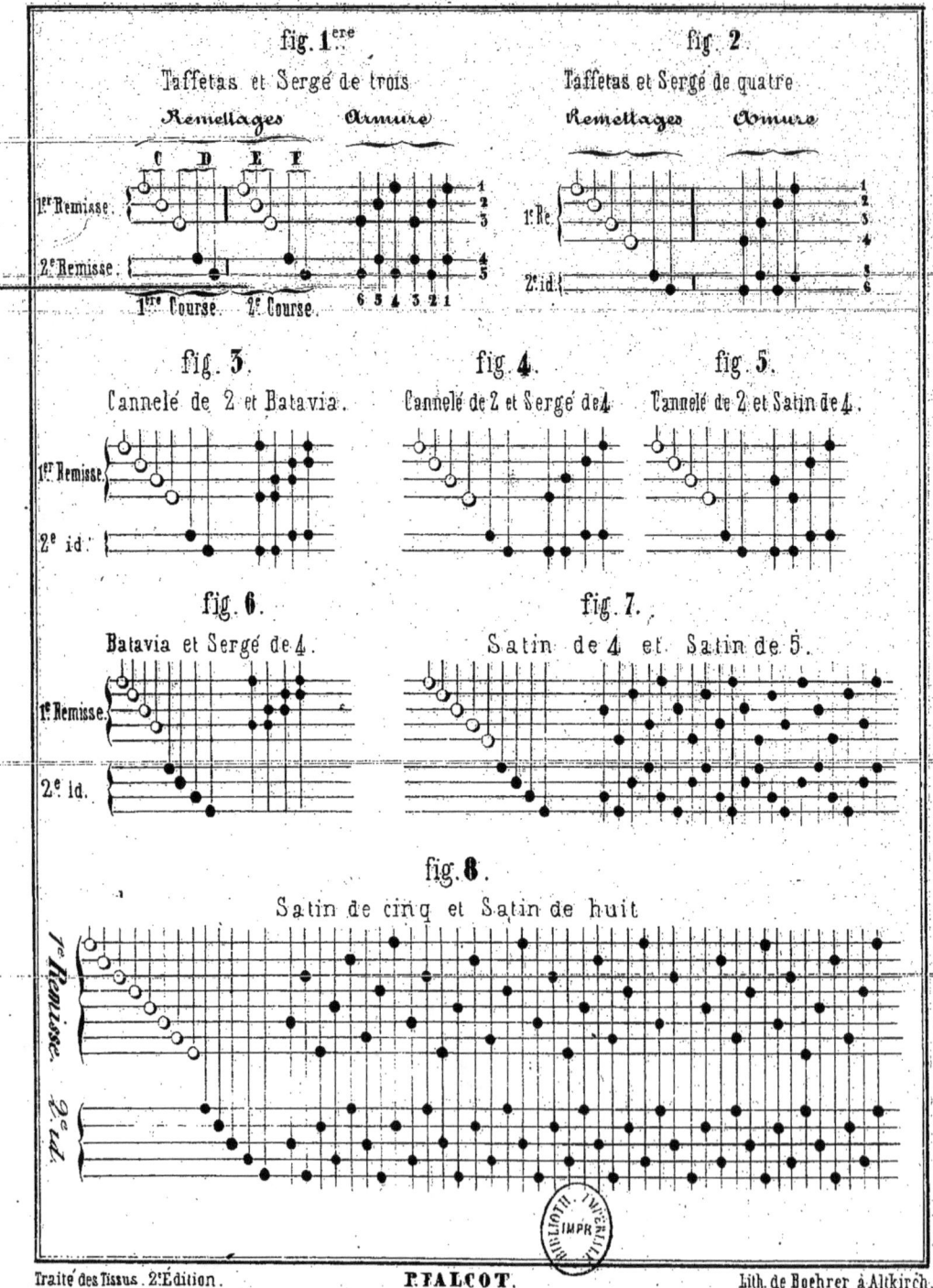

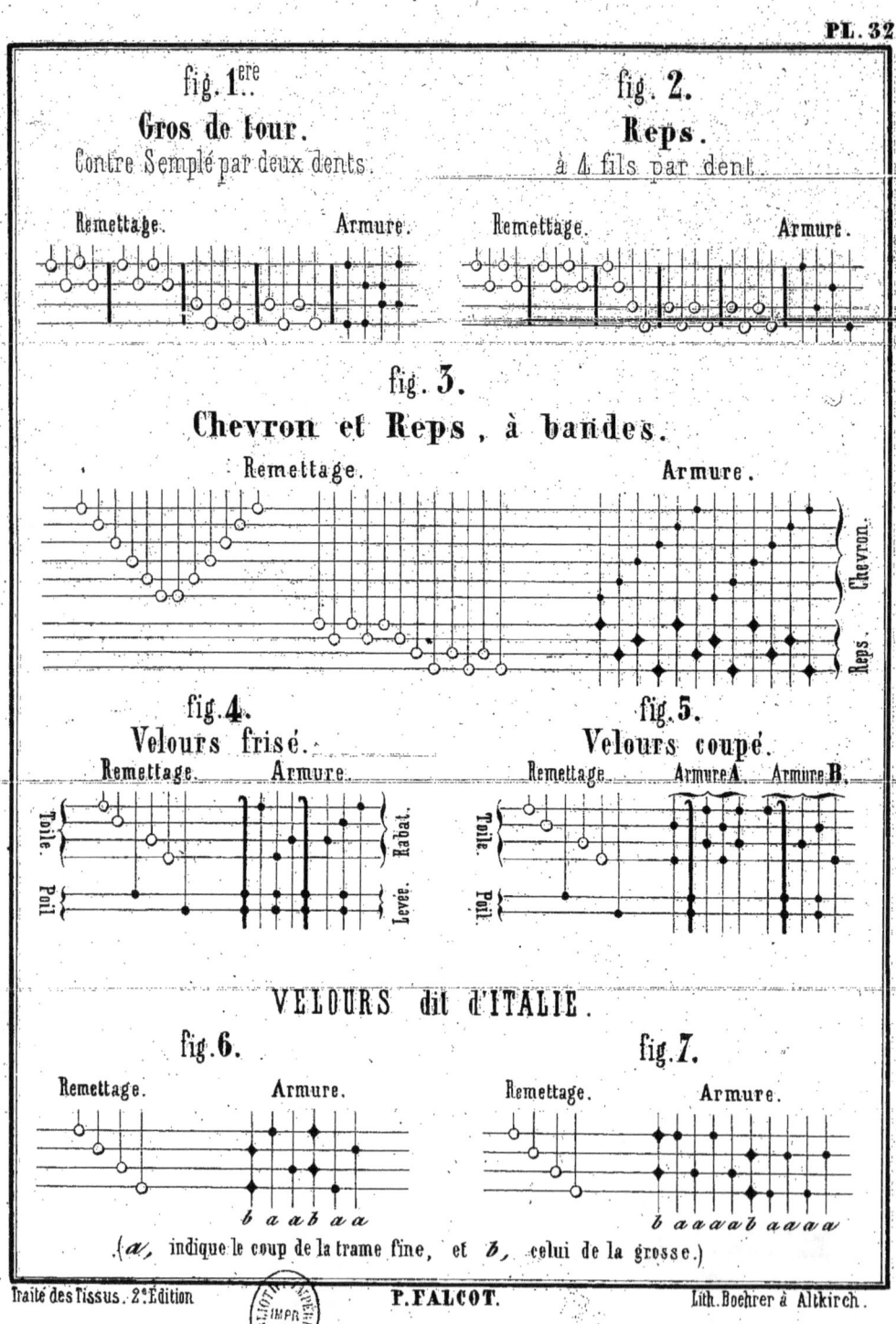

ÉTOFFES À DOUBLE FACE
formées sur un seul remisse

PL. 33.

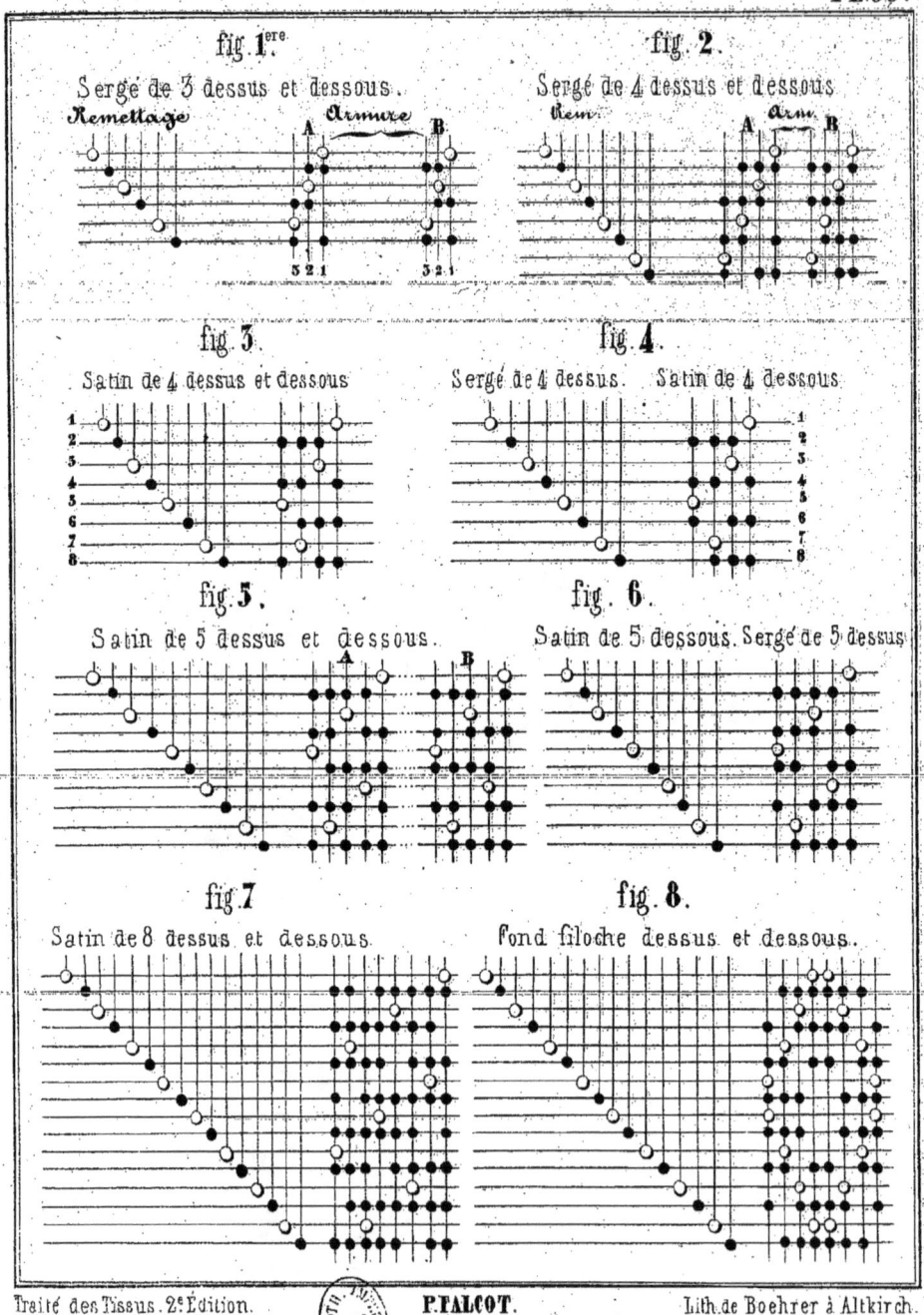

Traité des Tissus. 2ᵉ Édition.   P. FALCOT.   Lith. de Boehrer à Altkirch.

ÉTOFFES À DOUBLE FACE
formées sur deux remisses.

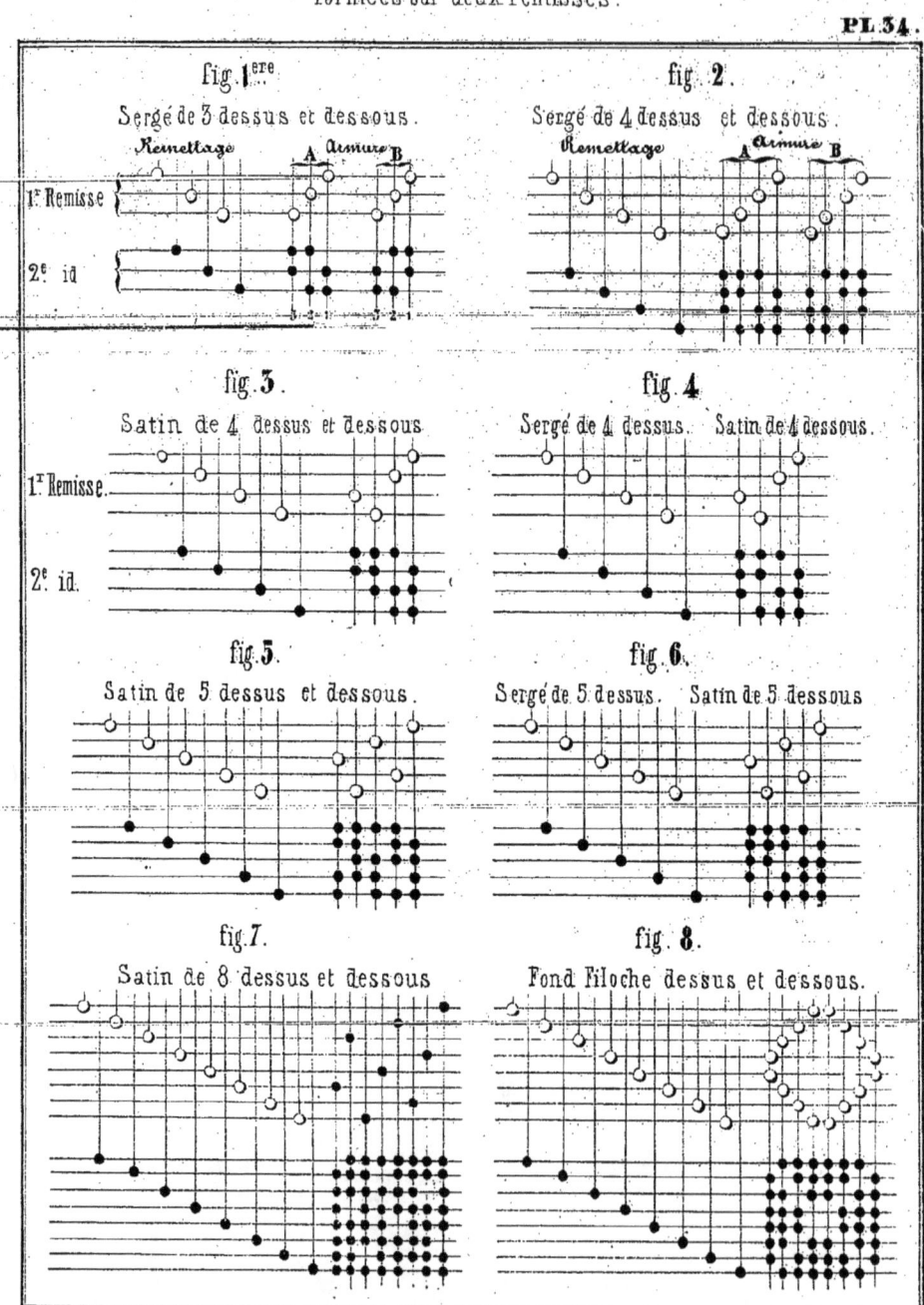

ÉTOFFES DOUBLES
formées sur un seul remisse.

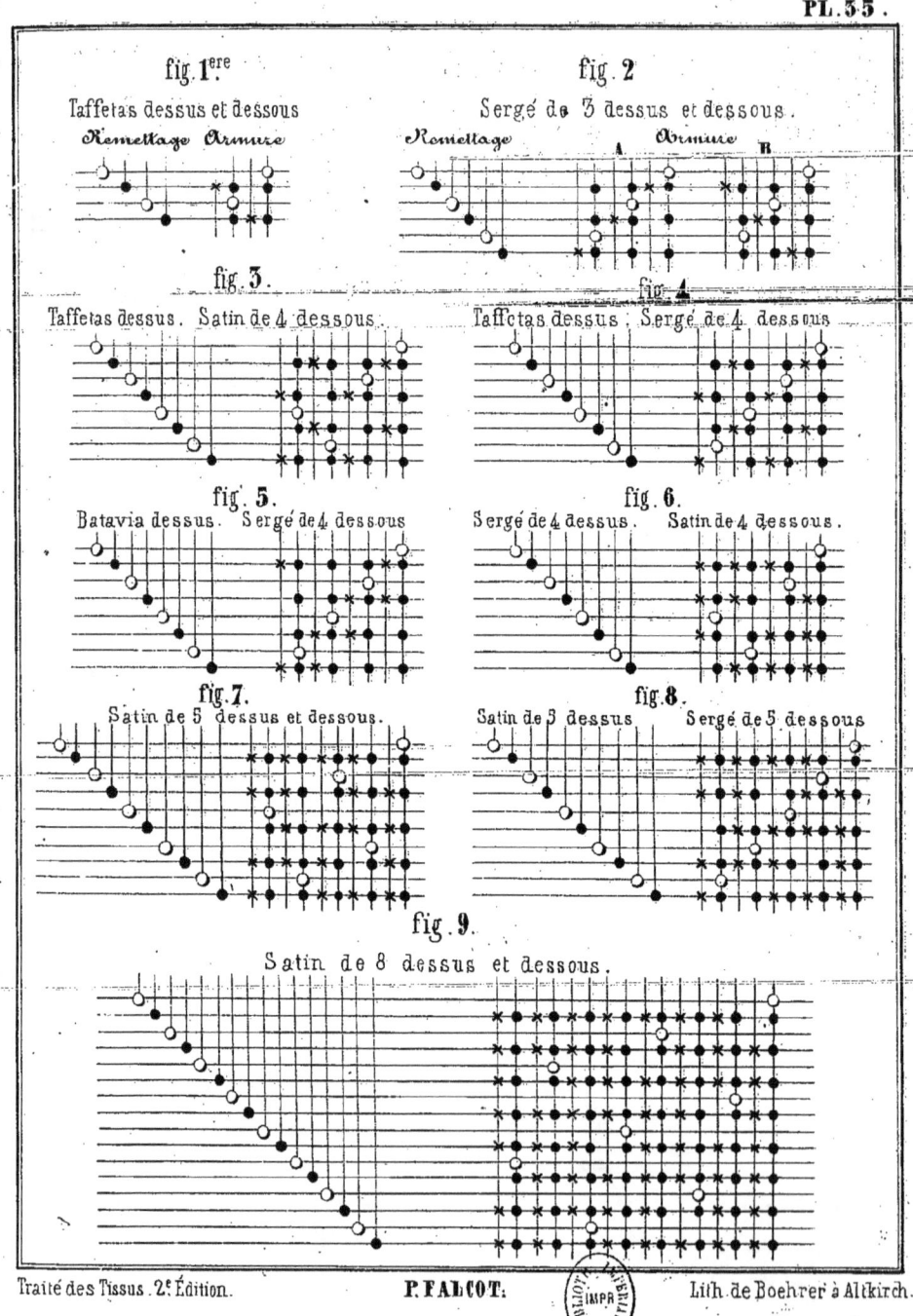

ÉTOFFES DOUBLES
Formées sur deux Remisses.

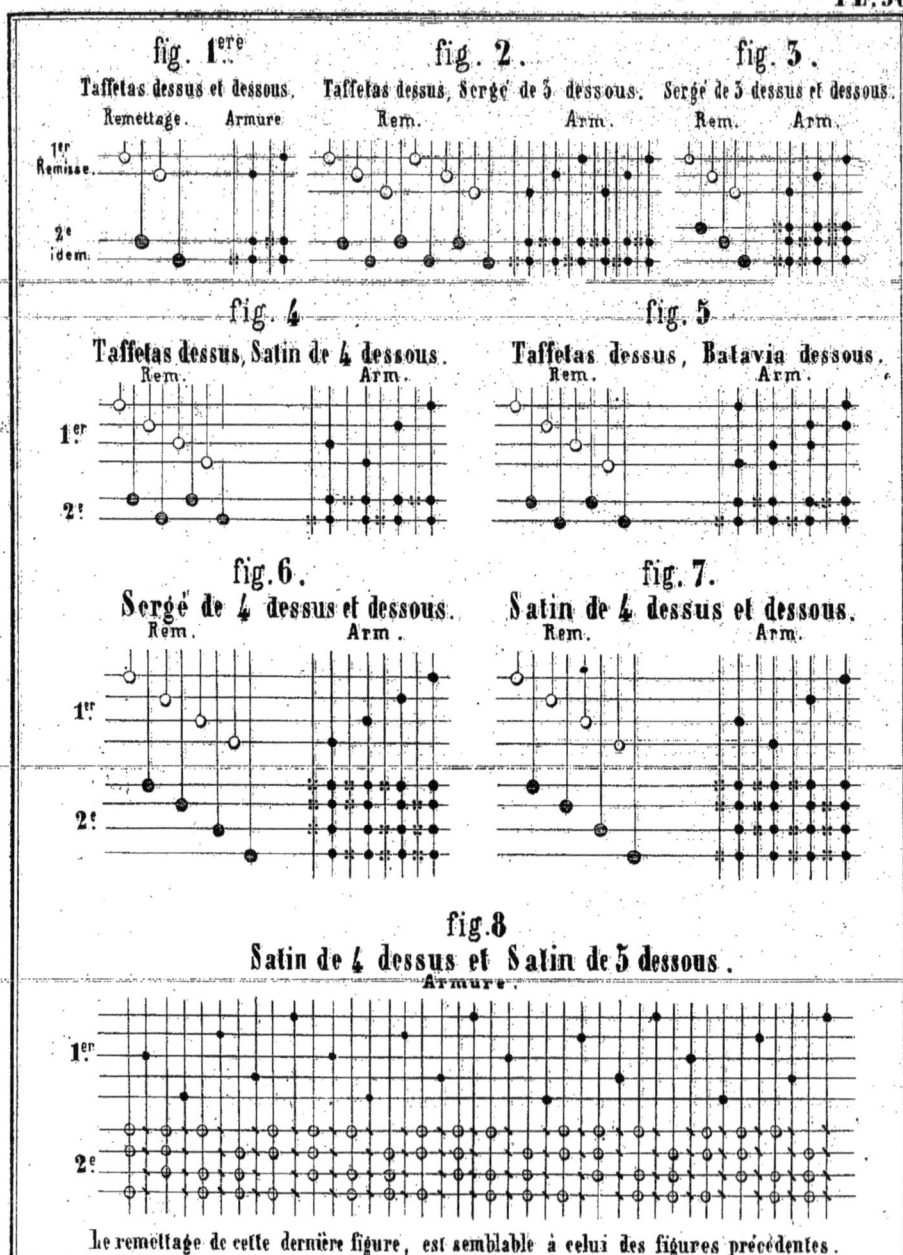

fig. 1ere — Taffetas dessus et dessous.
fig. 2 — Taffetas dessus, Serge de 3 dessous.
fig. 3 — Serge de 3 dessus et dessous.
fig. 4 — Taffetas dessus, Satin de 4 dessous.
fig. 5 — Taffetas dessus, Batavia dessous.
fig. 6 — Serge de 4 dessus et dessous.
fig. 7 — Satin de 4 dessus et dessous.
fig. 8 — Satin de 4 dessus et Satin de 5 dessous.

Le remettage de cette dernière figure, est semblable à celui des figures précédentes.

Traité des Tissus. 2.e Édition. — P. FALCOT. — Lith. Boehrer à Altkirch.

ÉTOFFES DOUBLES.

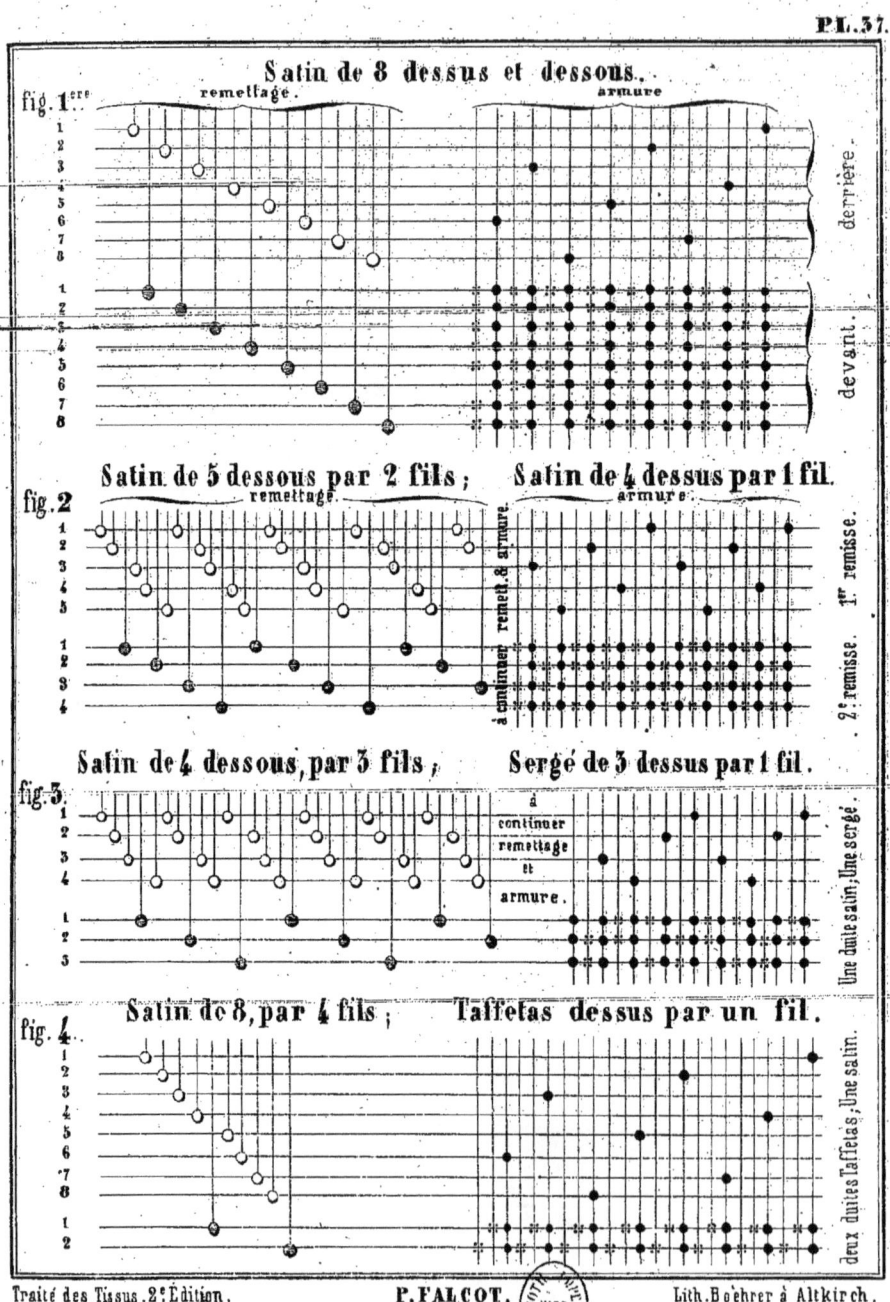

Traité des Tissus. 2ᵉ Édition. — P. FALCOT. — Lith. Boehrer à Altkirch.

ECOSSAIS.

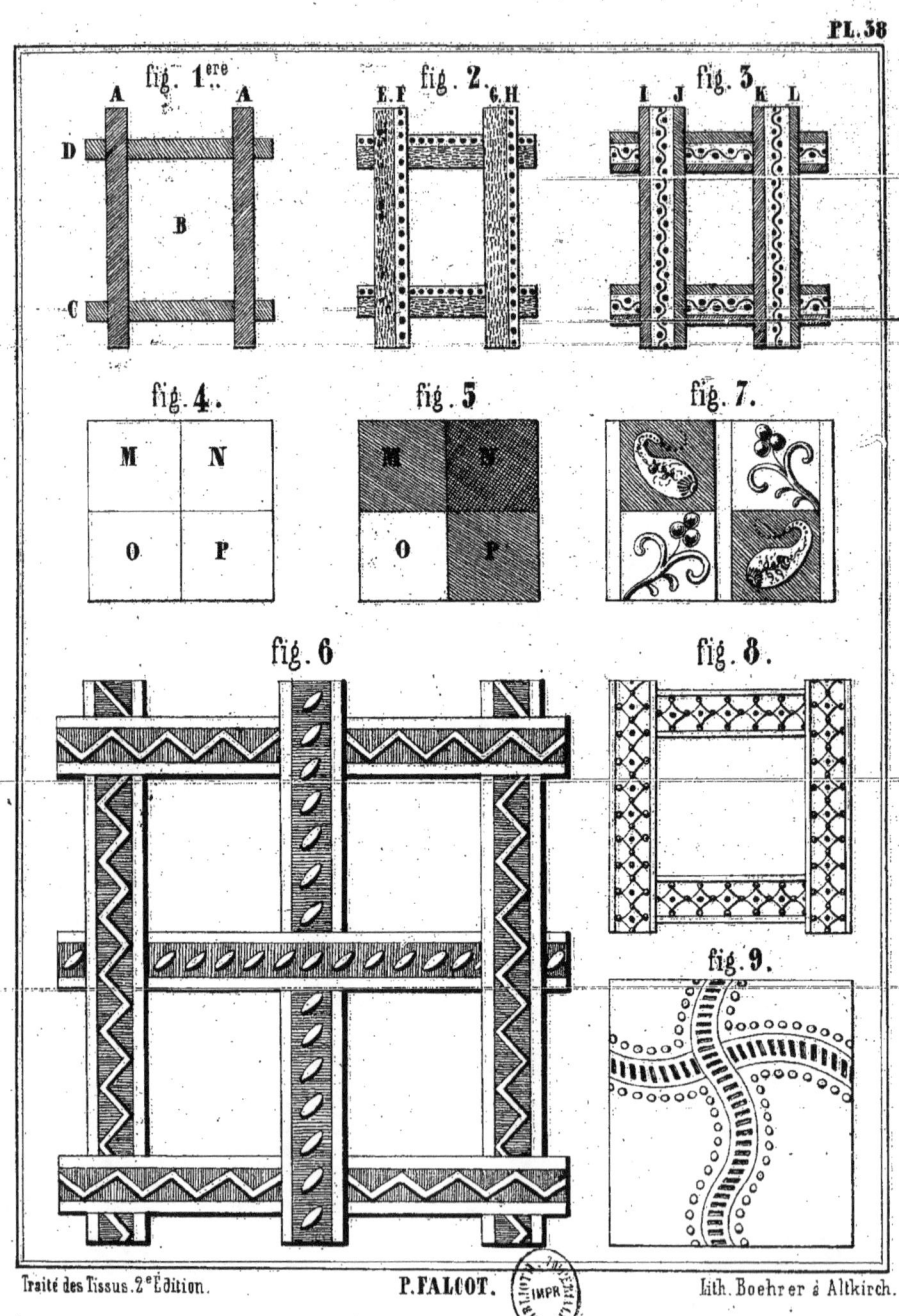

Traité des Tissus. 2ᵉ Édition.   P. FALCOT.   Lith. Boehrer à Altkirch.

DISPOSITIONS DIVERSES
pour la confection des lisses ou lames à figures.

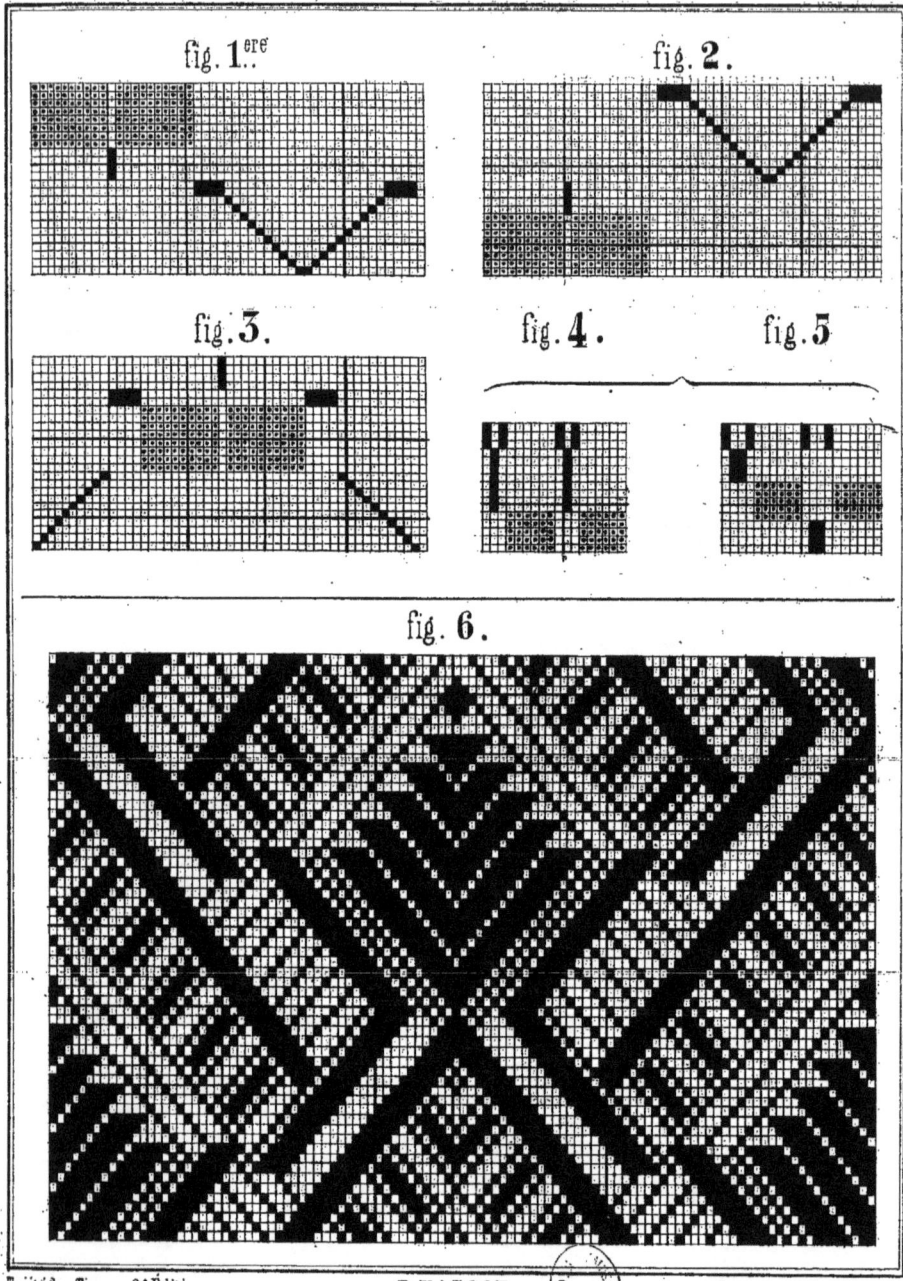

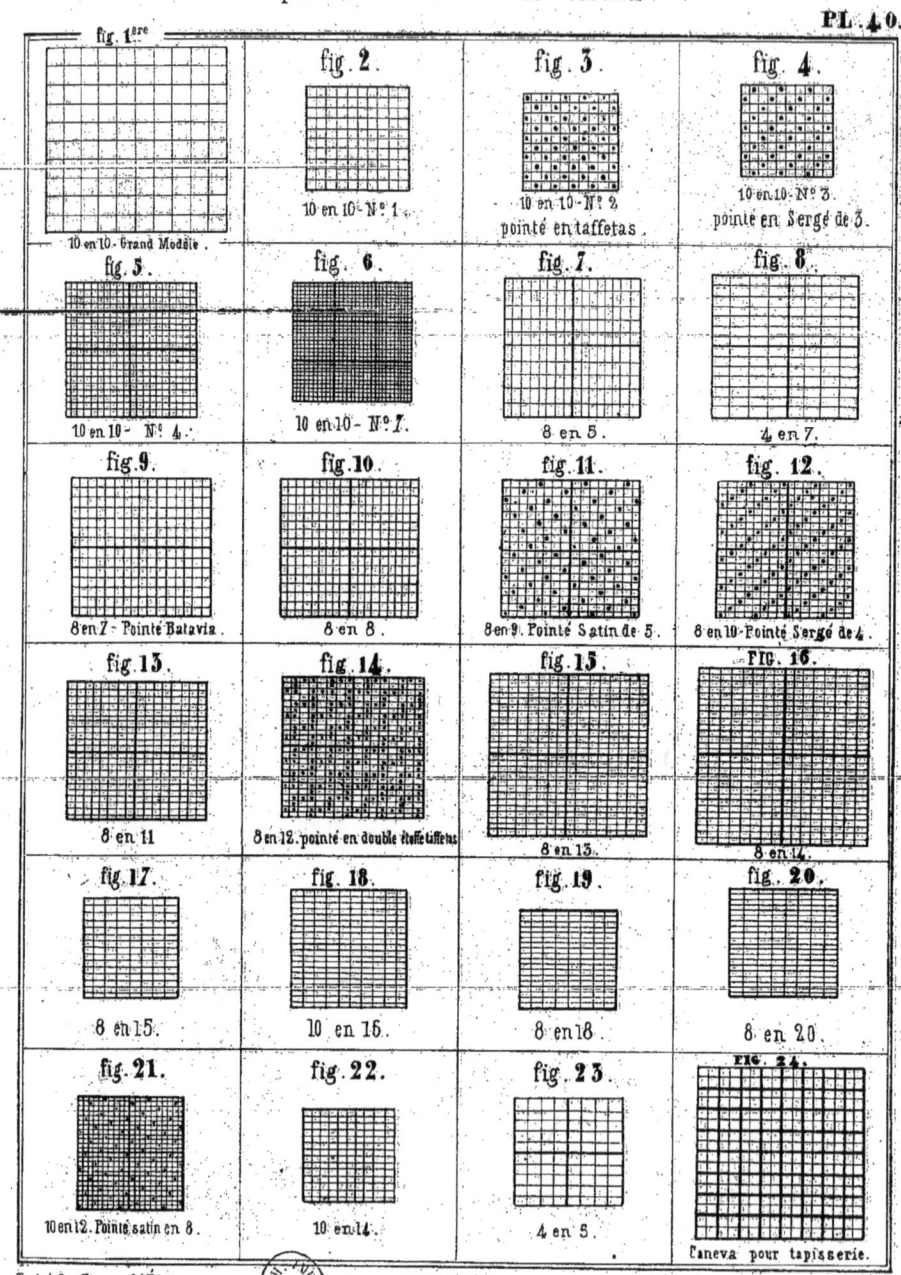

PAPIERS RÉGLÉS
pour la mise en carte des cartons.

ARMURES RÉDUCTIBLES.

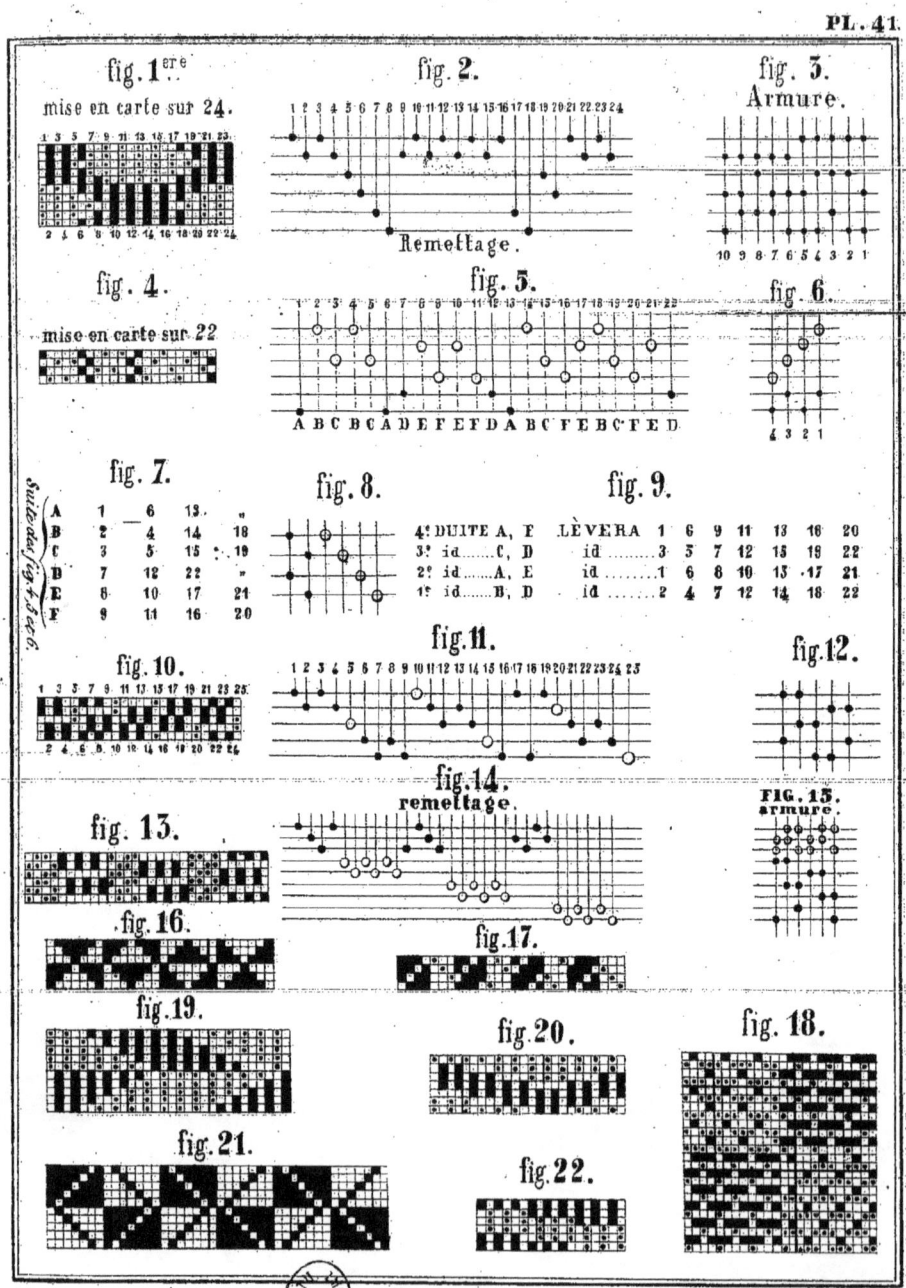

ARMURE RÉDUITE.
Réduction des marches.

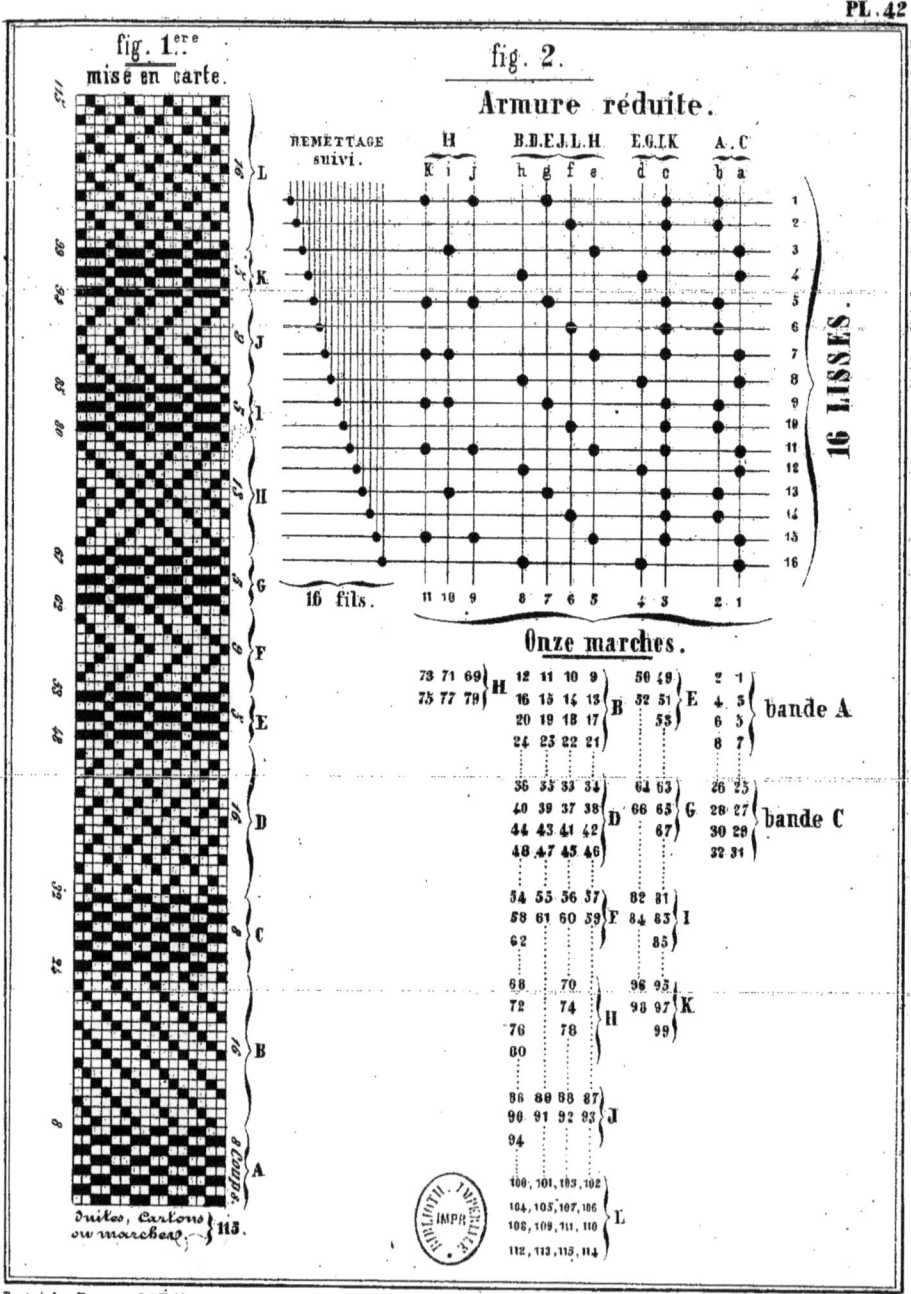

PL. 42

Traité des Tissus. 2.e Édition. P. FALCOT. Lith. Boehrer à Altkirch.

AMALGAMAGE DES CHAÎNES.

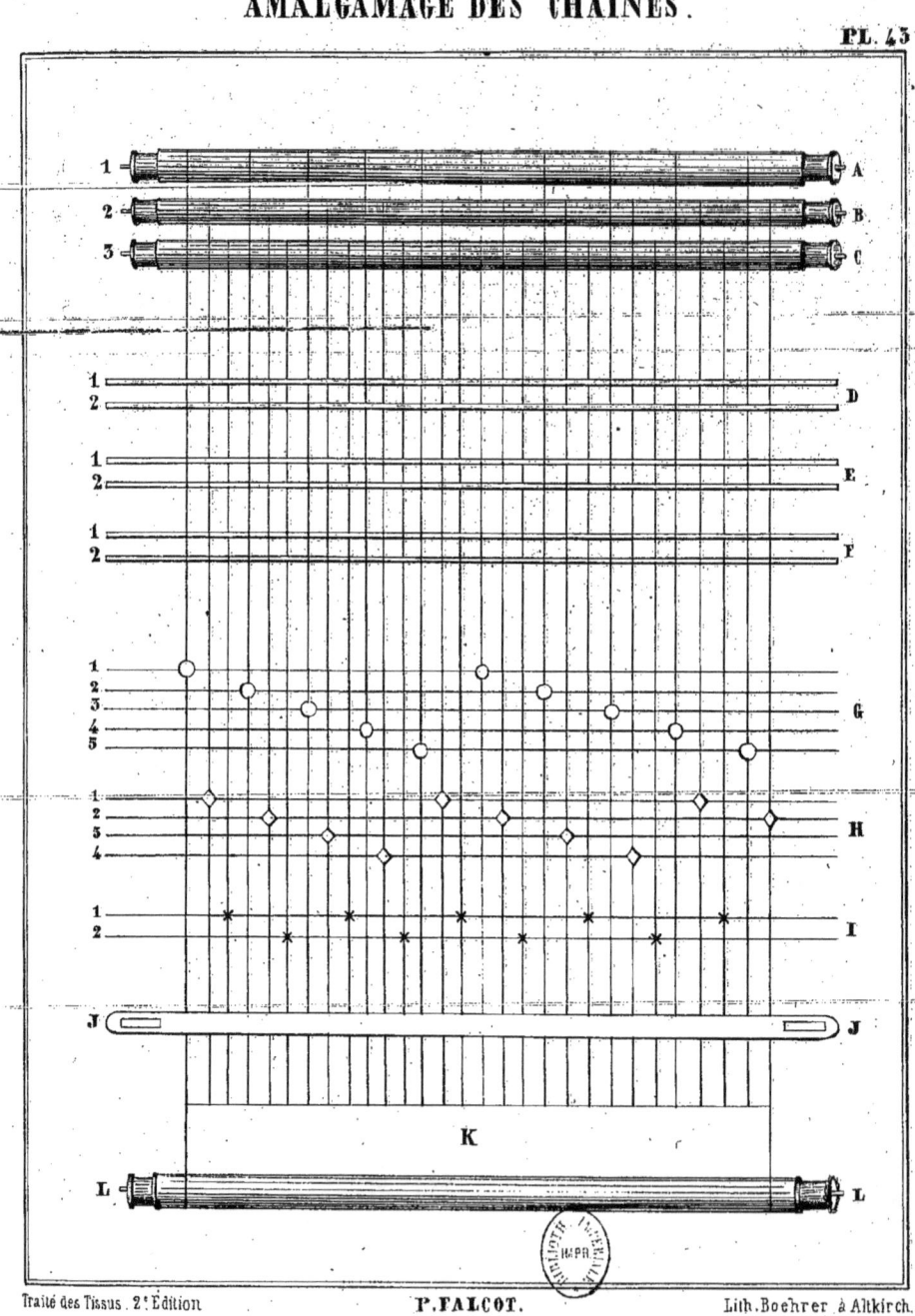

Traité des Tissus. 2.ᵉ Édition. — P. FALCOT. — Lith. Boehrer à Altkirch.

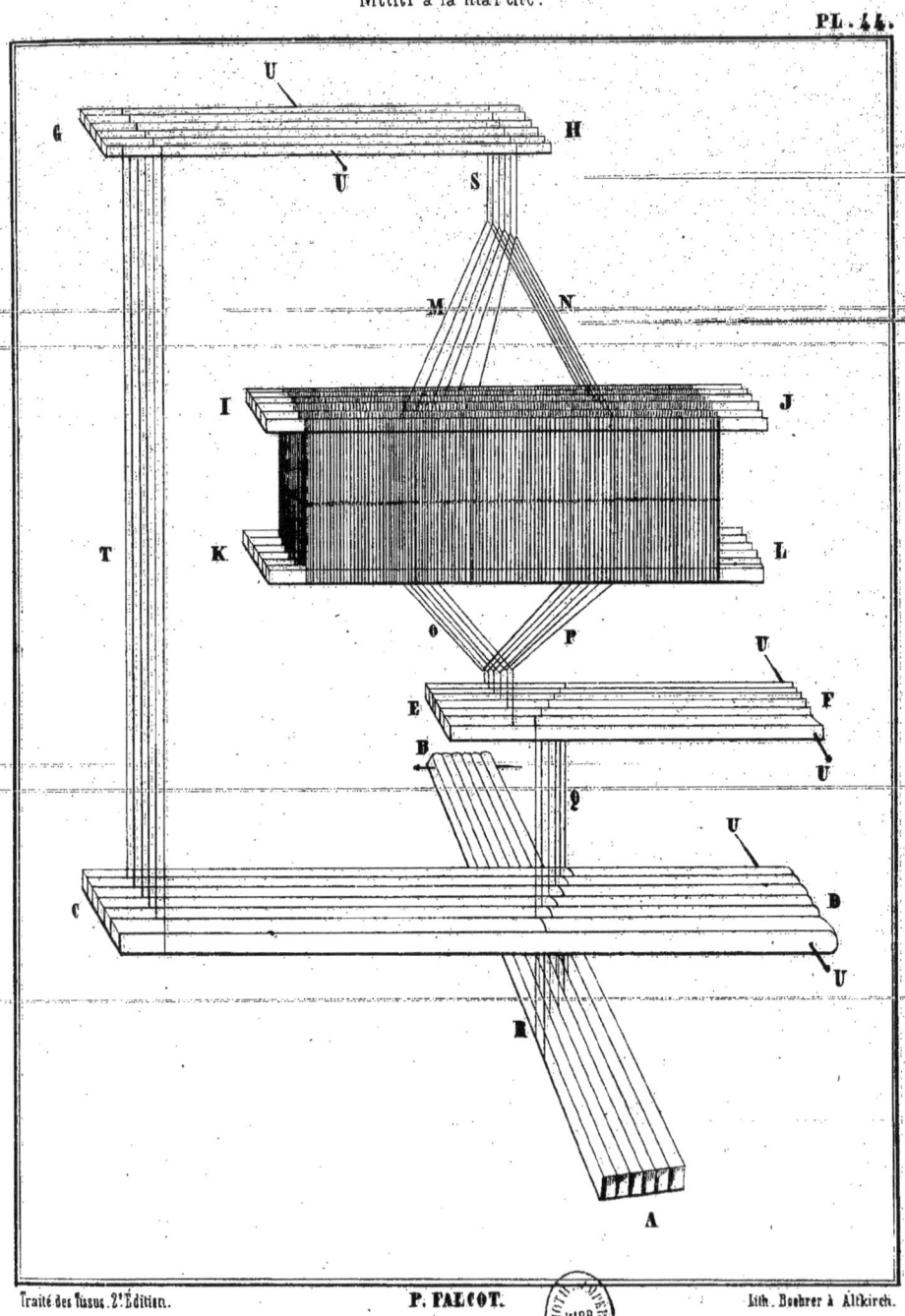

MÉCANIQUE - ARMURE.
Vue longitudinale, prise du côté gauche.

PL. 45.

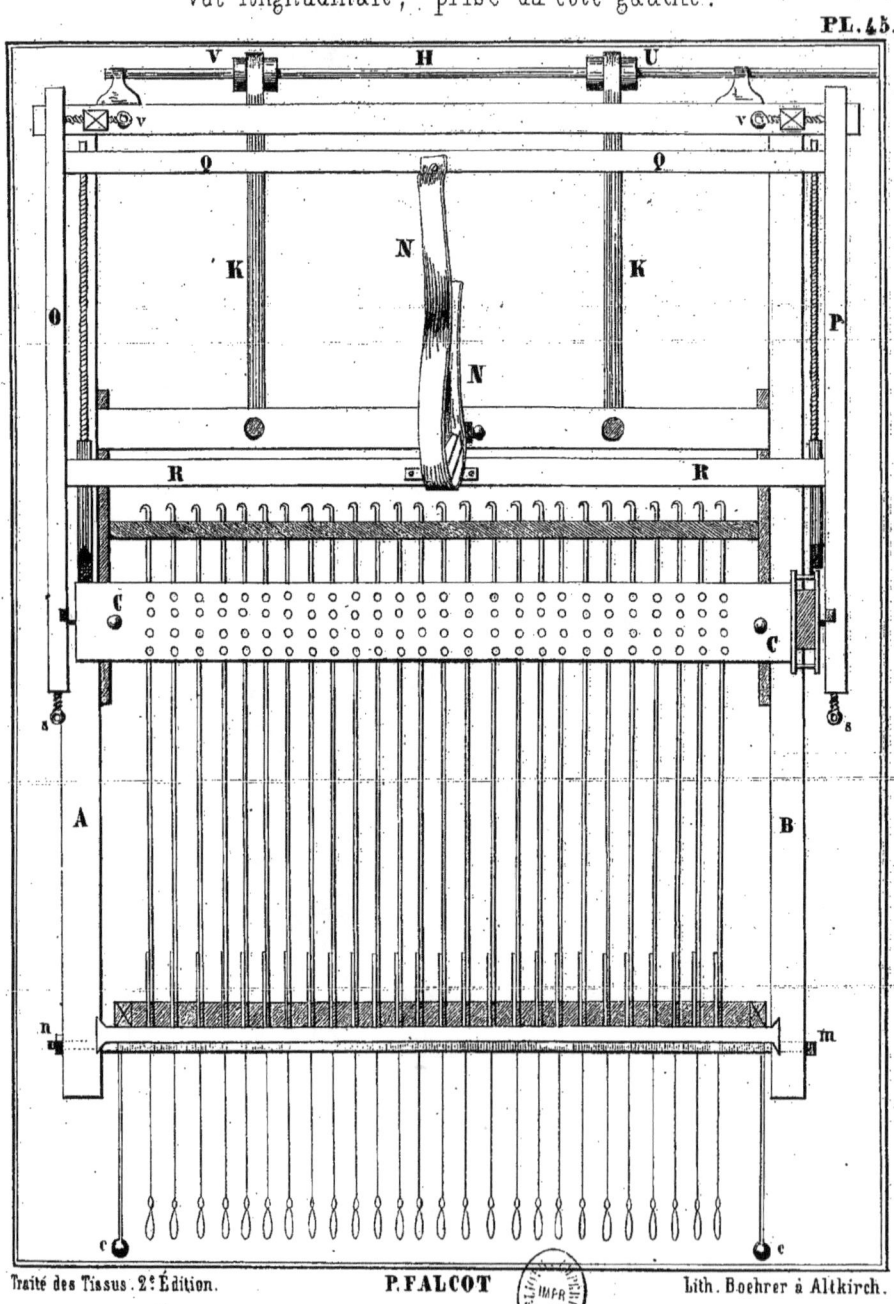

Traité des Tissus. 2.ᵉ Édition.   P. FALCOT   Lith. Boehrer à Altkirch.

MÉCANIQUE ARMURE.

Vue longitudinale, prise du coté droit.

PL. 46.

Traité des Tissus. 2.ᵉ Édition. P. FALCOT. Lith. Boehrer à Altkirch.

MÉCANIQUE ARMURE.
Vue par devant et par derrière.

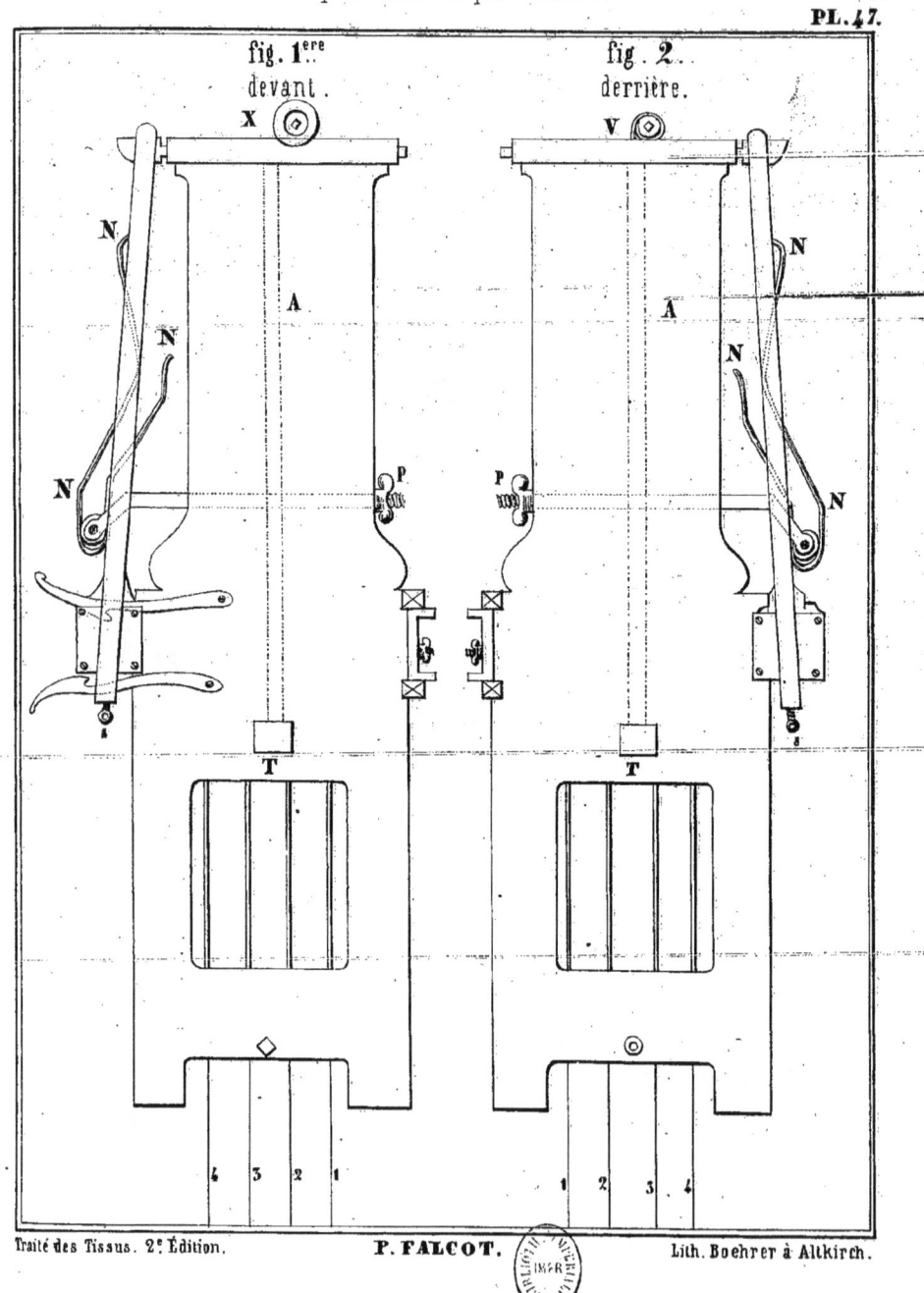

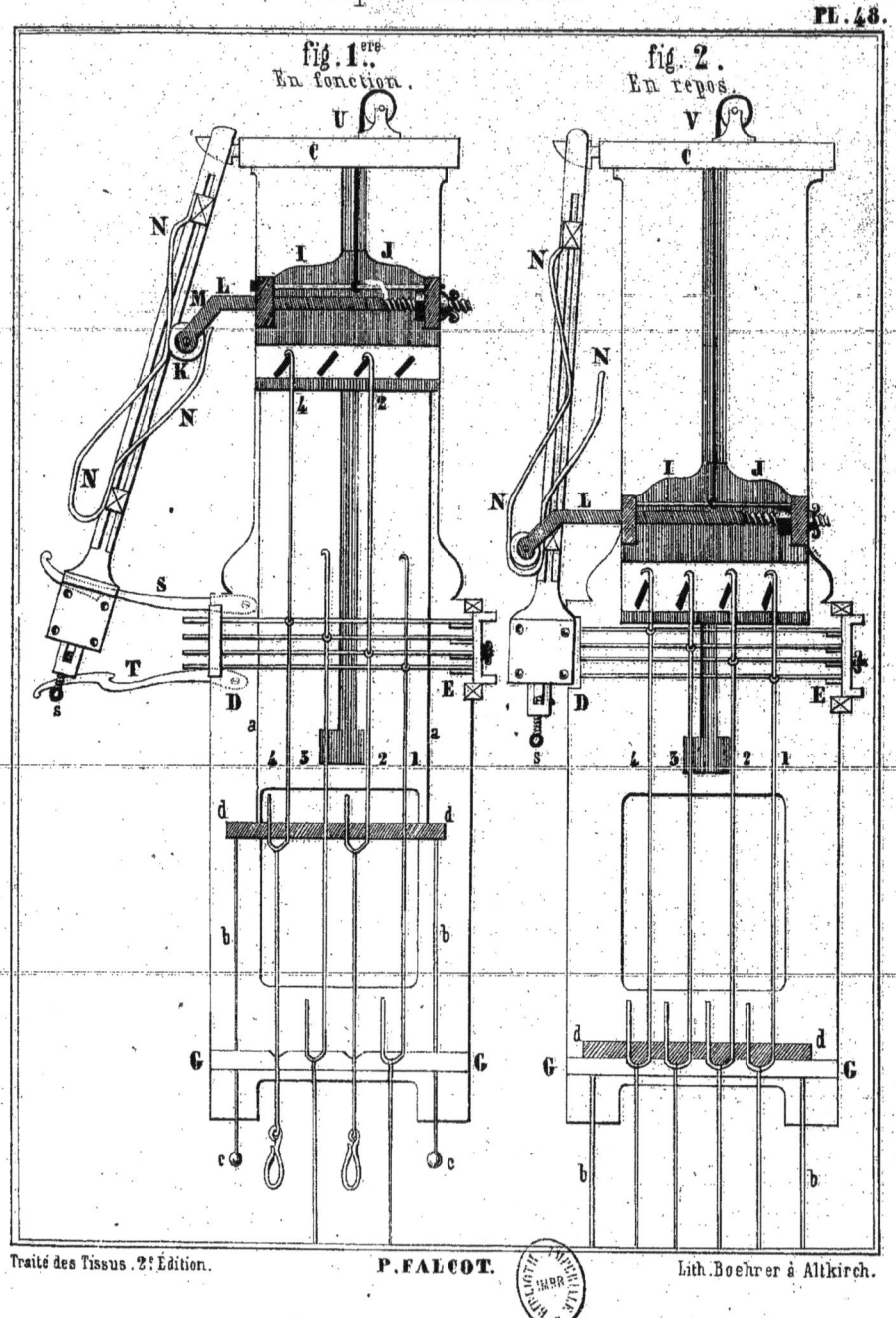

PETITE MÉCANIQUE JACQUARD, dite ARMURE.

PL. 49.

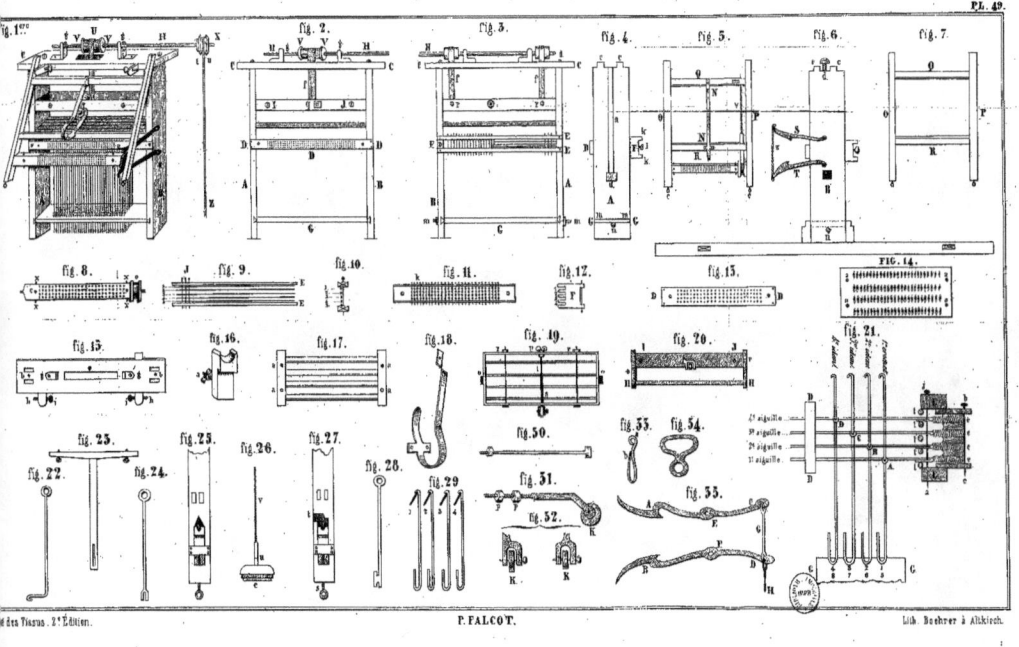

P. FALCOT.

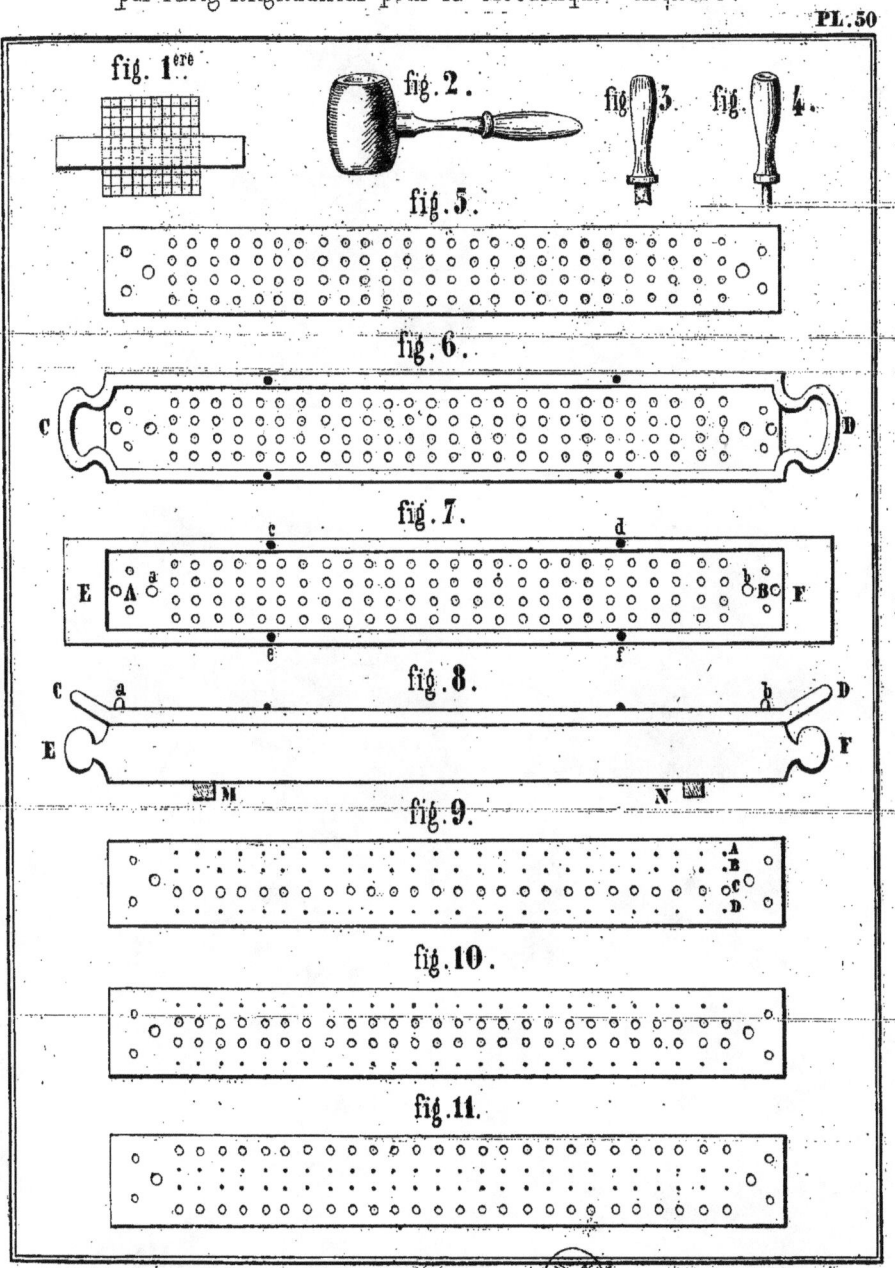

MÉCANIQUE ARMURE.
Garnissages par rang longitudinal

PL. 51

fig. 1ère — Garnissage sur 50 crochets simples.

fig. 2 — idem sur 50 crochets doubles.

fig. 3 — idem sur 42 crochets simples.

fig. 4 — id. sur 42 crochets doubles.

fig. 5 — id. sur 36 crochets simples.

fig. 6 — id. sur 38 crochets simples.

fig. 7 — id. sur 34 crochets simples.

fig. 8 — id. sur 38 crochets simples.

fig. 9 — id. sur 75 crochets simples.

fig. 10 — id. sur 75 crochets simples.

Traité des Tissus. 2.e Edition.   **P. FALCOT.**   Lith. Boehrer à Altkirch.

MÉCANIQUE ARMURE.

Perçage des cartons par rang longitudinal.

PL. 52

Taffetas.

fig. 1ère   fig. 2.   fig. 3.   fig. 4.

fig. 5 et 6.
Perçage par crochets simples.

fig. 7 et 8.
même perçage, par crochets doubles.

fig. 9.
Développement des quatre cartons, par crochets simples.

Traité des Tissus. 2.ᵉ Édition   P. FALCOT.   Lith. Boehrer à Altkirch.

MÉCANIQUE ARMURE.
Perçage des cartons par rang longitudinal.

Pl. 53.

Batavia.

fig. 1ère   fig. 2   fig. 3   fig. 4

fig. 5

Sergé de 4.

fig. 6   fig. 7   fig. 8   fig. 9

fig. 10

Traité des Tissus. 2.e Édition.   P. FALCOT.   Lith. Boehrer à Altkirch.

MÉCANIQUE ARMURE
Perçage des Cartons par rang longitudinal.

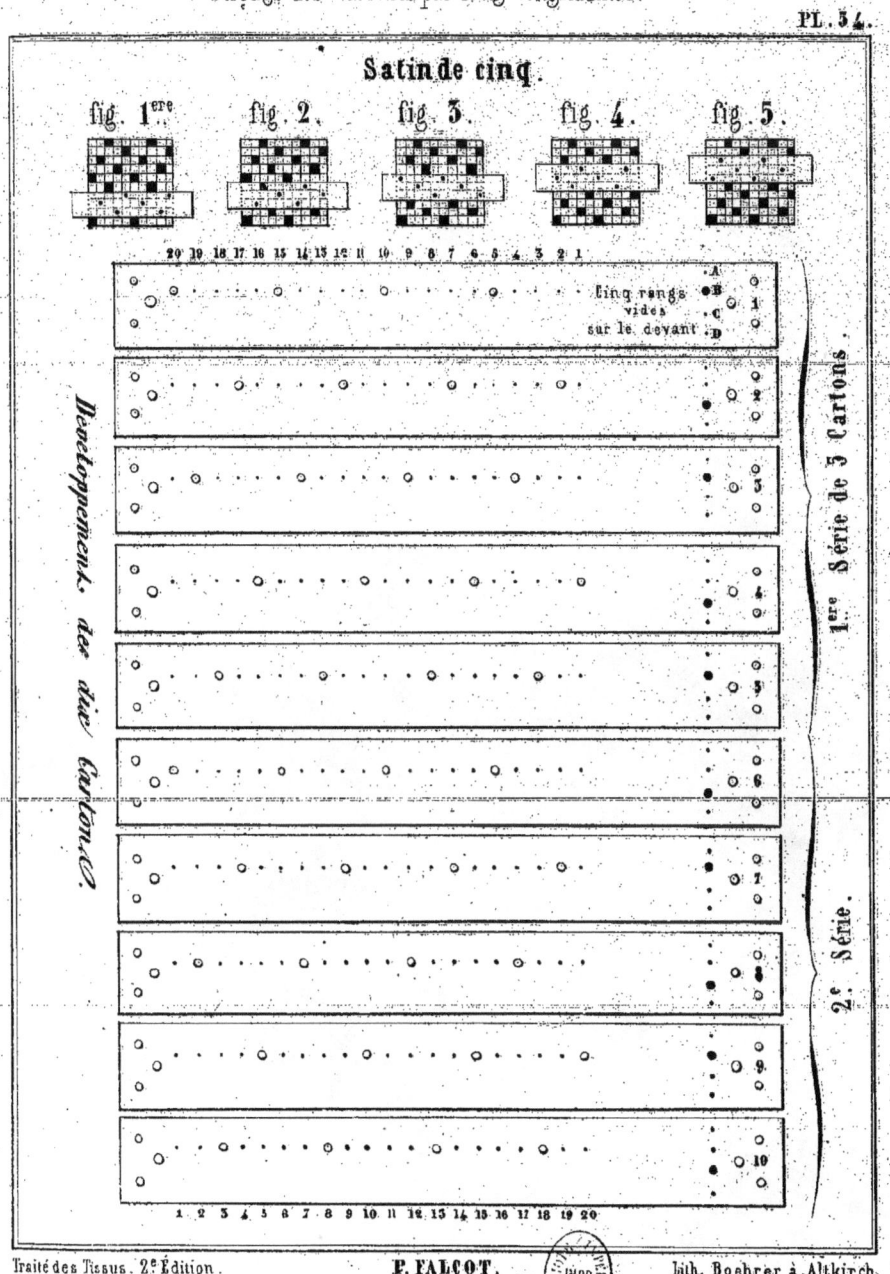

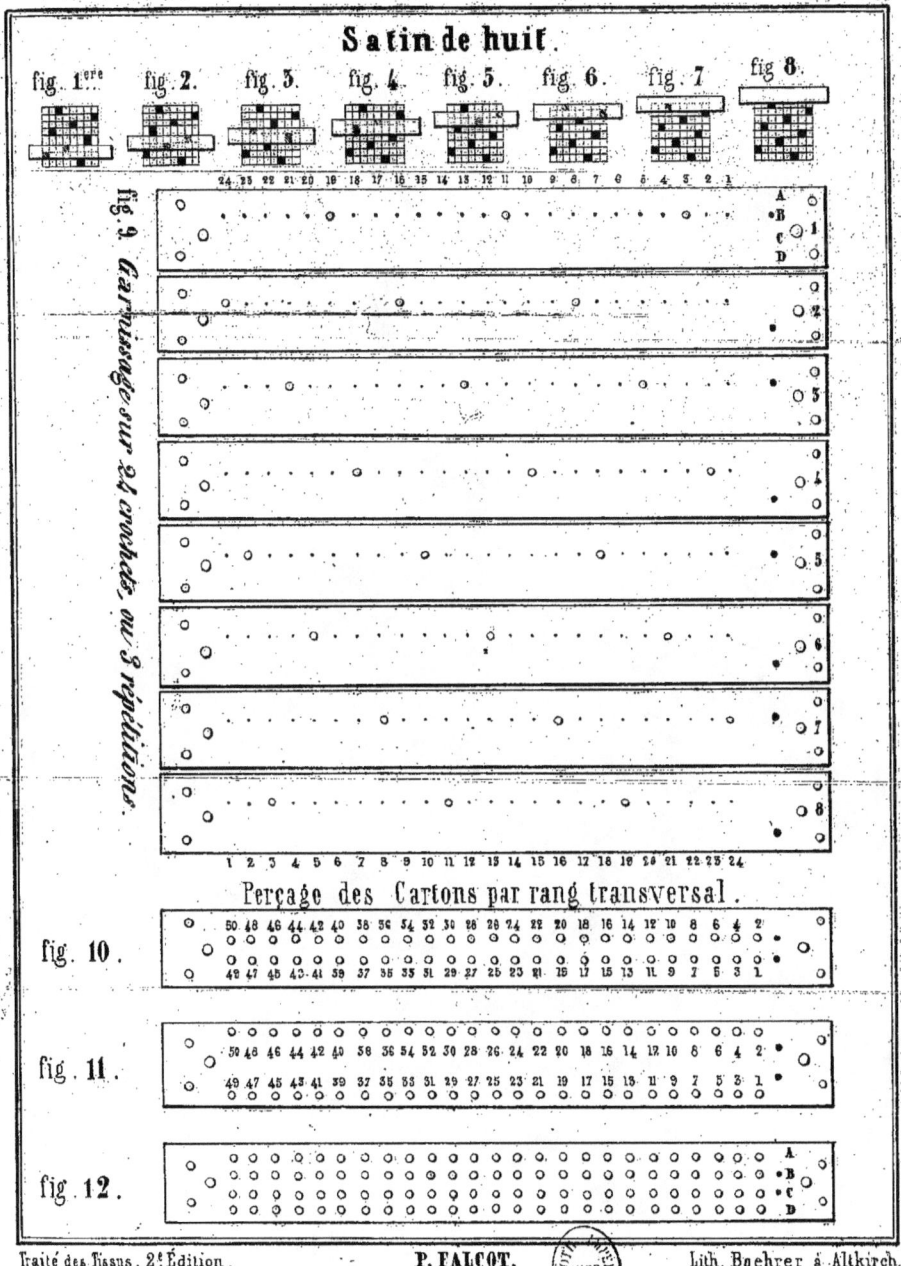

PERÇAGE DES CARTONS.
par rang transversal pour la mécanique armure.

PL. 56.

fig 1re
Taffetas

fig. 2.
Développement des quatre cartons taffetas.

fig 3 Batavia
Perçage et développement des quatre cartons

Traité des Tissus. 2ᵉ Édition.   P. FALCOT.   Lith. Boehrer à Altkirch.

MÉCANIQUE ARMURE.
Perçage des Cartons par rang transversal.

PL. 57.

Sergé de quatre.

fig. 1ère.

Satin de quatre.

fig. 2.

Satin de cinq.

fig. 3.

Traité des Tissus. 2ᵉ Édition.   P. FALCOT.   Lith. de Boehrer, Altkirch.

MÉCANIQUE ARMURE.
Perçage des Cartons par rang transversal.

PL. 58.

Satin de huit sur 96 crochets.
fig. 1ère

Traité des Tissus. 2ᵉ Édition.

P. FALCOT.

Lith. Boehrer à Altkirch.

PIÈCES DÉTACHÉES
des Mécaniques dites à Tambour et à Planchettes.

PL. 59.

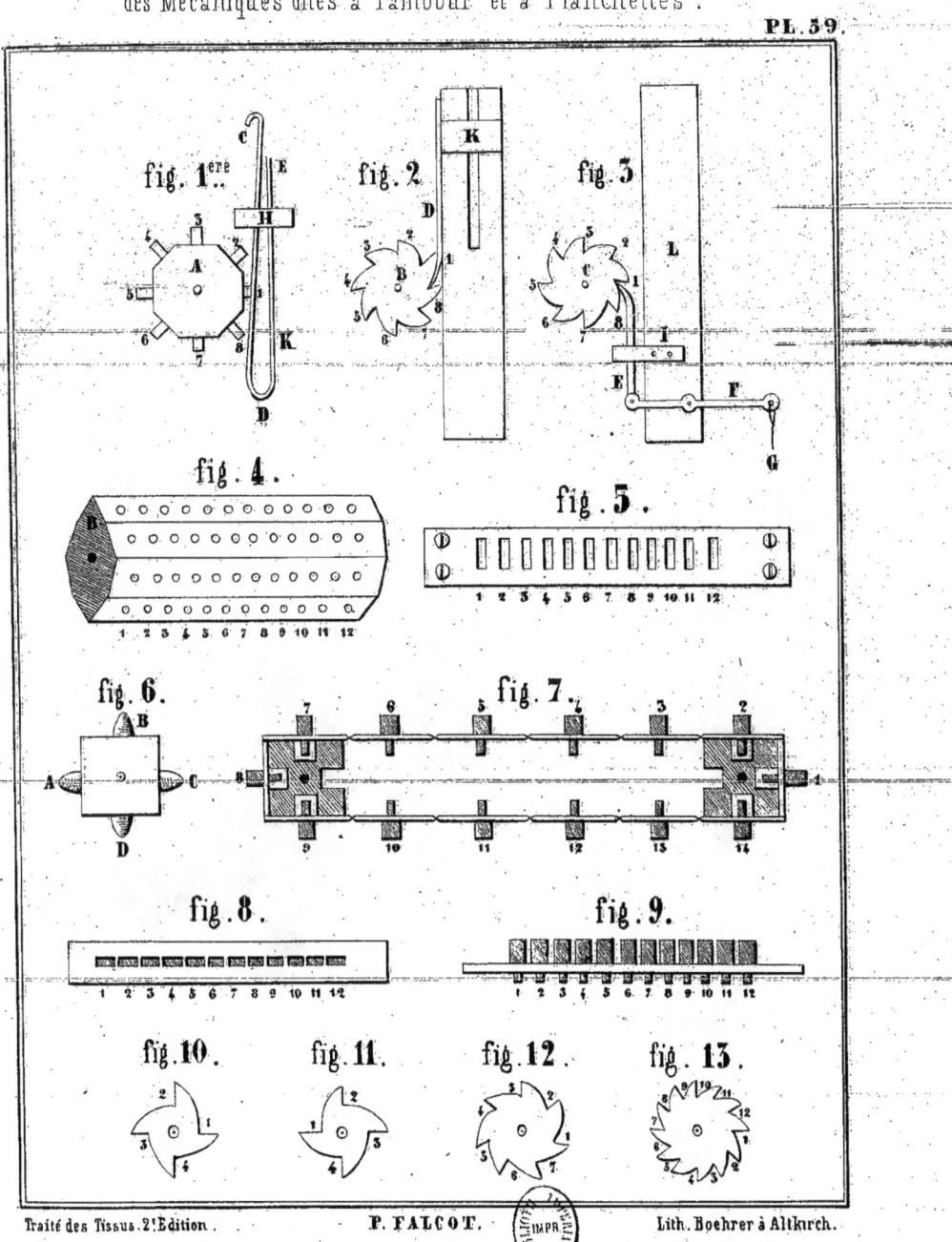

Traité des Tissus. 2.e Edition. — P. FALCOT. — Lith. Boehrer à Altkirch.

RÉGULATEUR
pour enroulement continu

PL. 60.

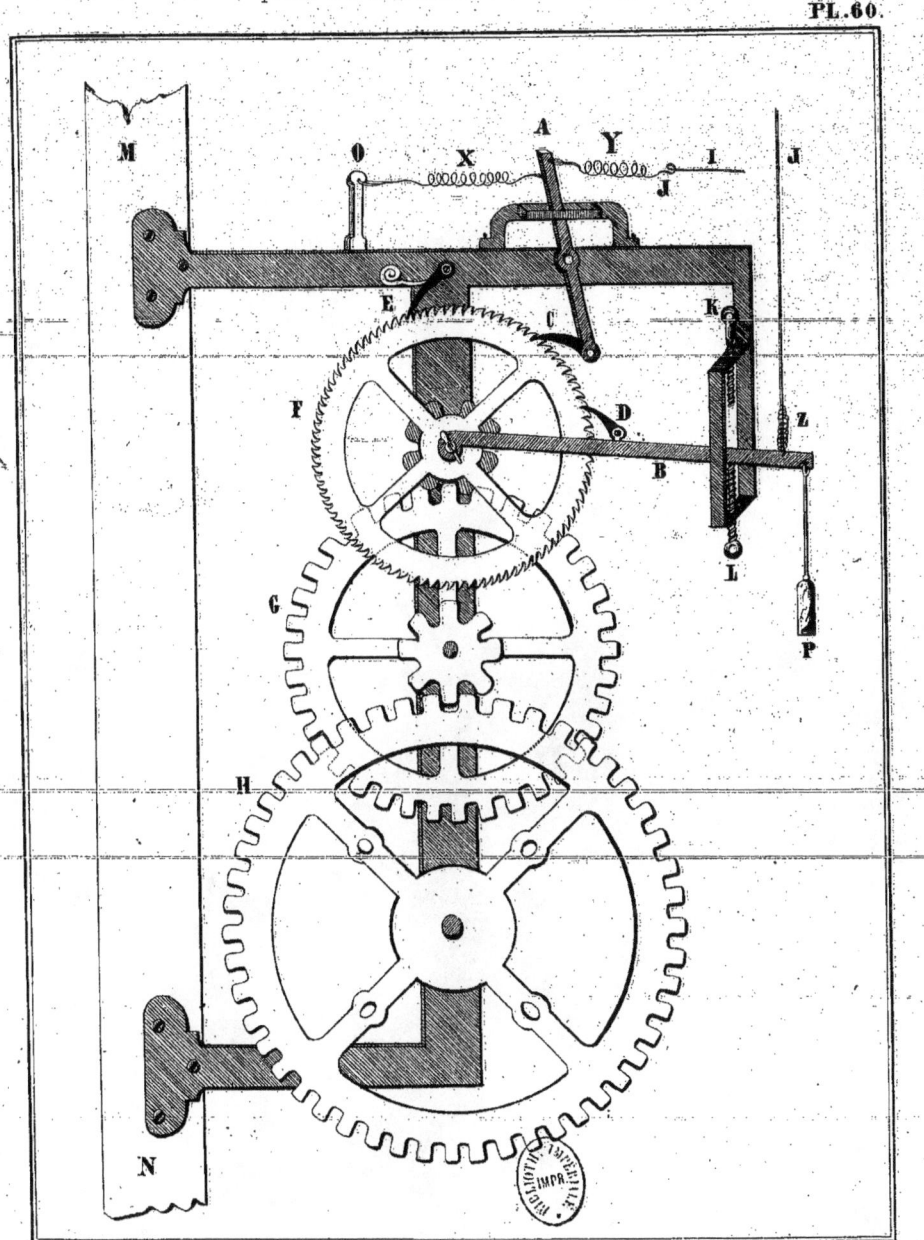

Traité des Tissus. 2.ᵉ Édition.   P. FALCOT.   Lith. Boehrer à Altkirch.

PRINCIPES d'EMPOUTAGES.

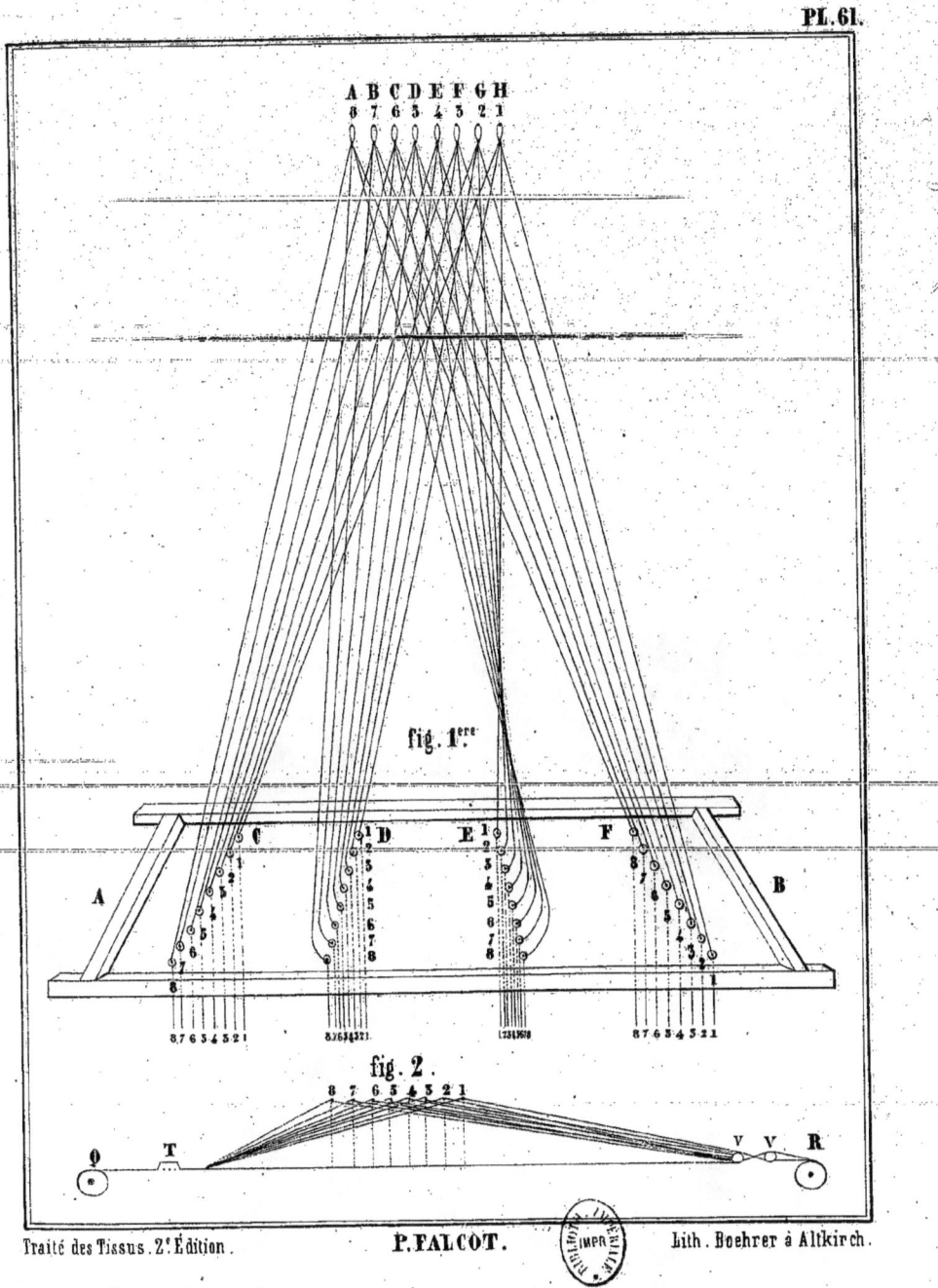

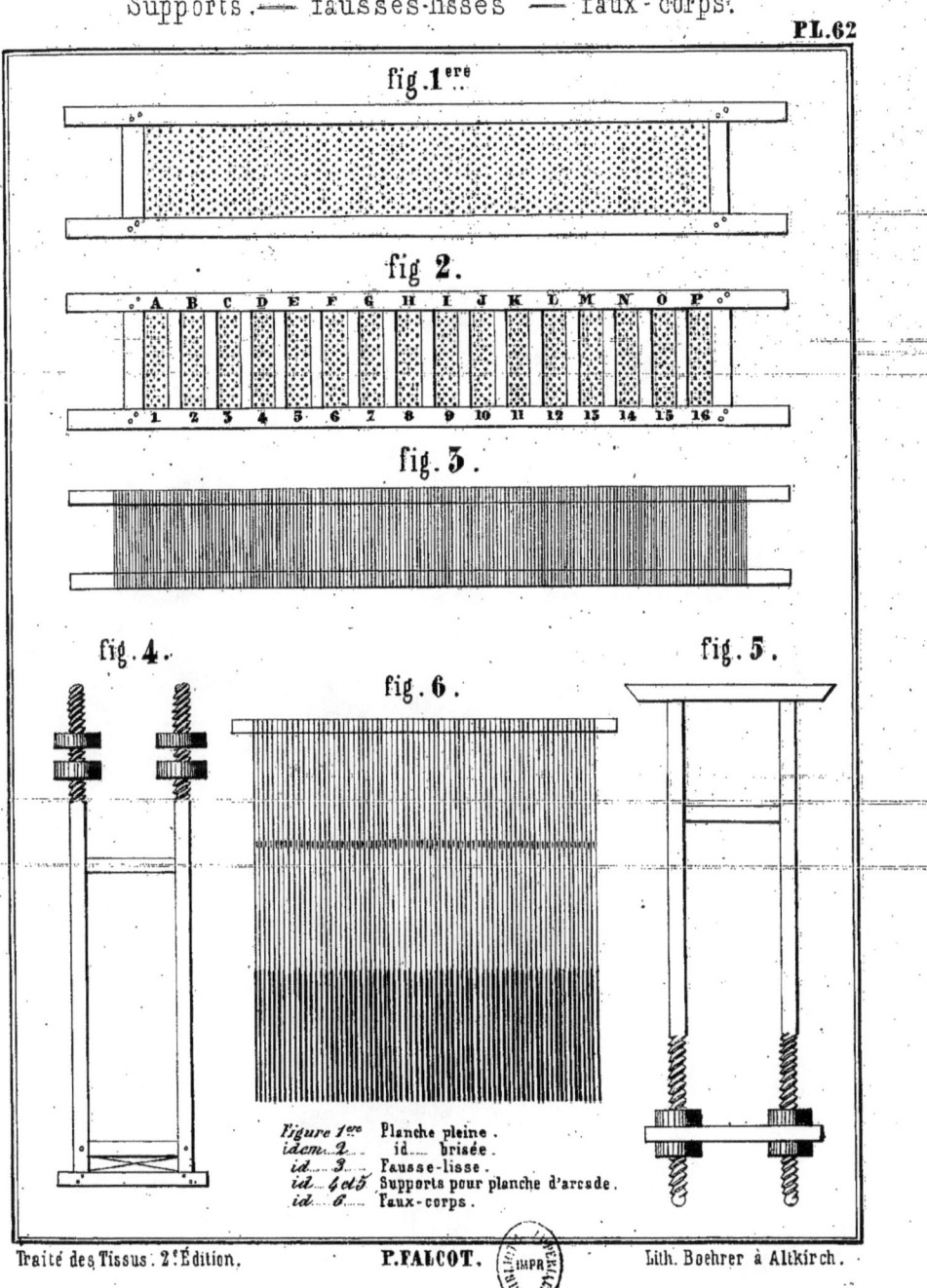

DISPOSITIONS D'EMPOUTAGES

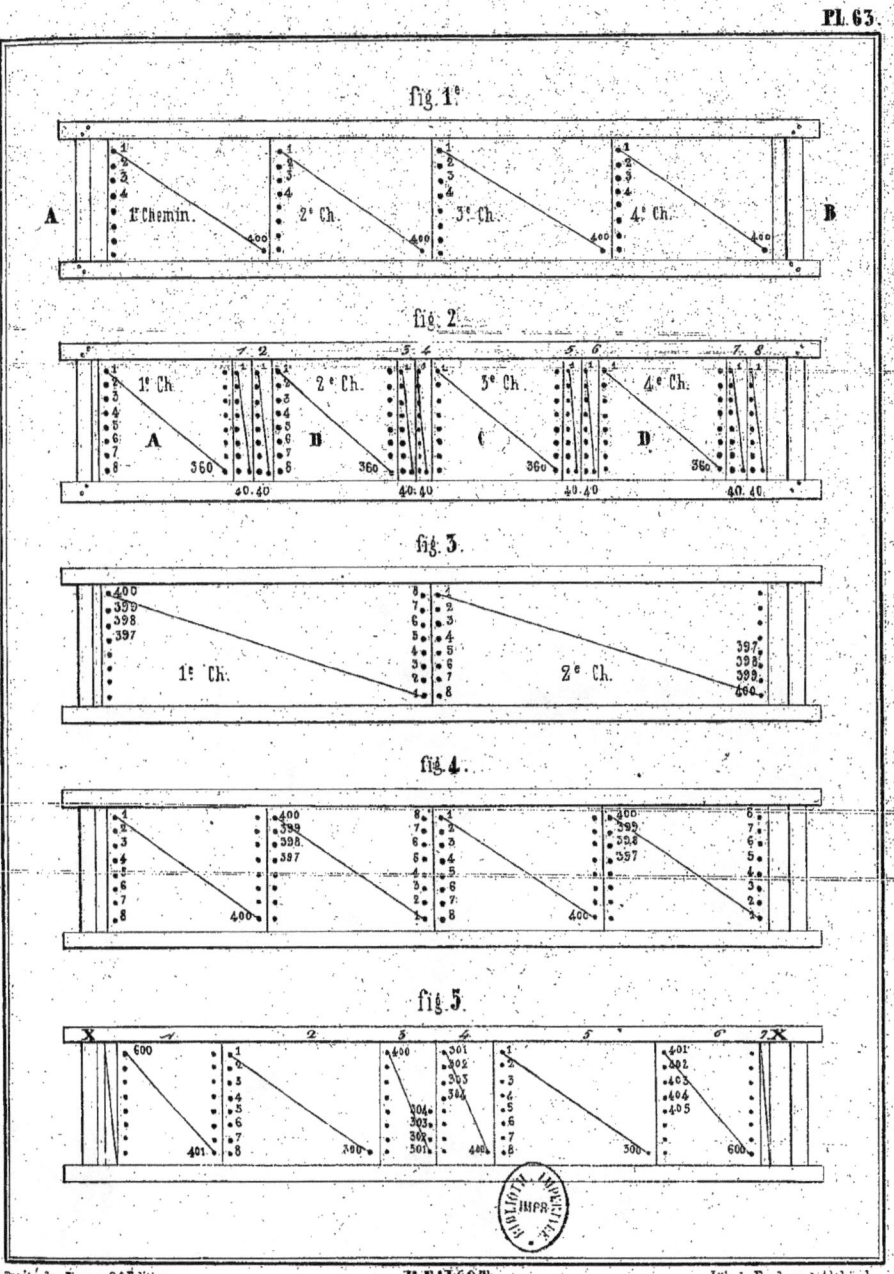

Traité des Tissus, 2.ᵉ Édition. — F. FALCOT. — Lith. de Boehrer à Altkirch.

DISPOSITIONS D'EMPOUTAGES.

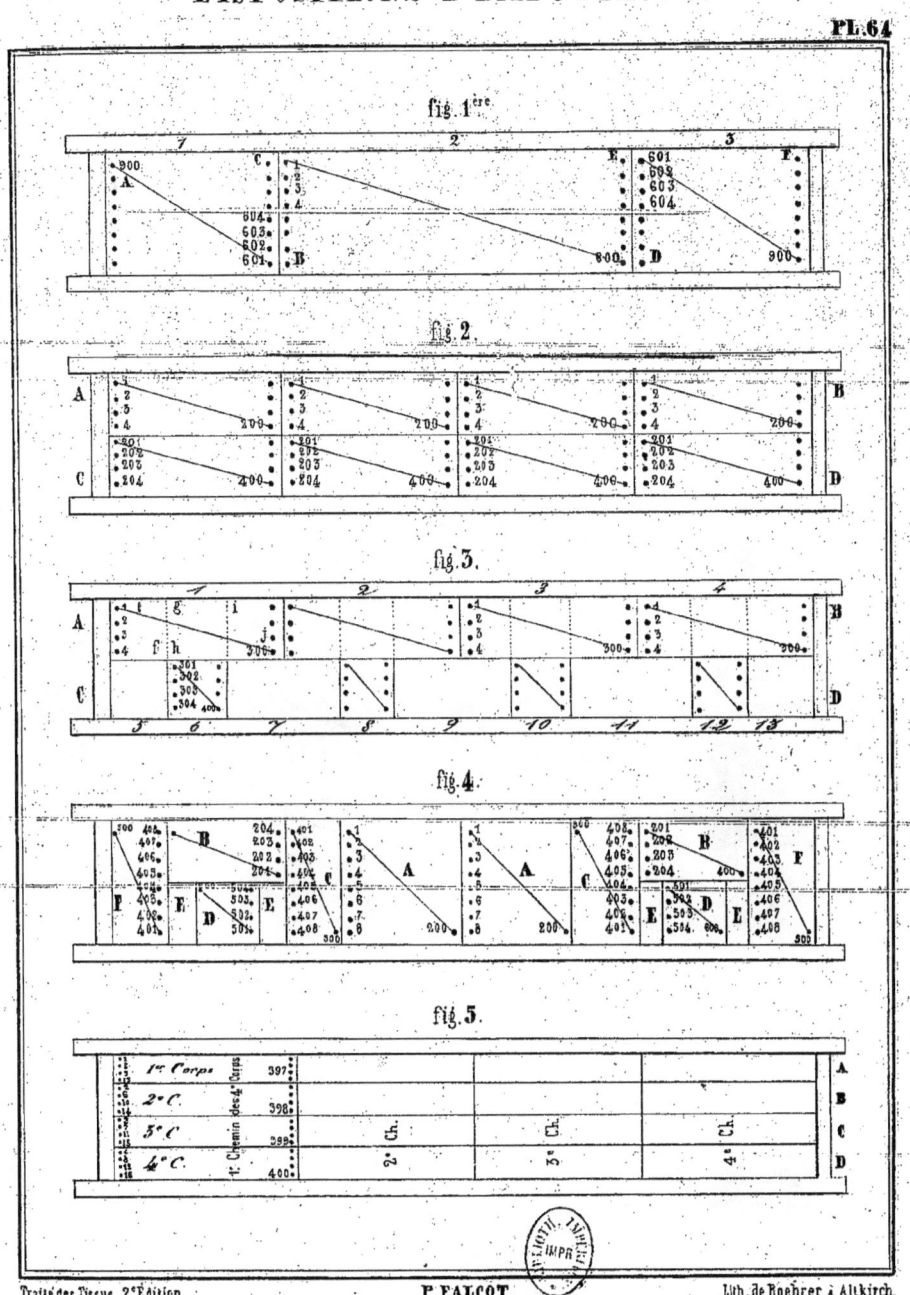

Traité des Tissus, 2.e Édition.   P. FALCOT.   Lith. de Boehrer à Altkirch.

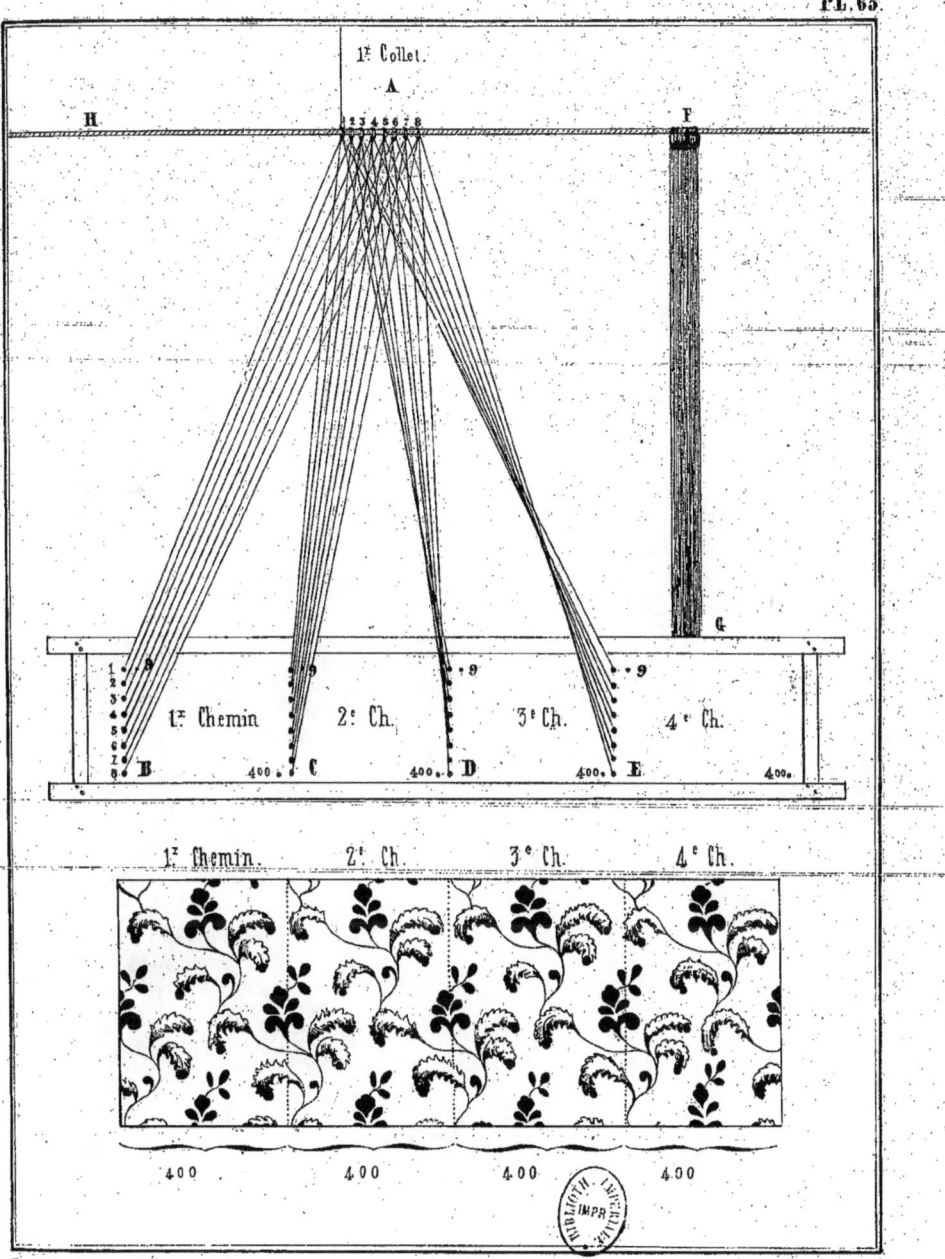

EMPOUTAGE SUIVI COMPOSÉ.

PL. 66

Traité des Tissus. 2.ᵉ Édition.   P. FALCOT.   Lith. Boehrer à Altkirch.

EMPOUTAGE À POINTE.

EMPOUTAGE À POINTE ET RETOUR.

EMPOUTAGE SUIVI, SUR DEUX CORPS.

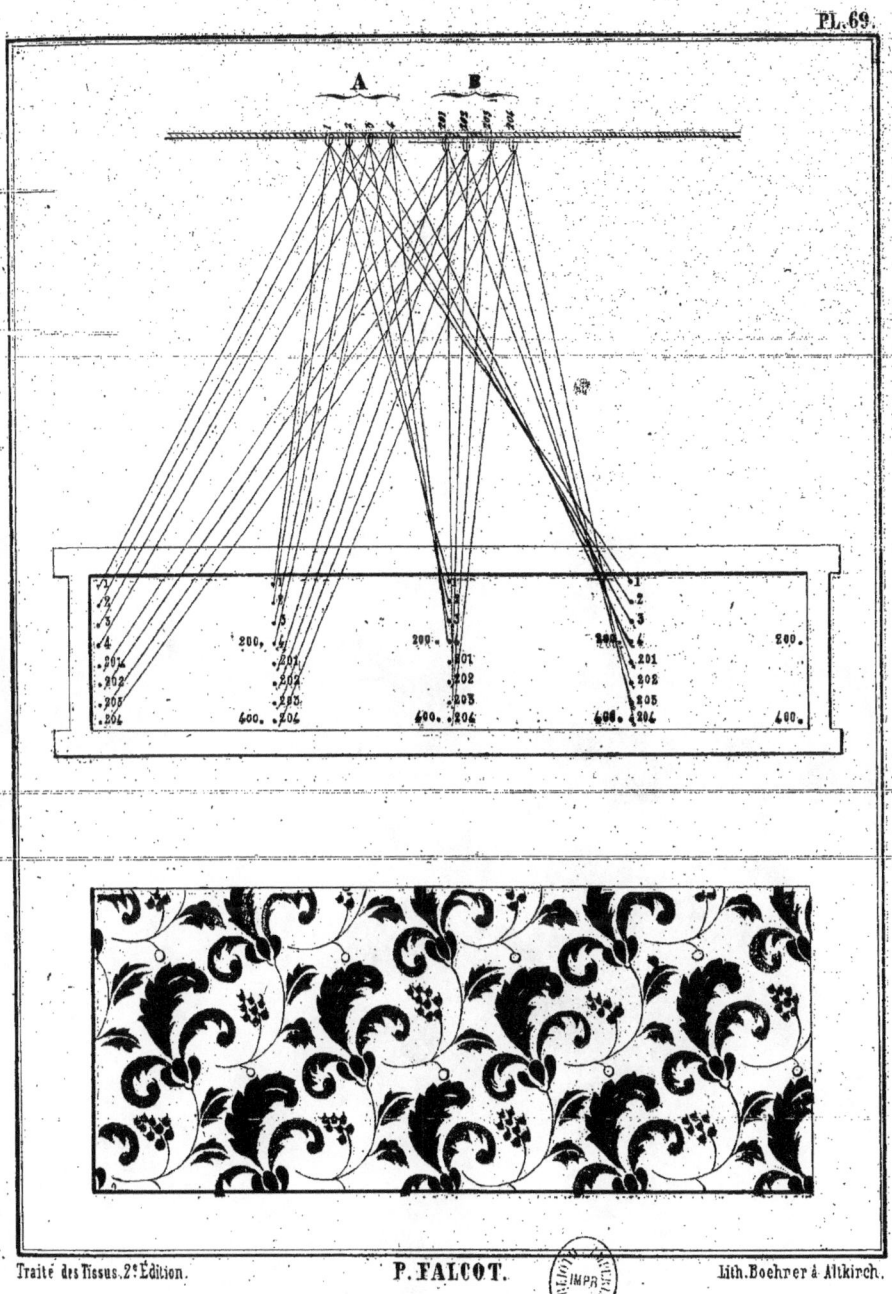

Traité des Tissus, 2.ᵉ Édition.   P. FALCOT.   Lith. Boehrer à Altkirch.

EMPOUTAGE SUR DEUX CORPS,
dont l'un est interrompu.

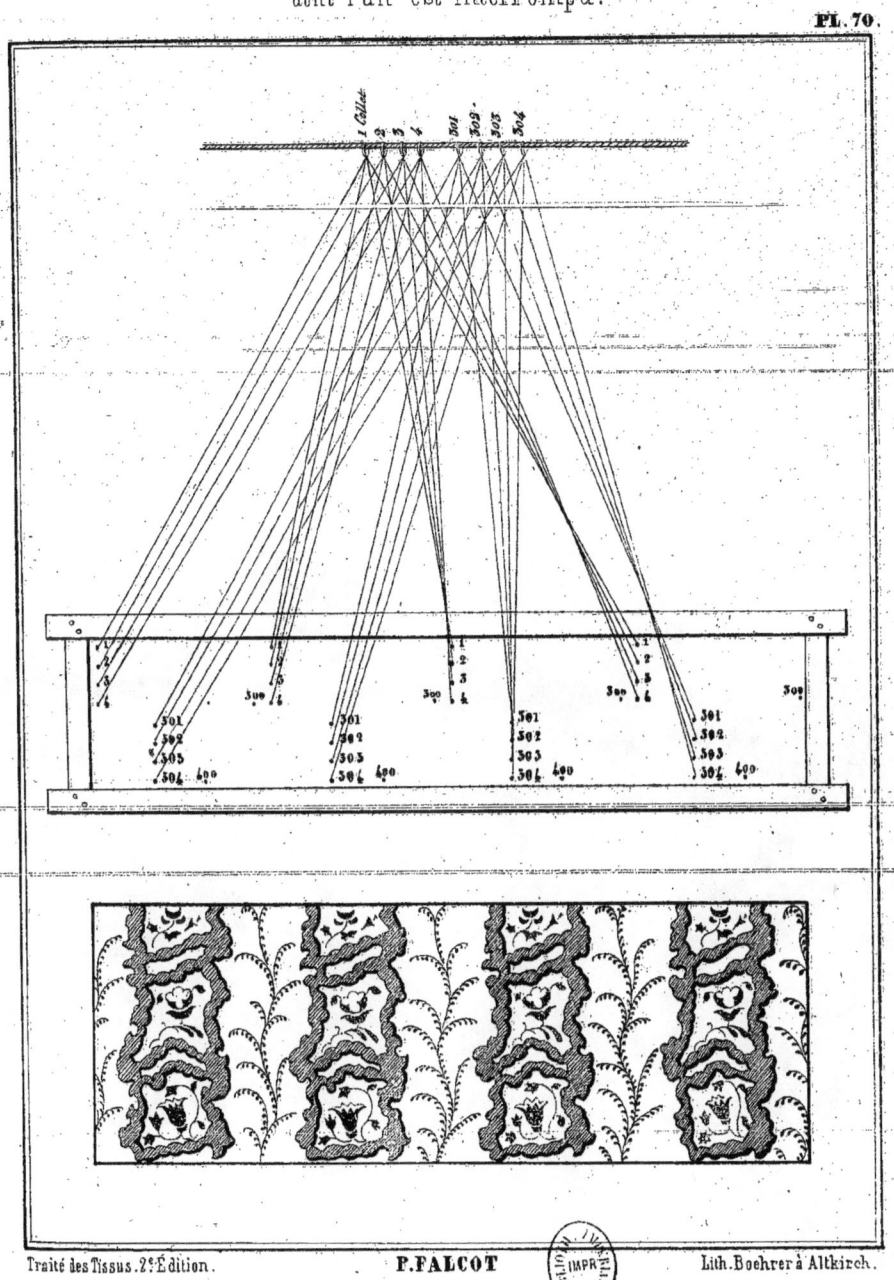

Traité des Tissus. 2ᵉ Édition.   **P. FALCOT**   Lith. Boehrer à Altkirch.

EMPOUTAGE COMBINÉ,
Sur deux Corps.

PL. 71.

Traité des Tissus. 2.e Édition.   P. FALCOT.   Lith. Boehrer à Altkirch.

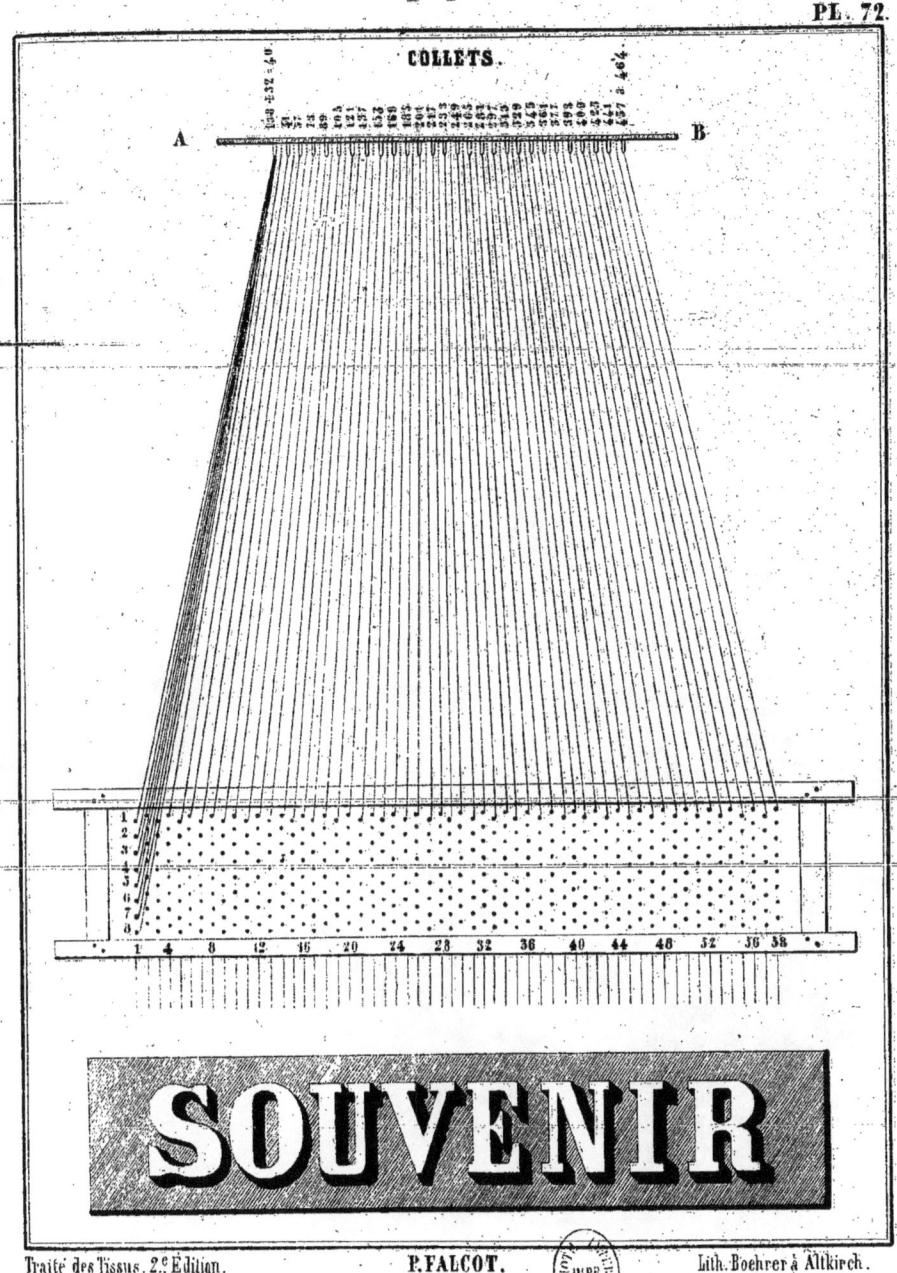

EMPOUTAGE, FOND-BÂTARD,
avec bordures à regard.

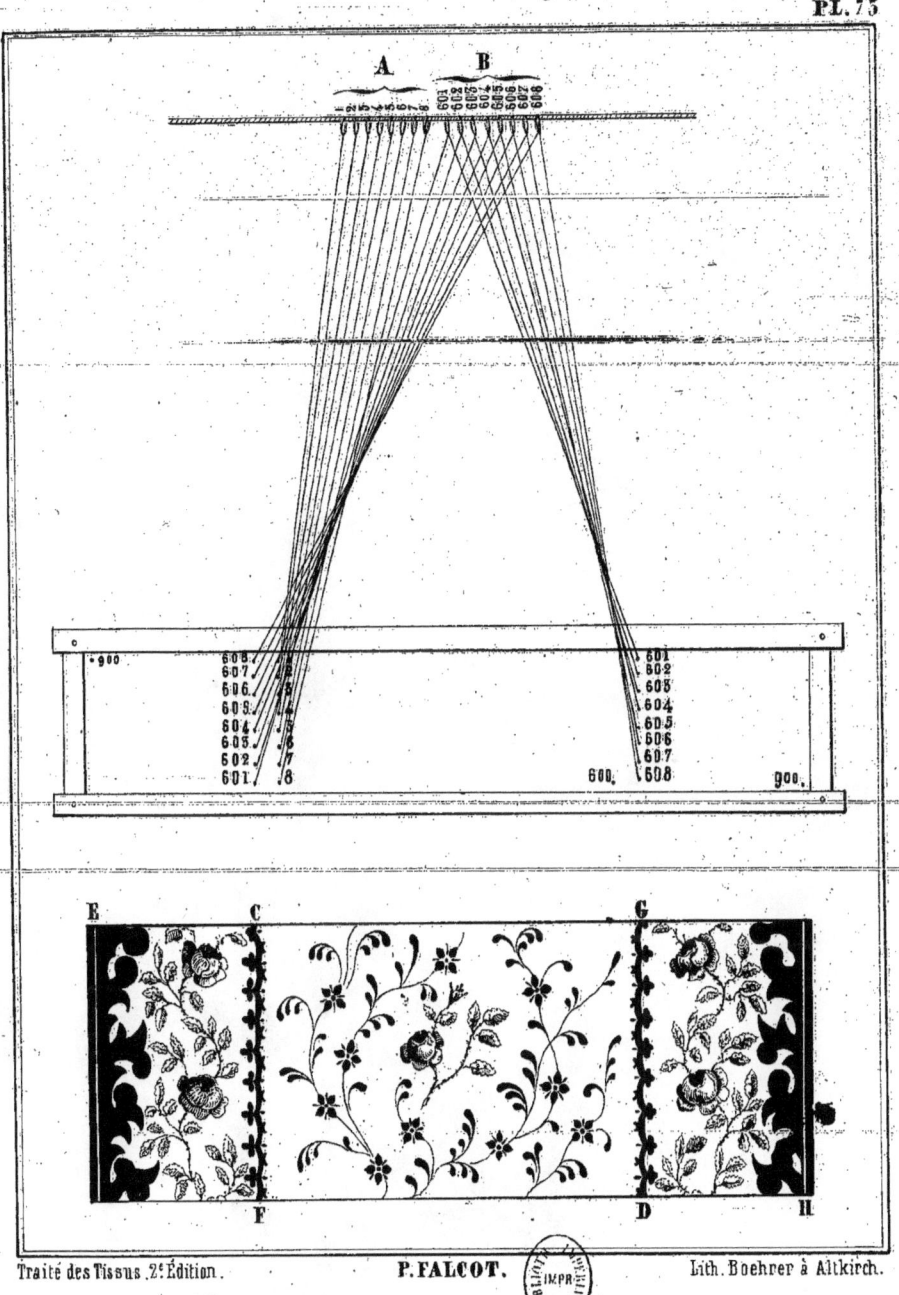

Traité des Tissus. 2.e Édition.   P. FALCOT.   Lith. Boehrer à Altkirch.

EMPOUTAGE COMBINÉ.

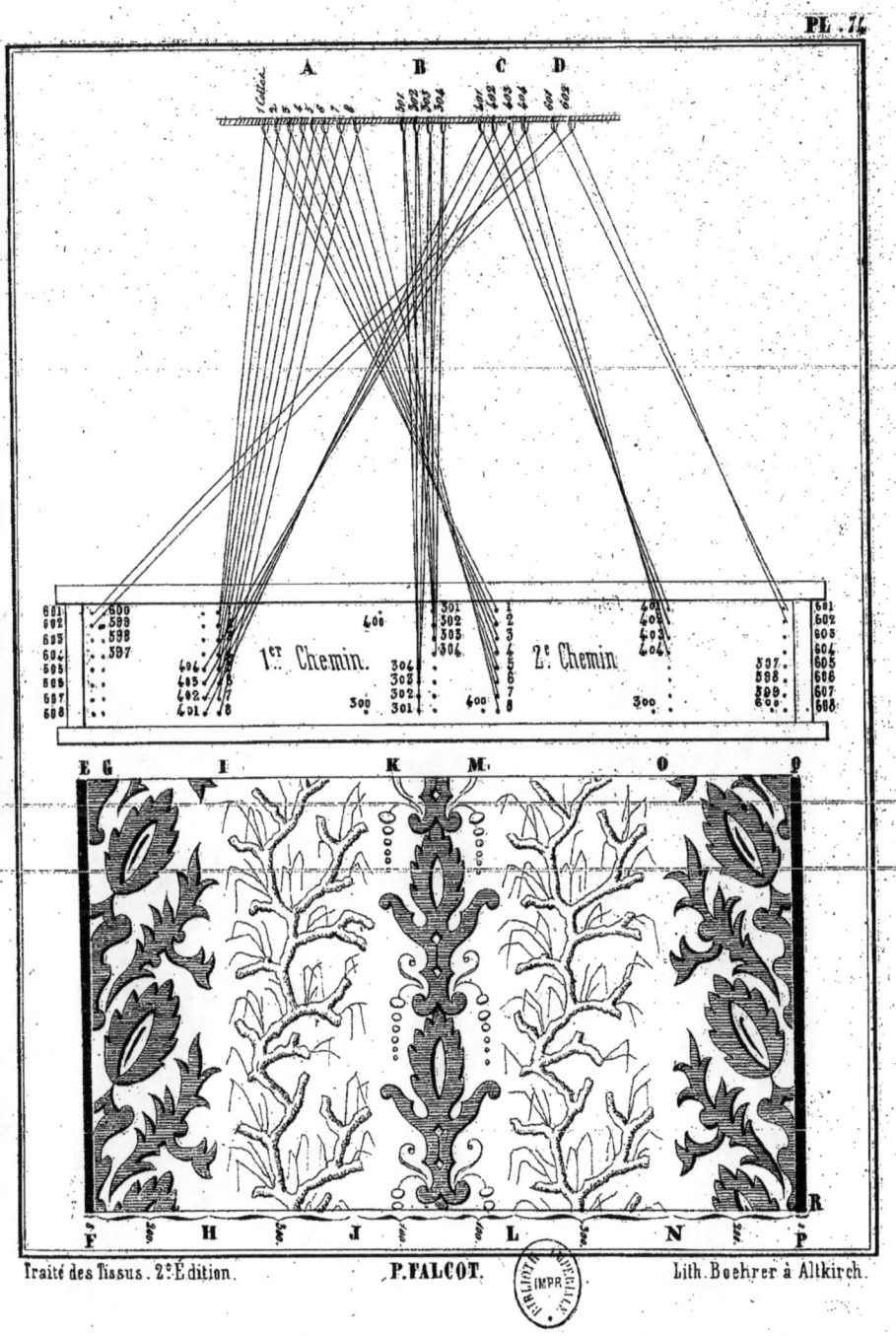

Traité des Tissus. 2.ᵉ Édition.   P. FALCOT.   Lith. Boehrer à Altkirch.

EMPOUTAGE
sur deux corps dont un est avec des lisses.

PL. 75.

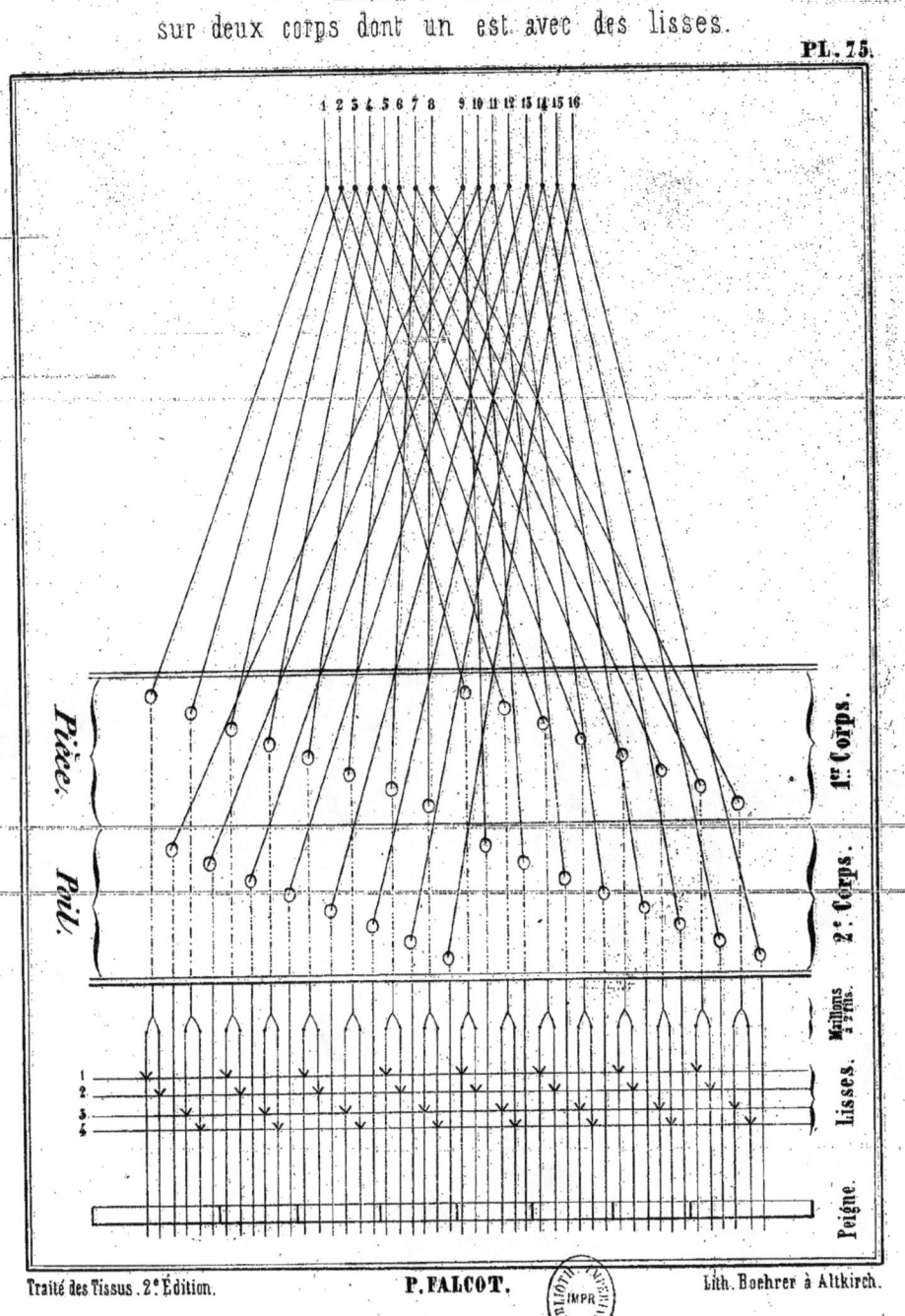

Traité des Tissus. 2ᵉ Édition.   P. FALCOT.   Lith. Boehrer à Altkirch.

EMPOUTAGE À TRINGLE,
pour crêpe de chine découpé par quatre fils.

PL. 76.

COLLETS du façonné. COLLETS des tringles.

B A A A A B

TRINGLES.

A. Cordes du façonné. B. Cordes des tringles. Lignes noires, dessin lié en satin. Lignes pointillées, fond lié en taffetas.

Traité des Tissus. 2.ᵉ Édition.   P. FALCOT.   Lith. Boehrer à Altkirch.

PENDAGE. APPAREILLAGE.
Enverjure de Corps.

PL. 7.

fig. 1ère   fig. 4.   fig. 3.   fig. 5.   fig. 2.
fig. 6.
fig. 7.
fig. 8.   fig. 9.
fig. 10.

Plomb.   Plomb.

Traité des Tissus. 2.e Édition.   P. FALCOT.   Lith. Boehrer à Altkirch.

ENVERJURES OU ENCROIX DIVERS.

PL. 78

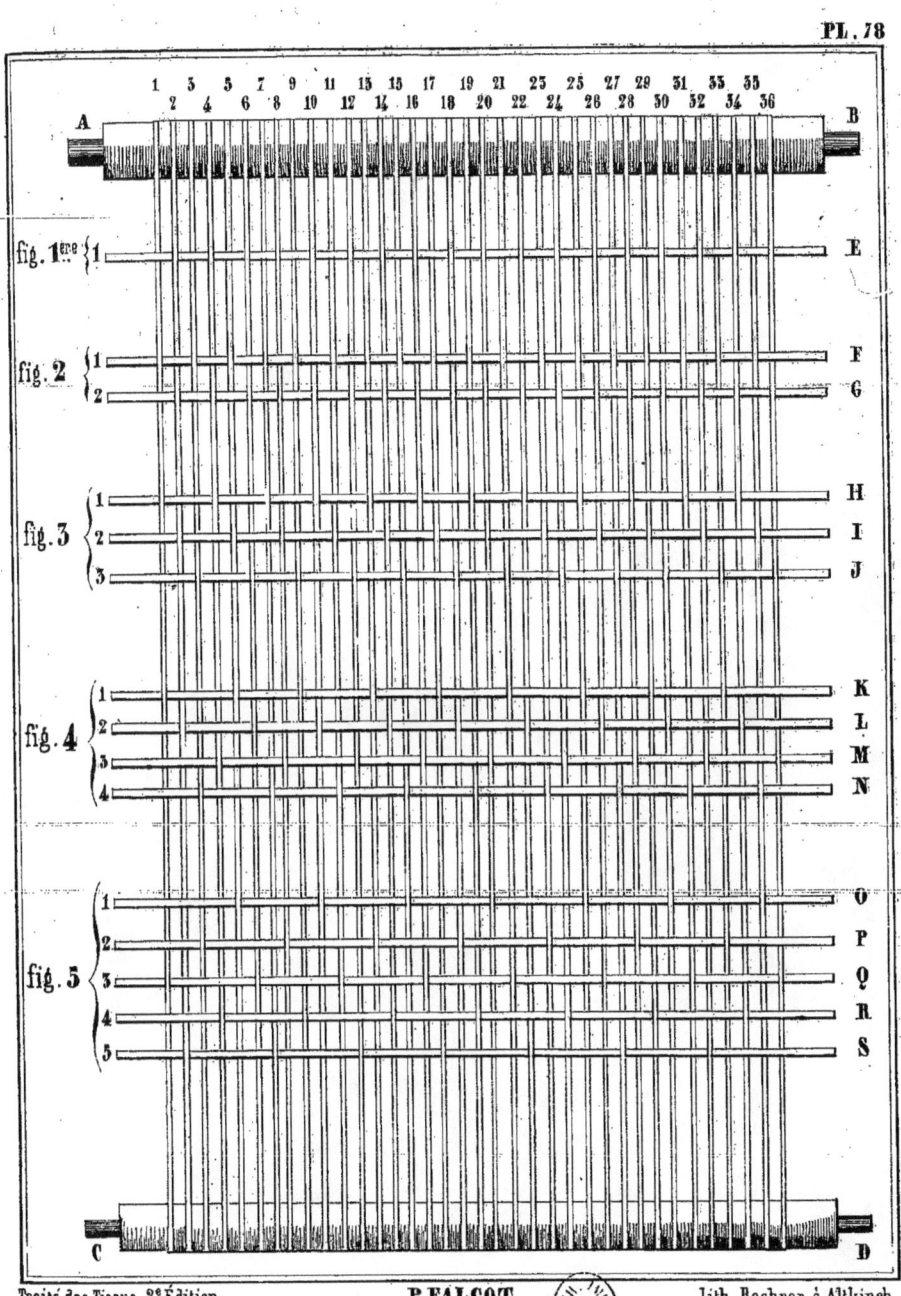

Traité des Tissus. 2.e Édition.   P. FALCOT.   Lith. Boehrer à Altkirch.

ACCESSOIRES.
Signes conventionnels. — mise en carte

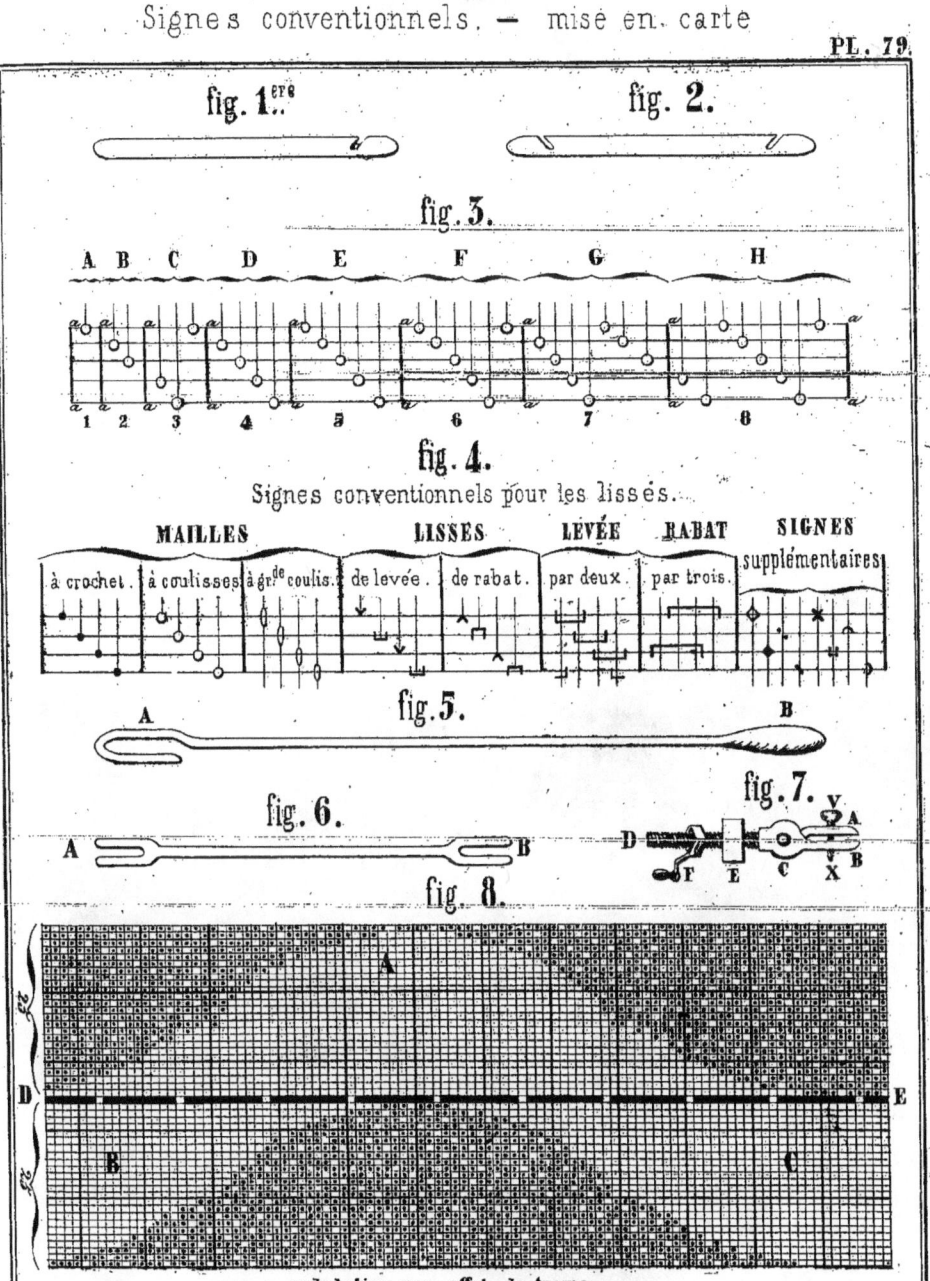

CERCEAUX DIVERS.

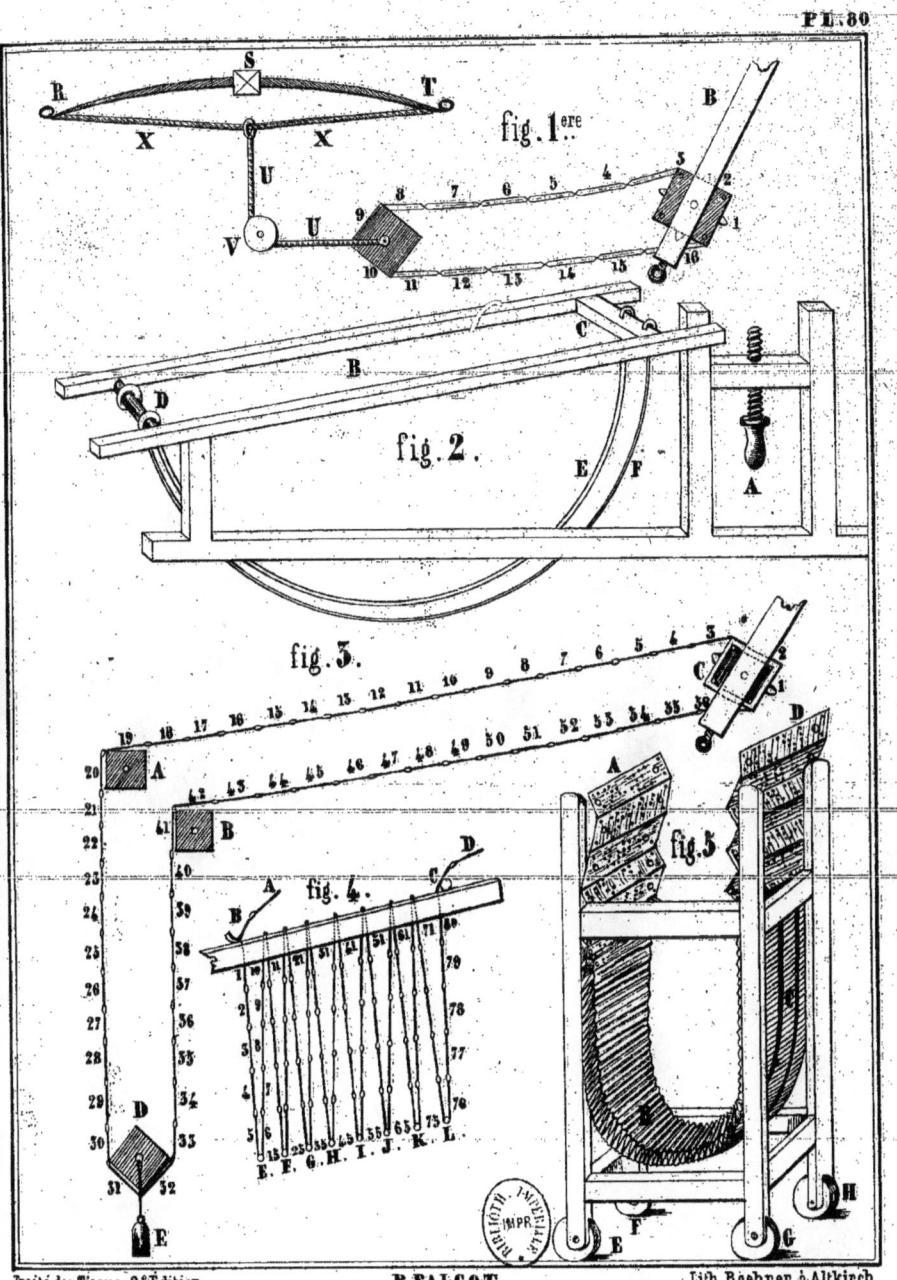

MÉTIER A LA JACQUARD.
Vu de Coté.

PL. 31.

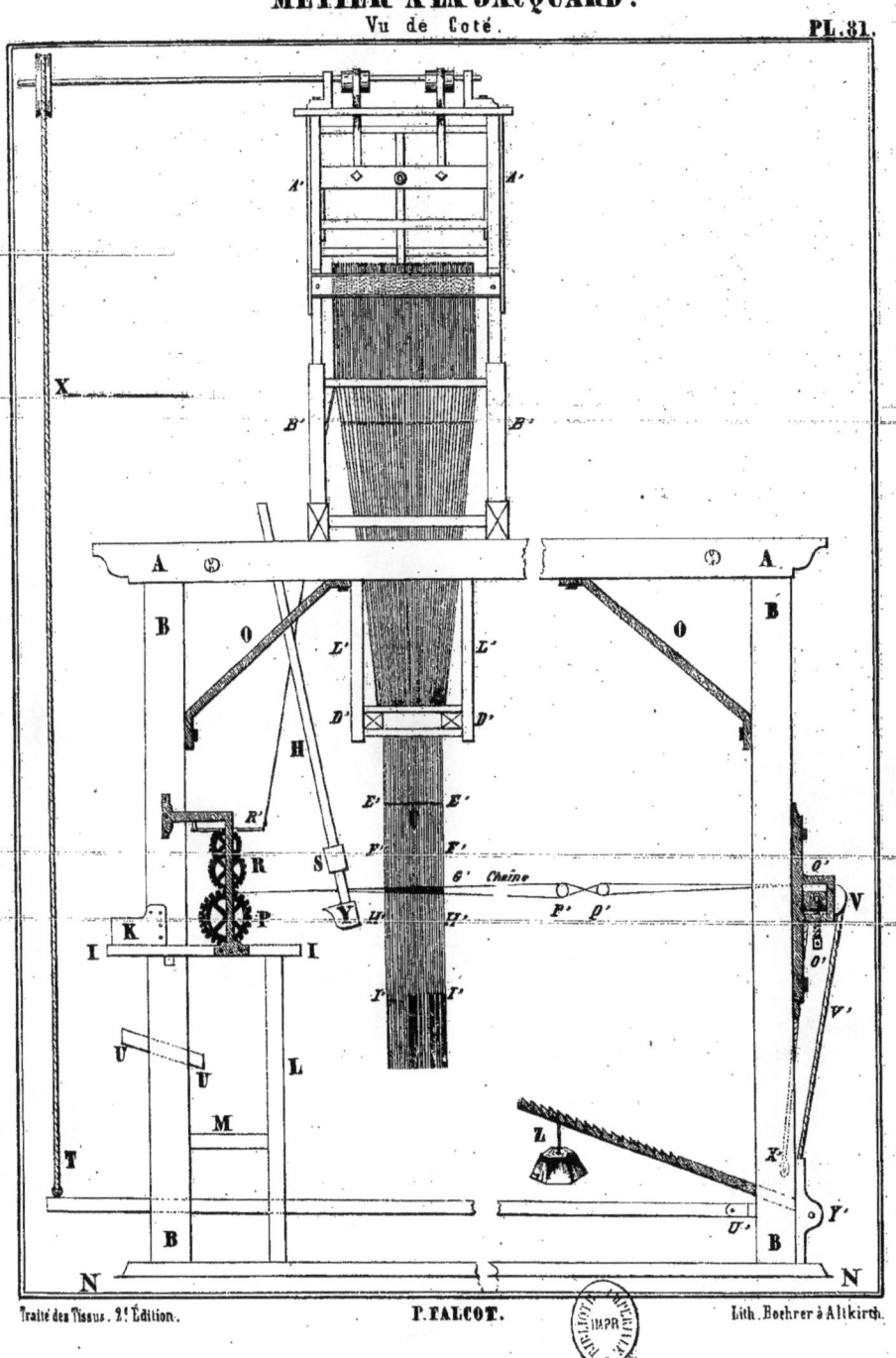

Traité des Tissus. 2.ᵉ Édition.   P. FALCOT.   Lith. Boehrer à Altkirch.

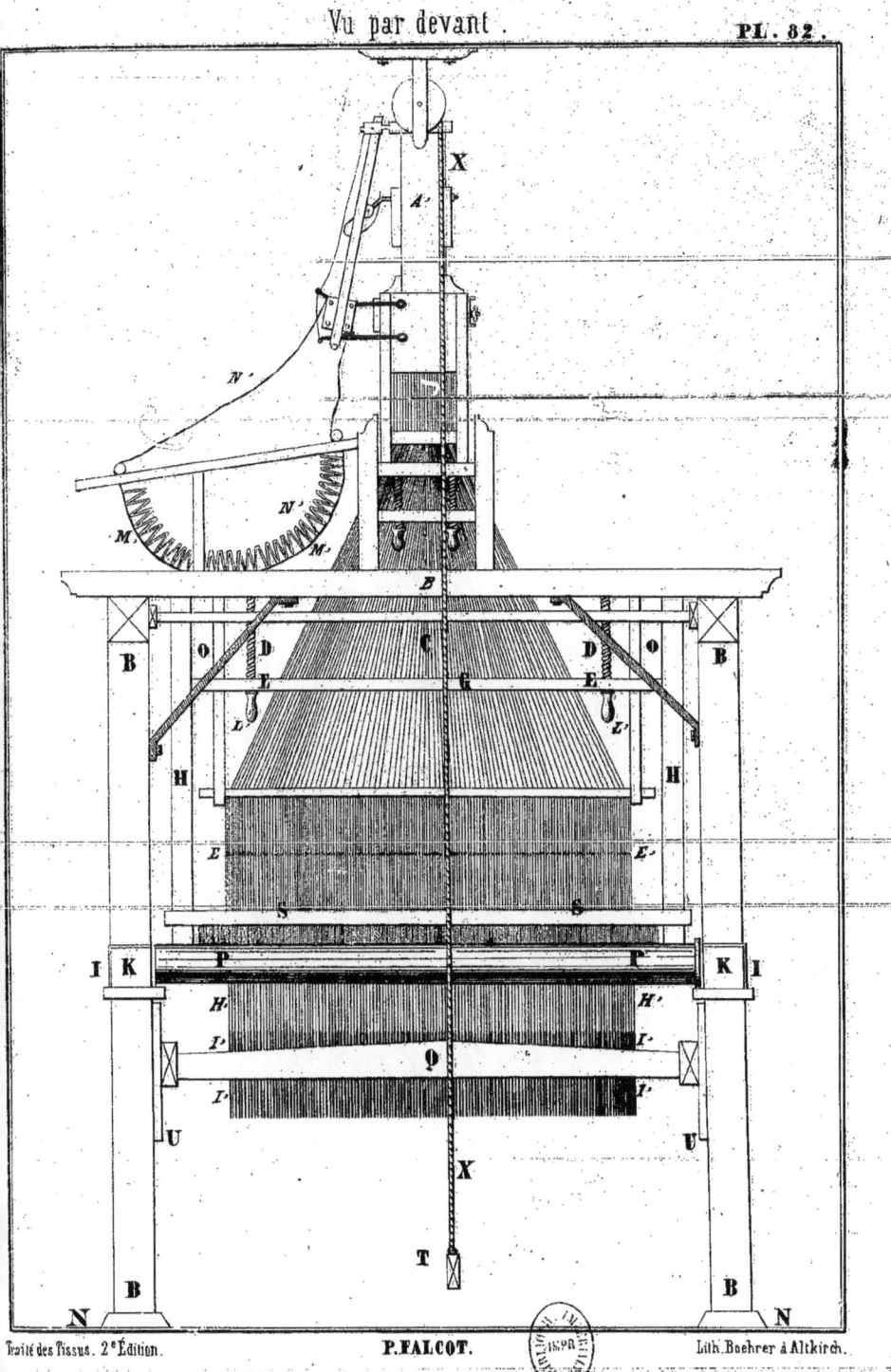

MÉTIER A LA JACQUARD.
Vu par devant.

PL. 82.

Traité des Tissus. 2ᵉ Édition.
P. FALCOT.
Lith. Boehrer à Altkirch.

ESQUISSES.

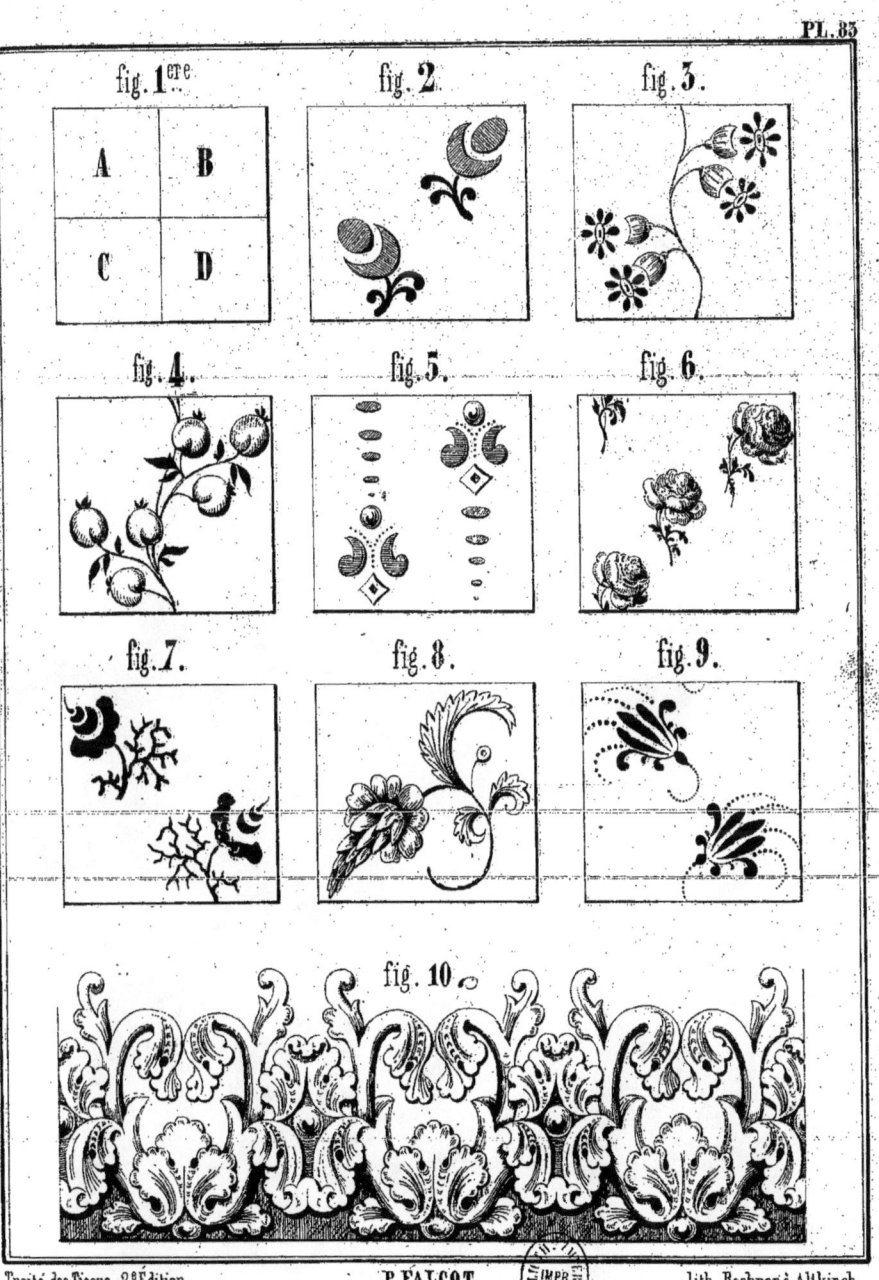

ESQUISSES.

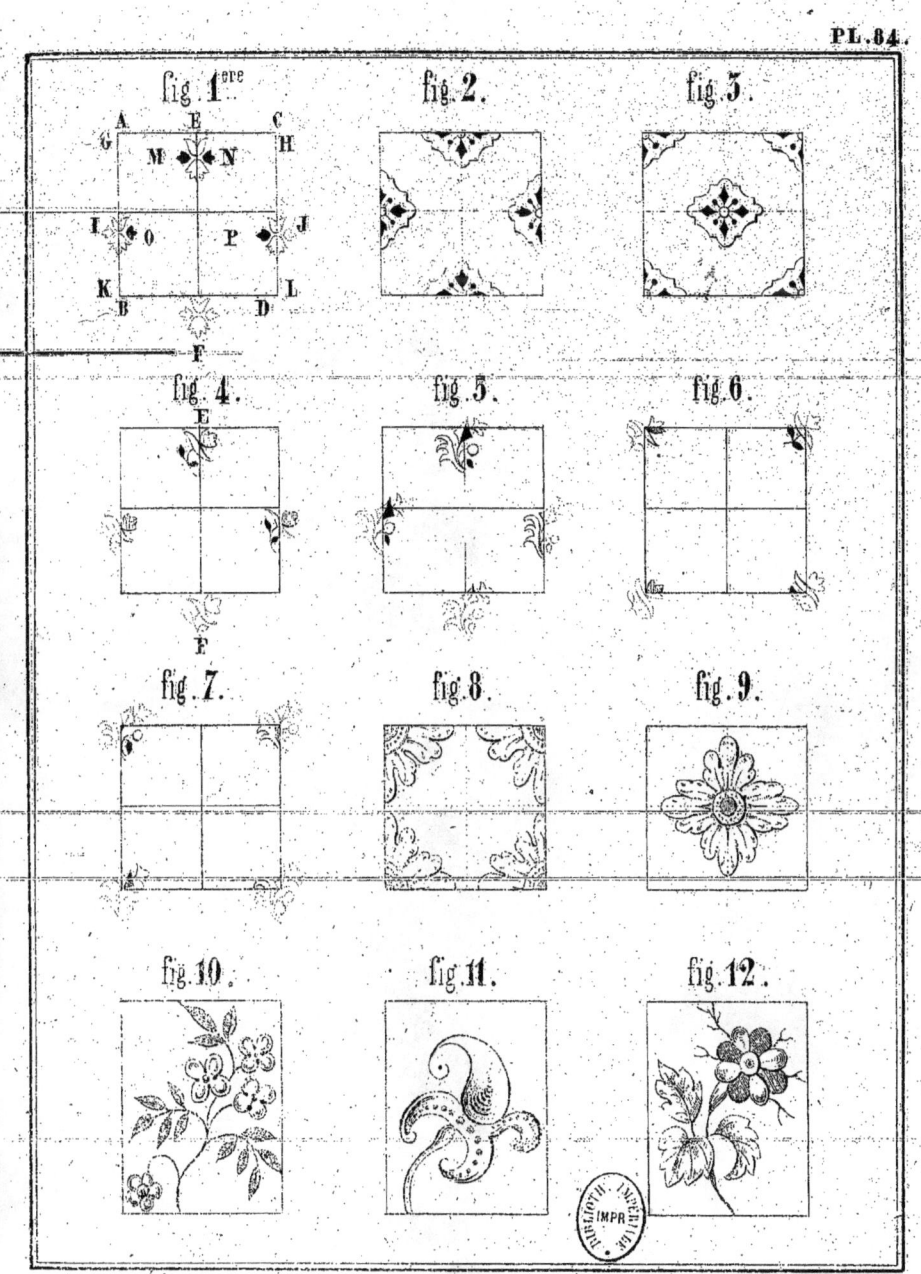

Traité des Tissus. 2.e Édition. P. FALCOT. lith. Boehrer à Altkirch.

TRANSPOSITION.
Effets à regards et à retours.

PL. 85

TRANSPOSITION RENVERSÉE.

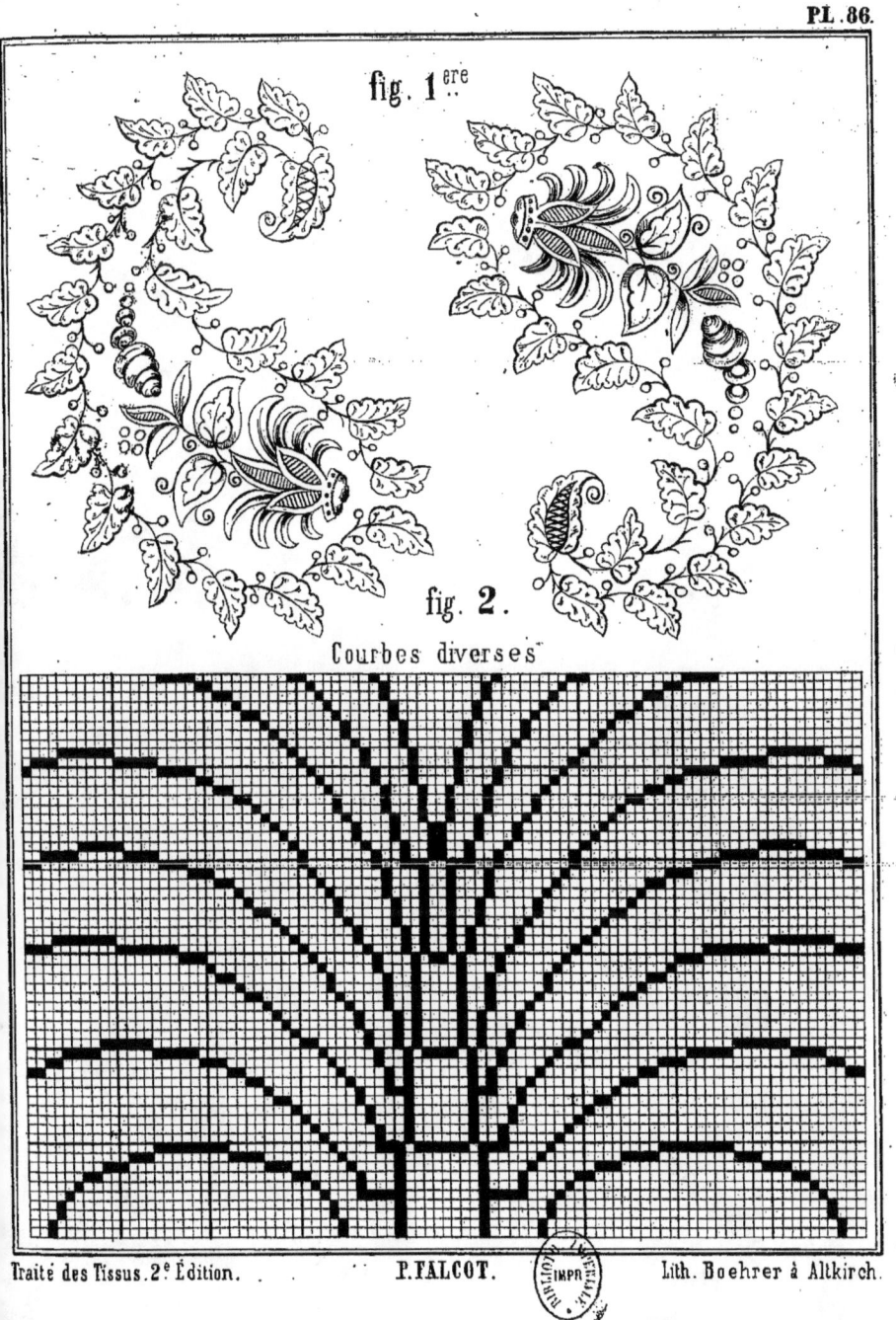

fig. 1ère

fig. 2.

Courbes diverses

RÉGULATEUR.

PL. 87.

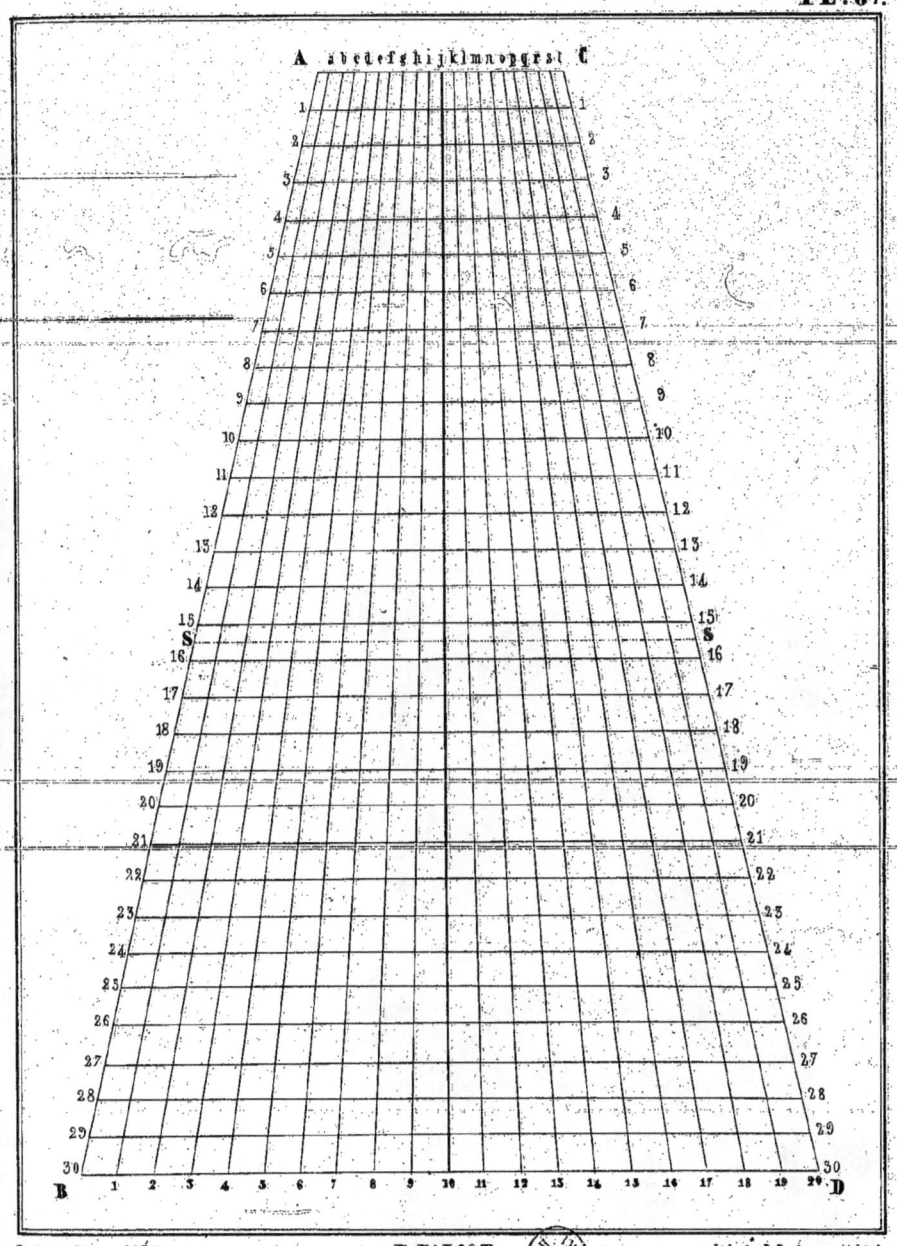

Traité des Tissus. 2.ᵉ Édition.   **P. FALCOT.**   Lith. de B. Boehrer à Altkirch.

ESQUISSES — QUADRILLE.

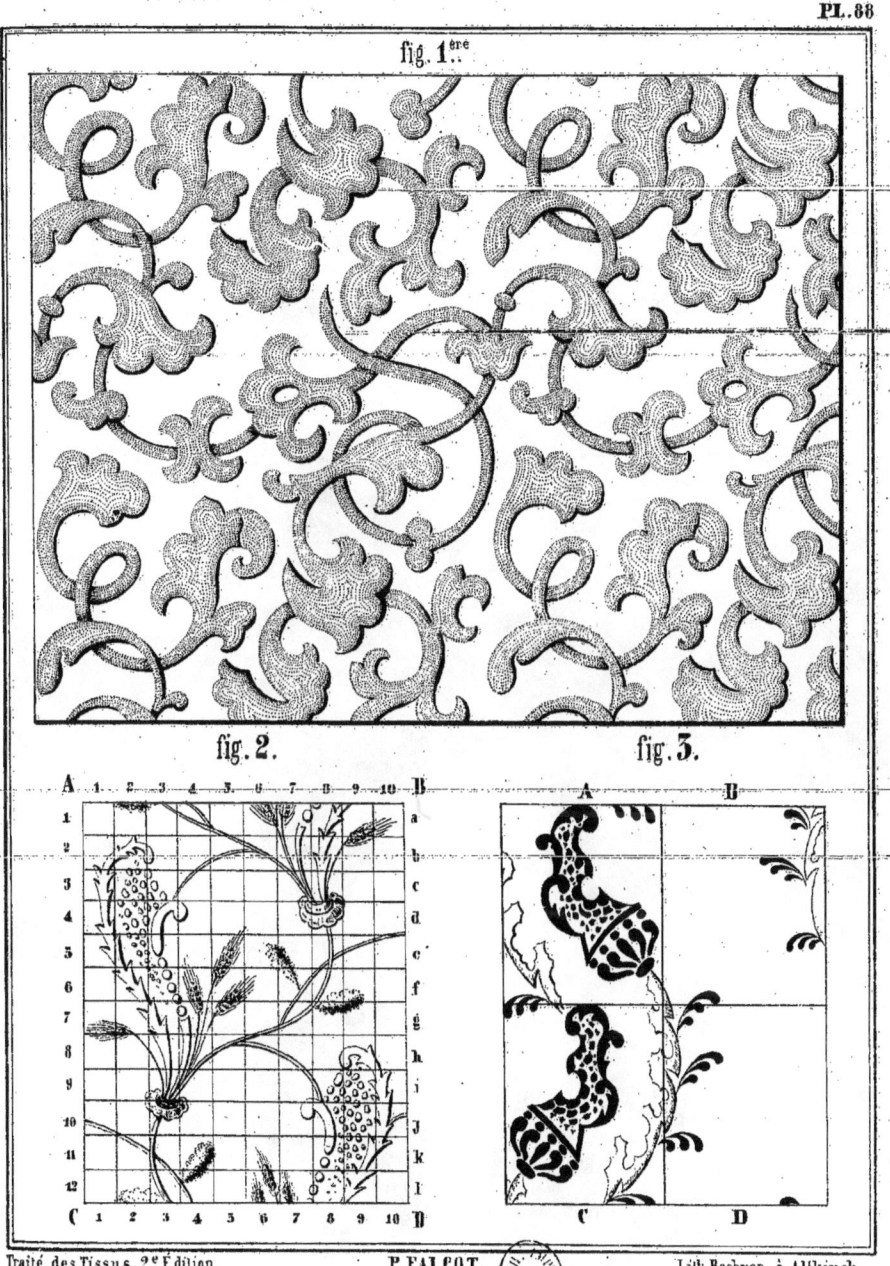

Traité des Tissus. 2.ᵉ Édition.   P. FALCOT.   Lith. Boehrer à Altkirch.

ESQUISSE.
mise en carte.

PL 89.

fig: 1ère

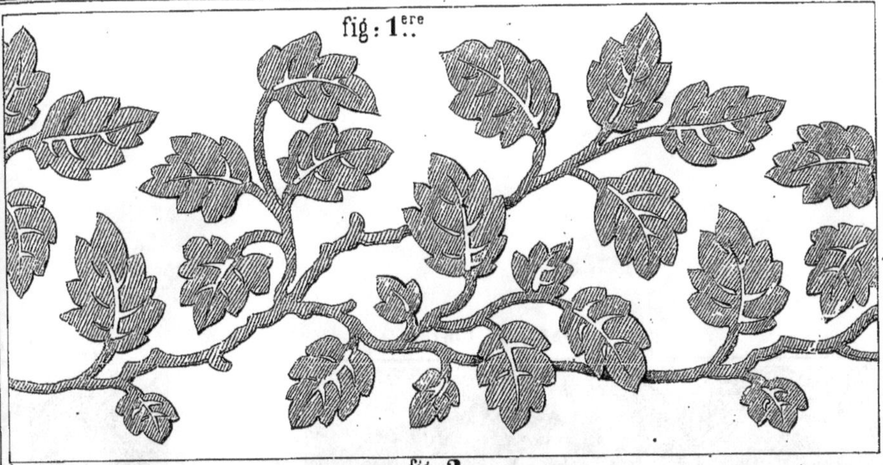

fig: 2.

Traité des Tissus. 2.ᵉ Édition.   P. FALCOT.   Lith. G. Eckardt, Mulhouse.

MISES EN CARTE.

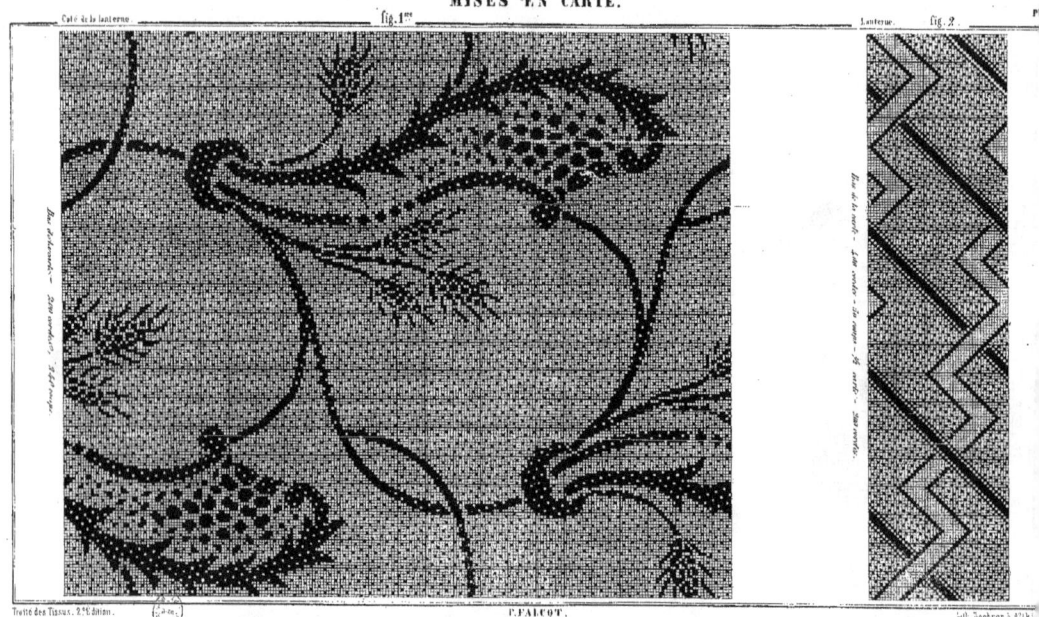

ESQUISSES.
Principes de contre semplage.

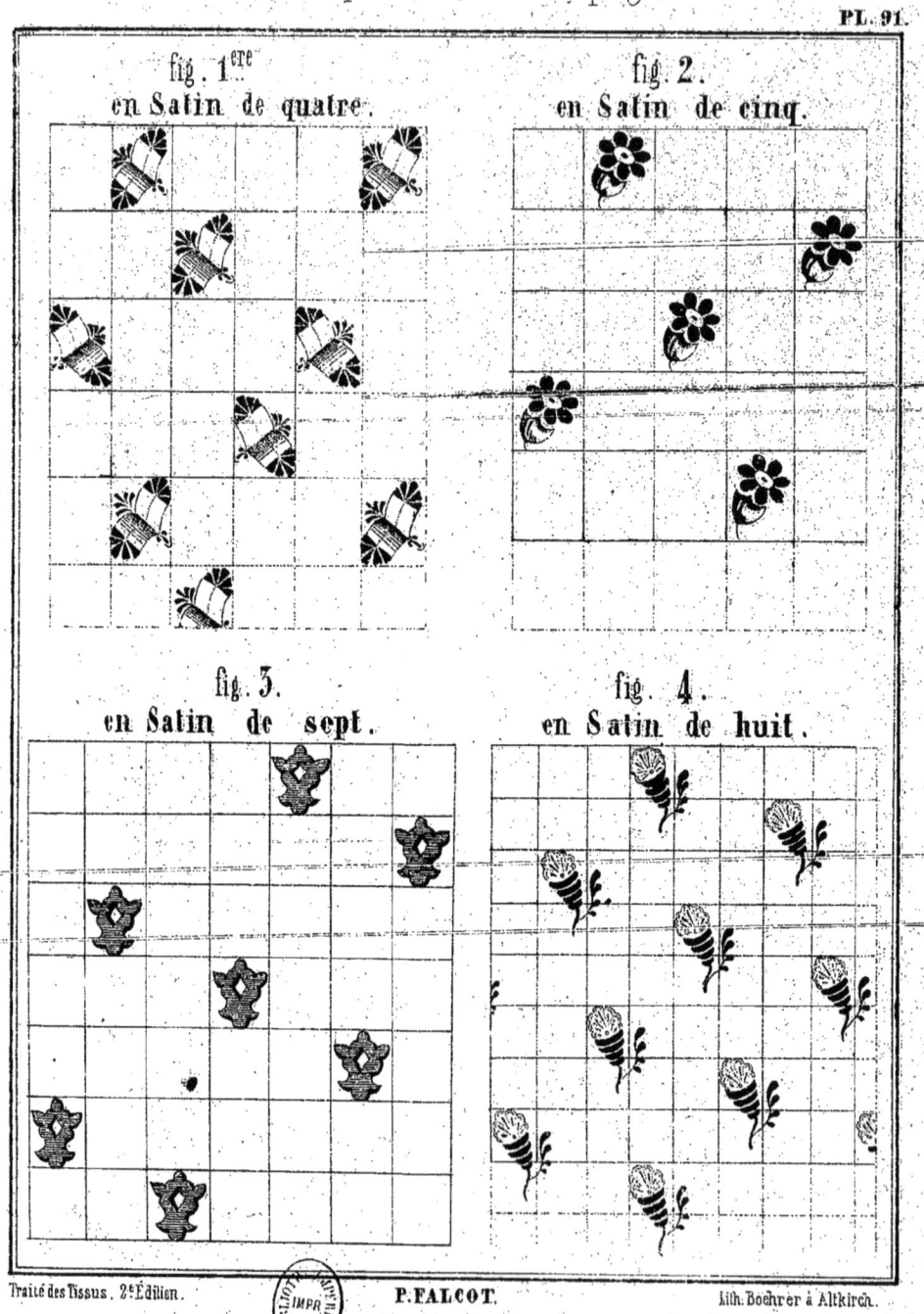

fig. 1ère en Satin de quatre.

fig. 2. en Satin de cinq.

fig. 3. en Satin de sept.

fig. 4. en Satin de huit.

Traité des Tissus. 2ᵉ Édition. — P. FALCOT — Lith. Boehrer à Altkirch.

TRANSLATAGE.

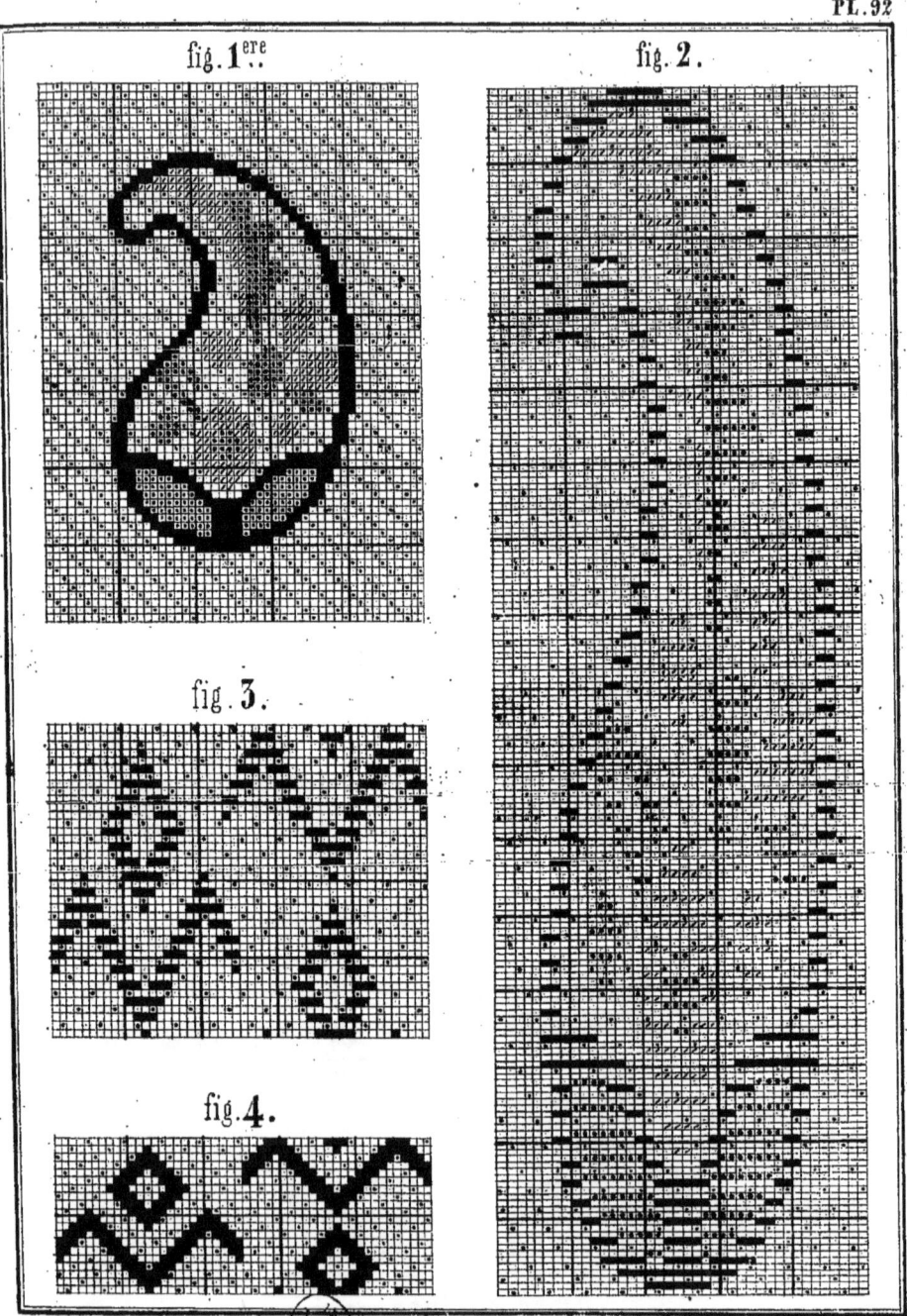

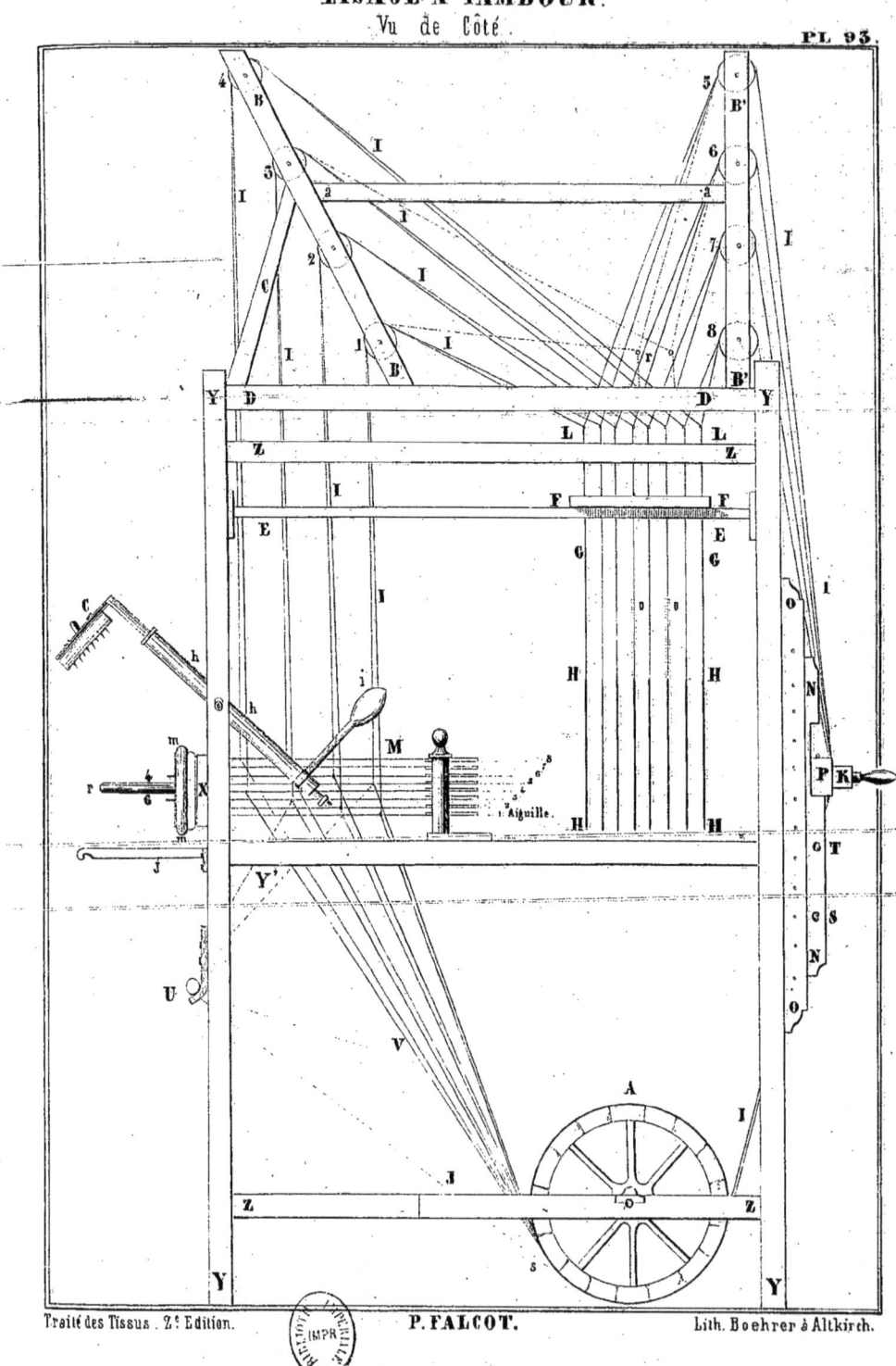

LISAGE À TAMBOUR.
Vu du côté de la Lecture de la carte.

PL. 94

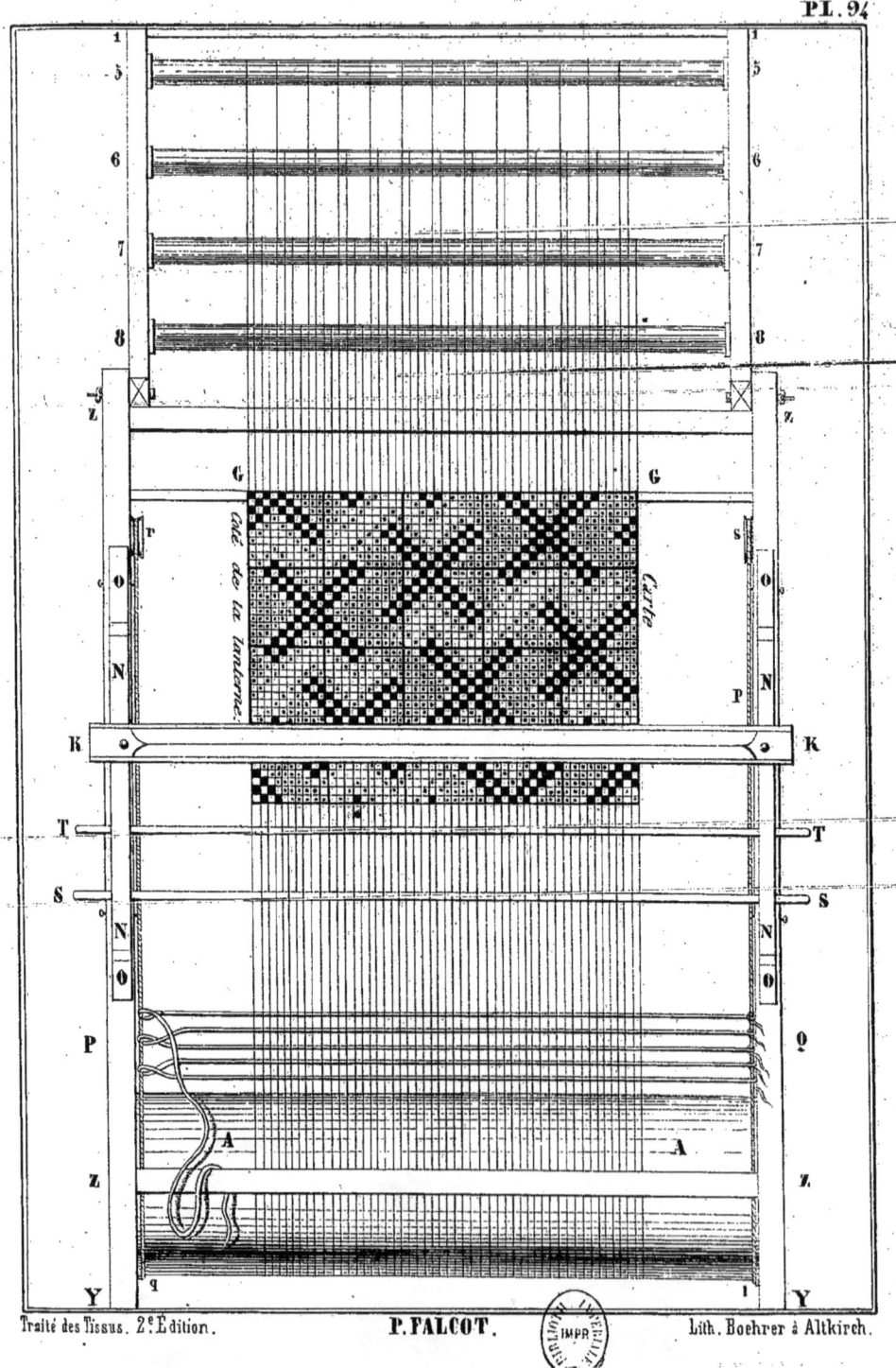

Traité des Tissus. 2.ᵉ Édition.   P. FALCOT.   Lith. Boehrer à Altkirch.

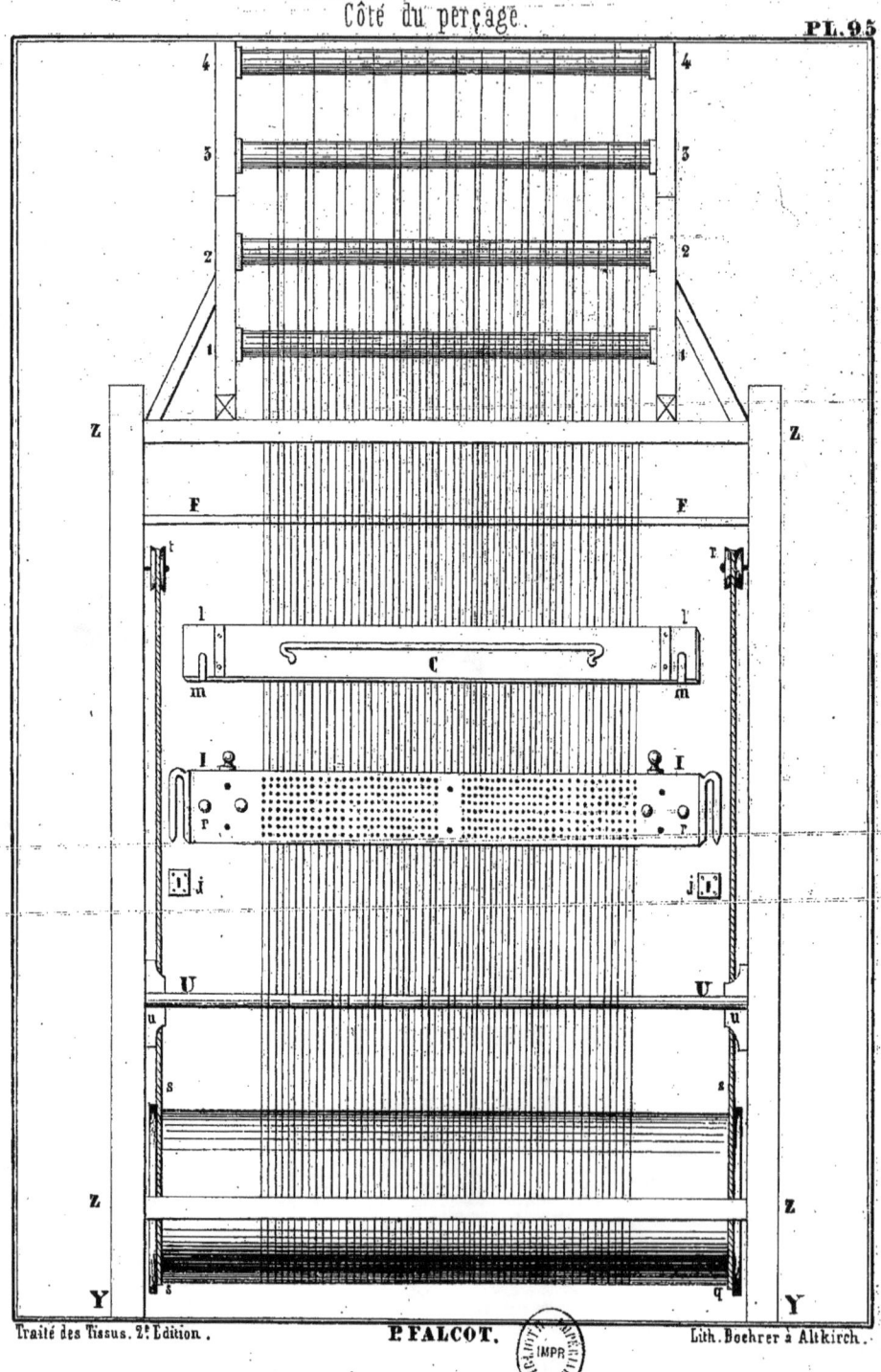

LISAGE À TAMBOUR
Côté du perçage.

PL. 95

Traité des Tissus. 2.ᵉ Édition.   P. FALCOT.   Lith. Boehrer à Altkirch.

GRAND LISAGE.

Pièces diverses détachées. Escalettes. Boites d'Aiguilles. &ca.

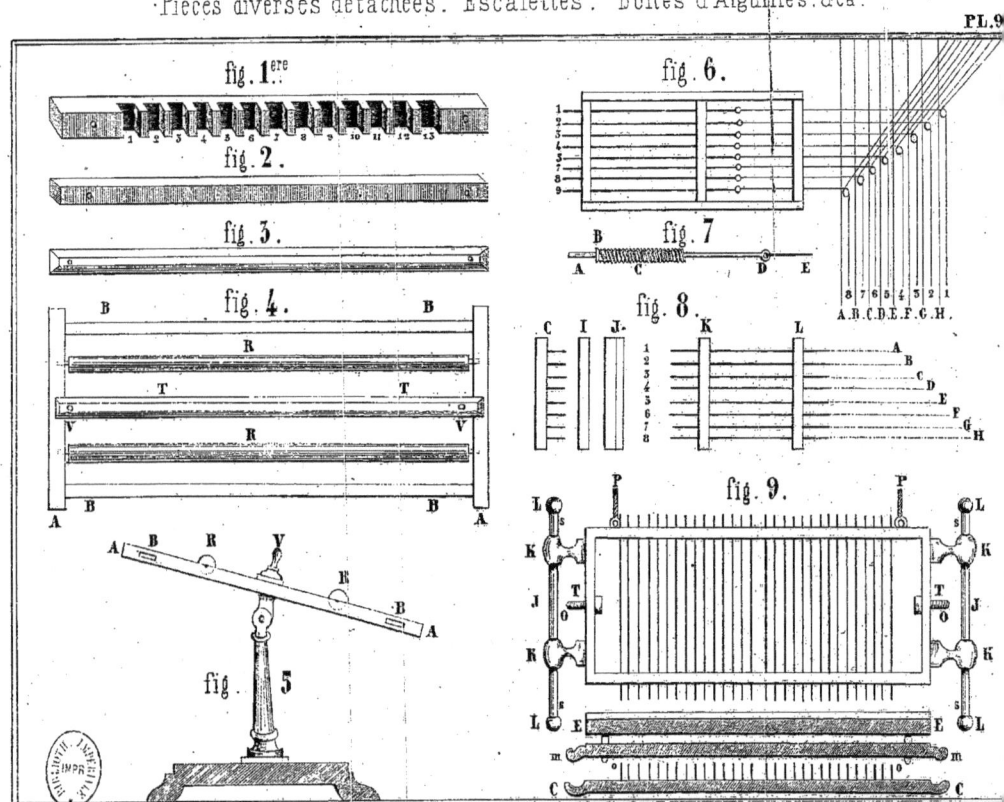

Traité des Tissus. 2.e Édition.   P. FALCOT.   Lith. Boehrer, à Altkirch

LISAGE ACCÉLÉRÉ.
(Vu de Coté)

PL. 97.

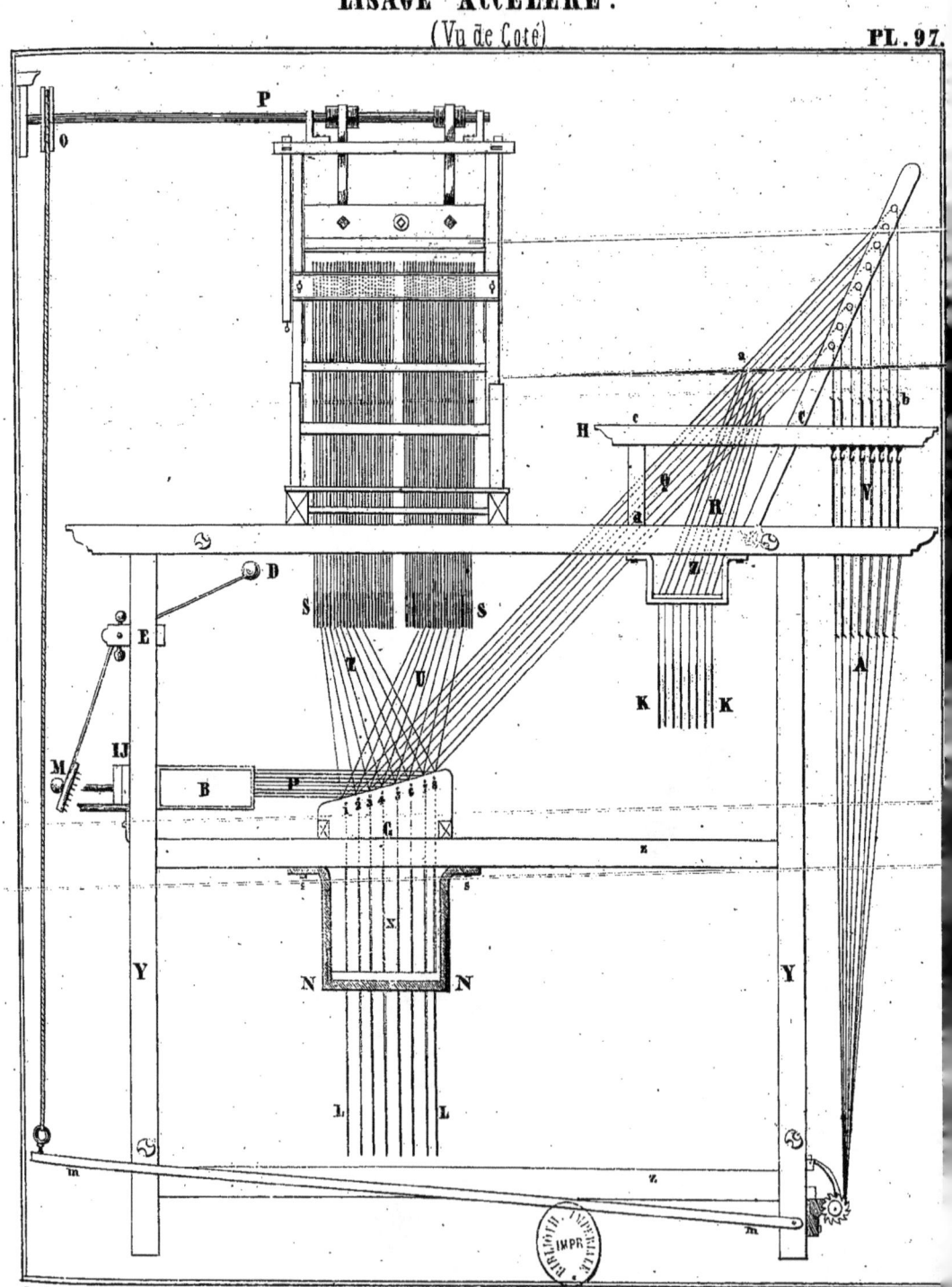

Traité des Tissus. 2.e Édition. P. FALCOT. Lith. Boehrer à Altkirch.

LISAGE ACCÉLÉRÉ.
(Vu du coté de l'Accrochage.)

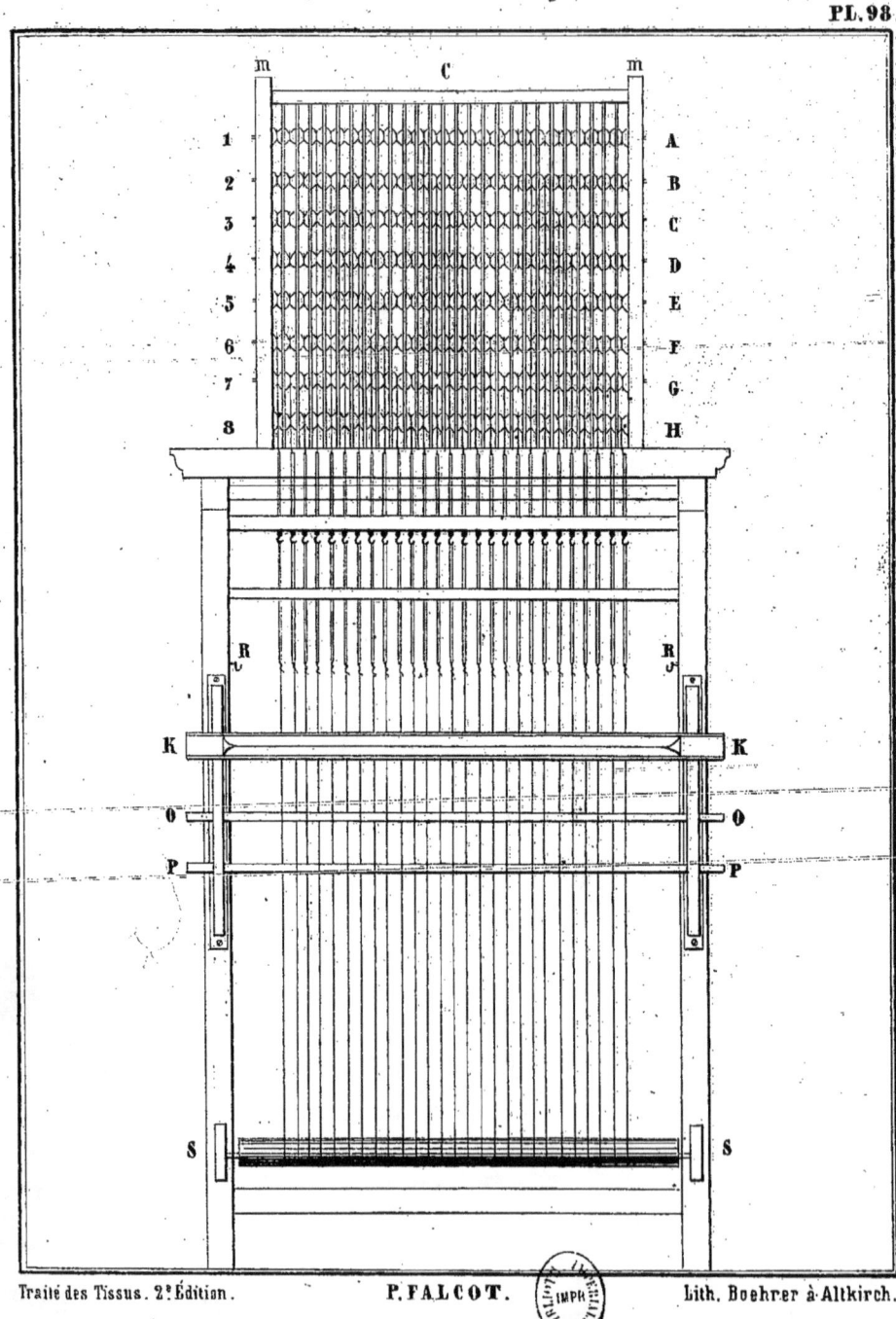

Traité des Tissus. 2.ᵉ Édition.   P. FALCOT.   Lith. Boehrer à Altkirch.

LISAGE ACCÉLÉRÉ.
Vu du Côté du Piquage ou Perçage.

PL. 99.

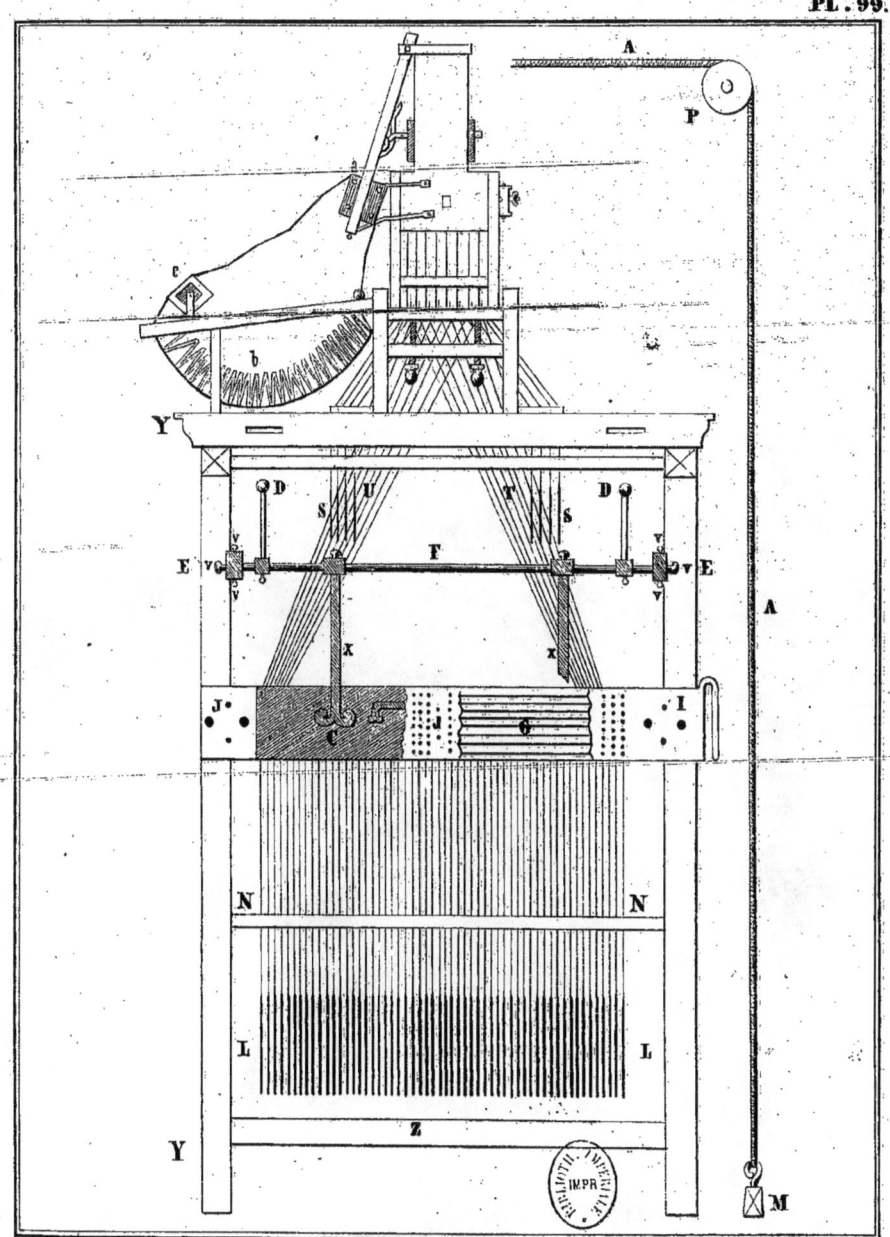

Traité des Tissus. 2.ᵉ Édition.   P. FALCOT.   Lith. Boehrer à Altkirch.

LISAGE ACCÉLÉRÉ.
Accrochage portatif.

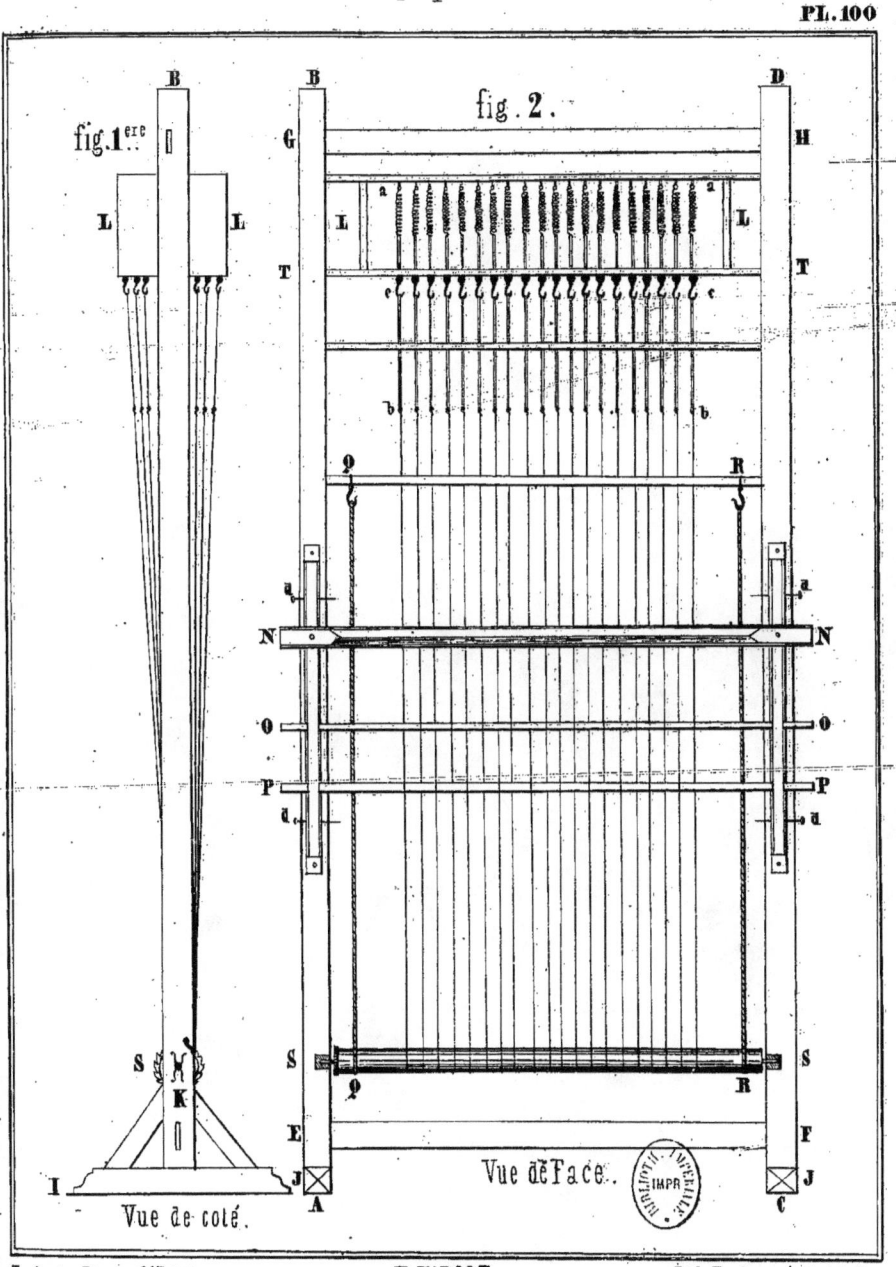

PRESSE
ou Machine à percer les cartons

PL. 101

Traité des Tissus. 2ᵉ Édition.   P. FALCOT.   Lith. Boehrer à Altkirch.

REPIQUAGE.

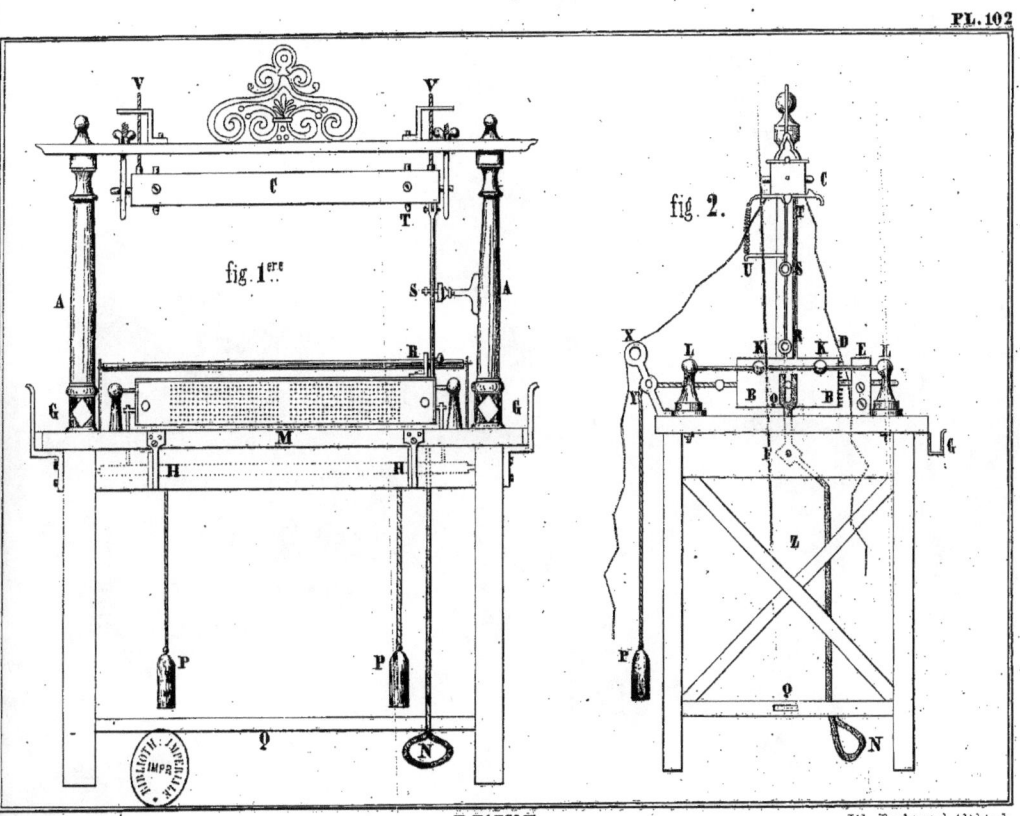

fig. 1ère

fig. 2

P. FALCOT.

LAÇAGE.
Table à couper les cartons.

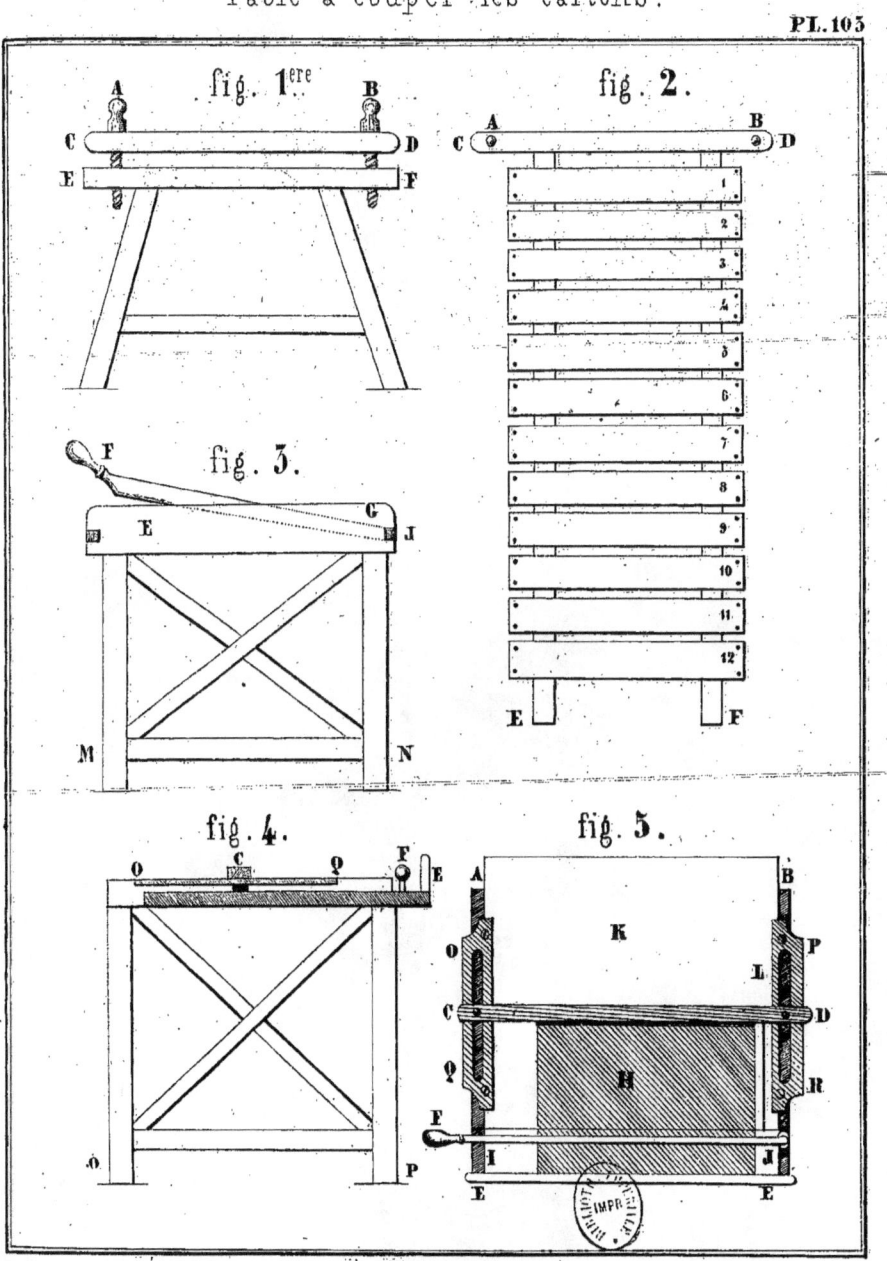

Traité des Tissus. 2ᵉ Édition.   P. FALCOT.   Lith. Boehrer à Altkirch.

ESQUISSES DIVERSES.

MÈTRAGE DES ÉTOFFES.

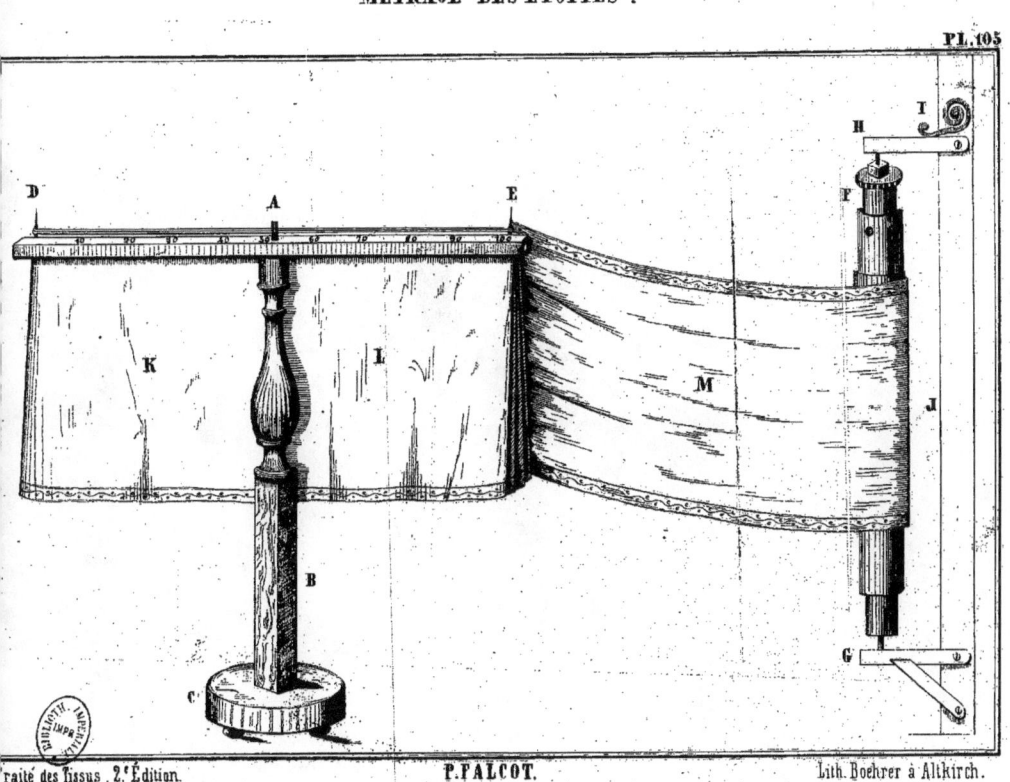

Traité des Tissus. 2.ᵉ Édition. P. FALCOT. Lith. Boehrer à Altkirch.

DAMASSÉS
Liages par lisses de levée et lisses de rabat.

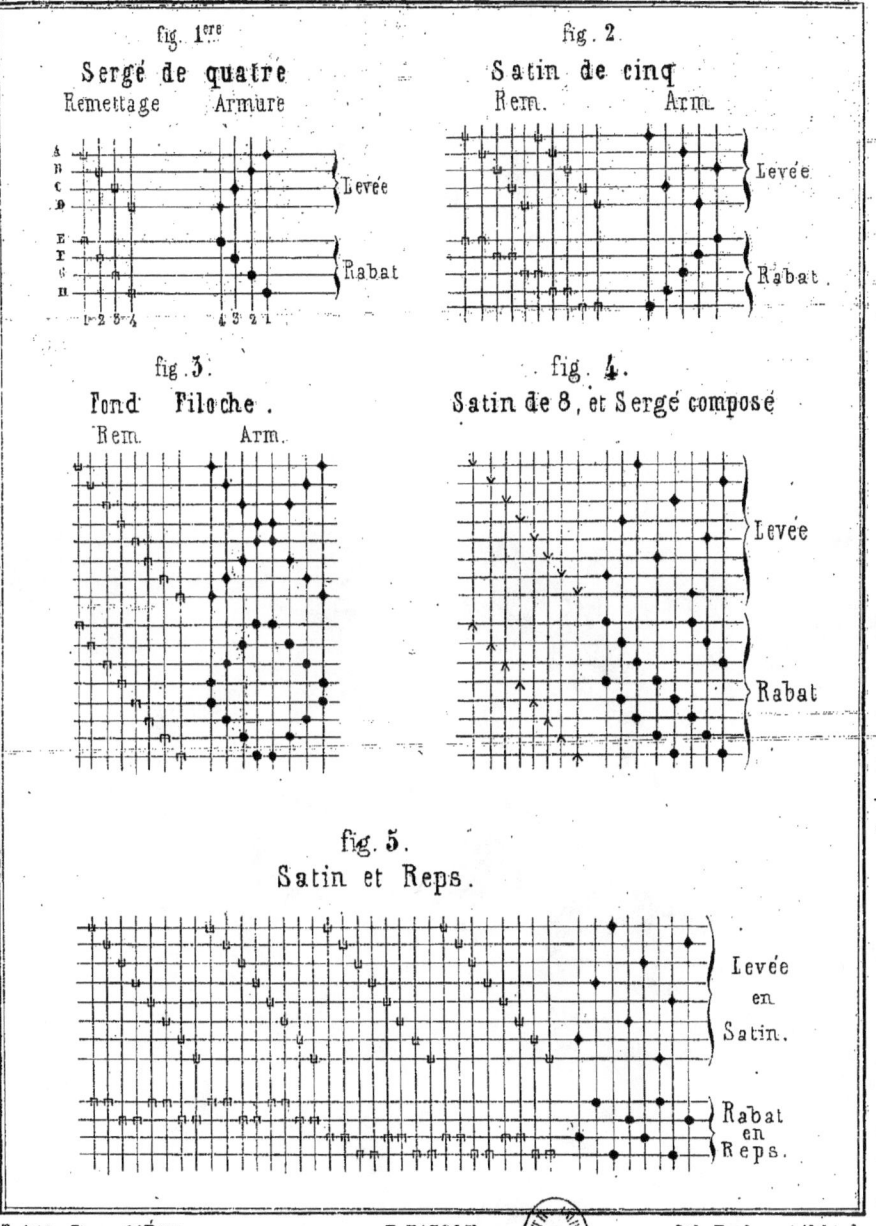

fig. 1ère — Sergé de quatre — Remettage — Armure — Levée — Rabat

fig. 2 — Satin de cinq — Rem. — Arm. — Levée — Rabat

fig. 3 — Fond Filoche — Rem. — Arm.

fig. 4 — Satin de 8, et Sergé composé — Levée — Rabat

fig. 5 — Satin et Reps. — Levée en Satin. — Rabat en Reps.

Traité des Tissus. 2.e Édition.   P. FALCOT.   Lith. Boehrer à Altkirch.

DAMASSÉS.
Liages par lisses de levée et lisses de Rabat.

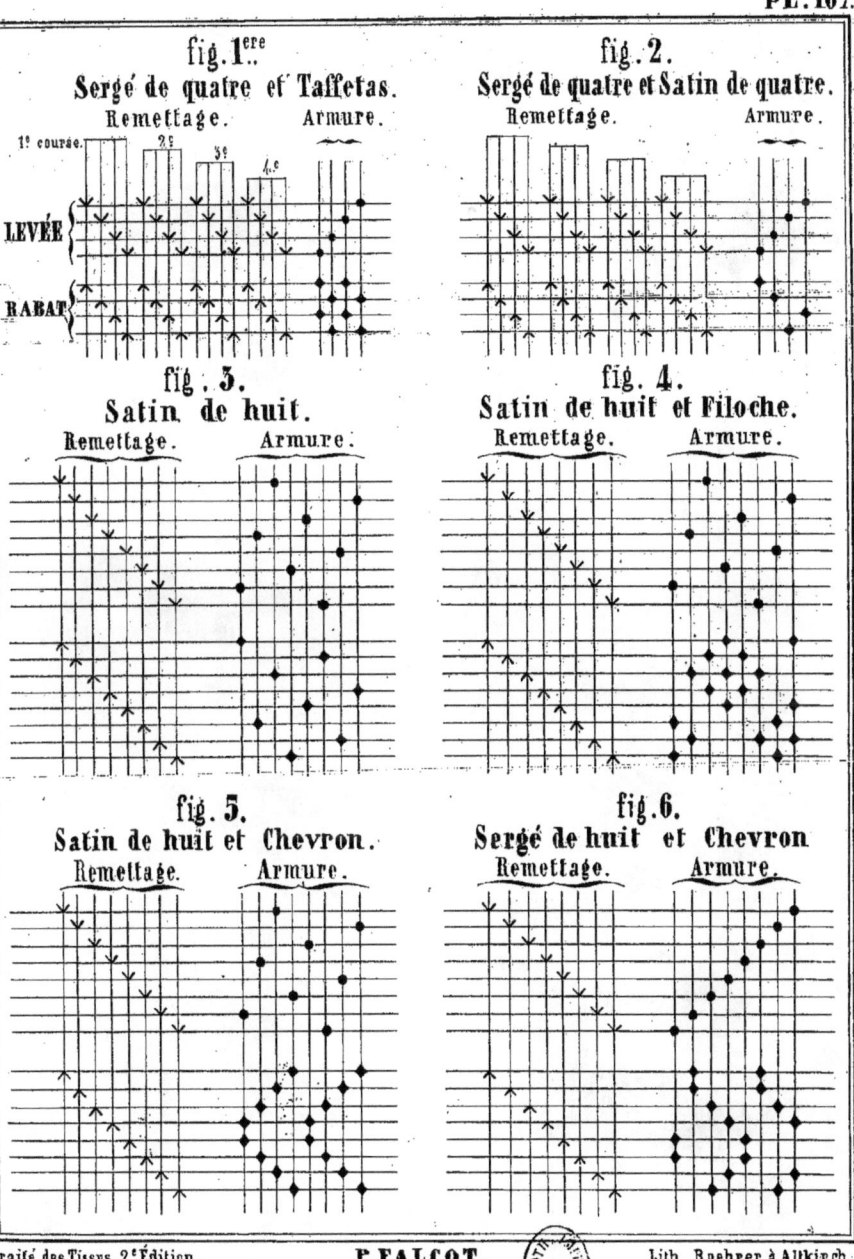

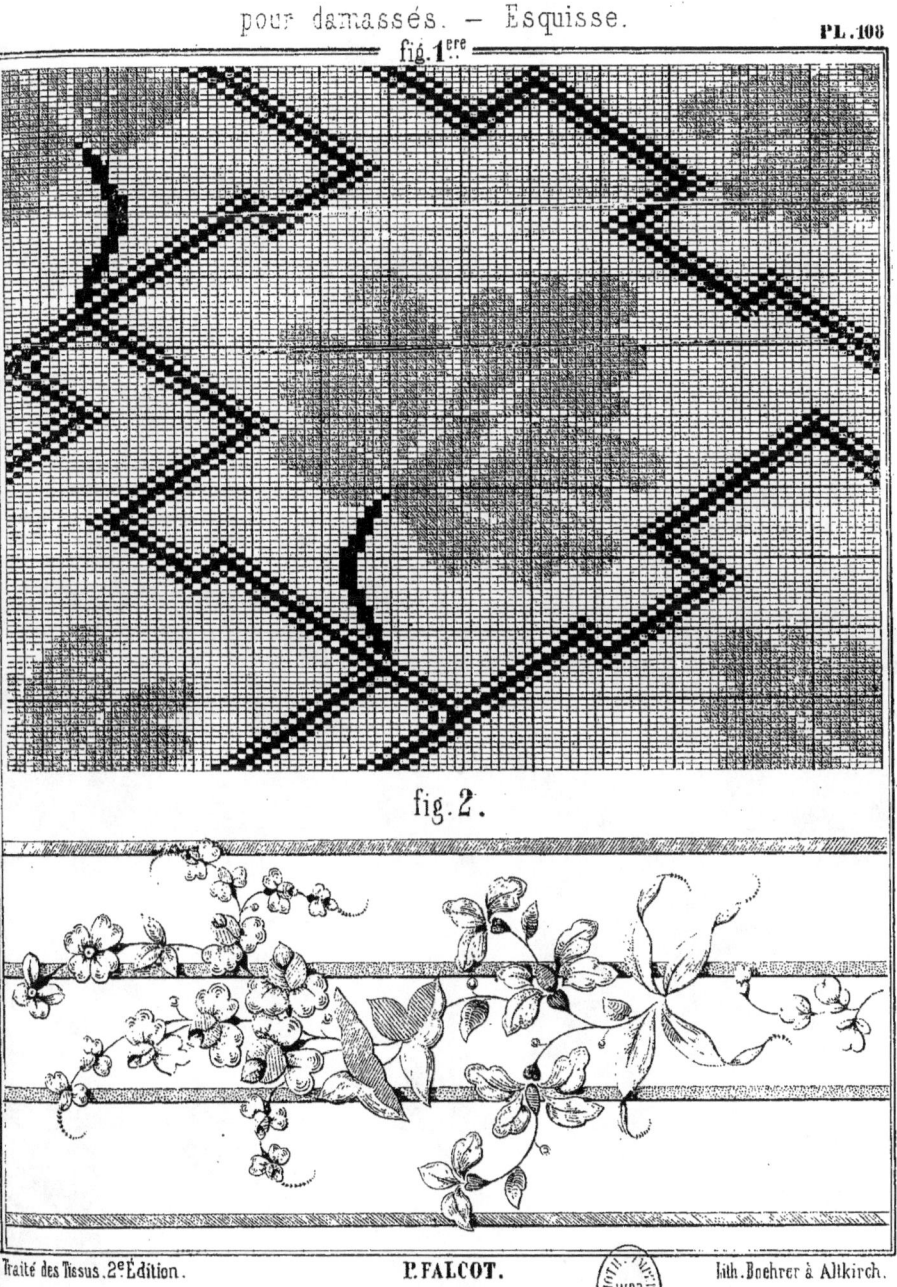

MOUVEMENT DE LÈVE ET BAISSE
Pour les lisses, au moyen de la mécanique Armure.

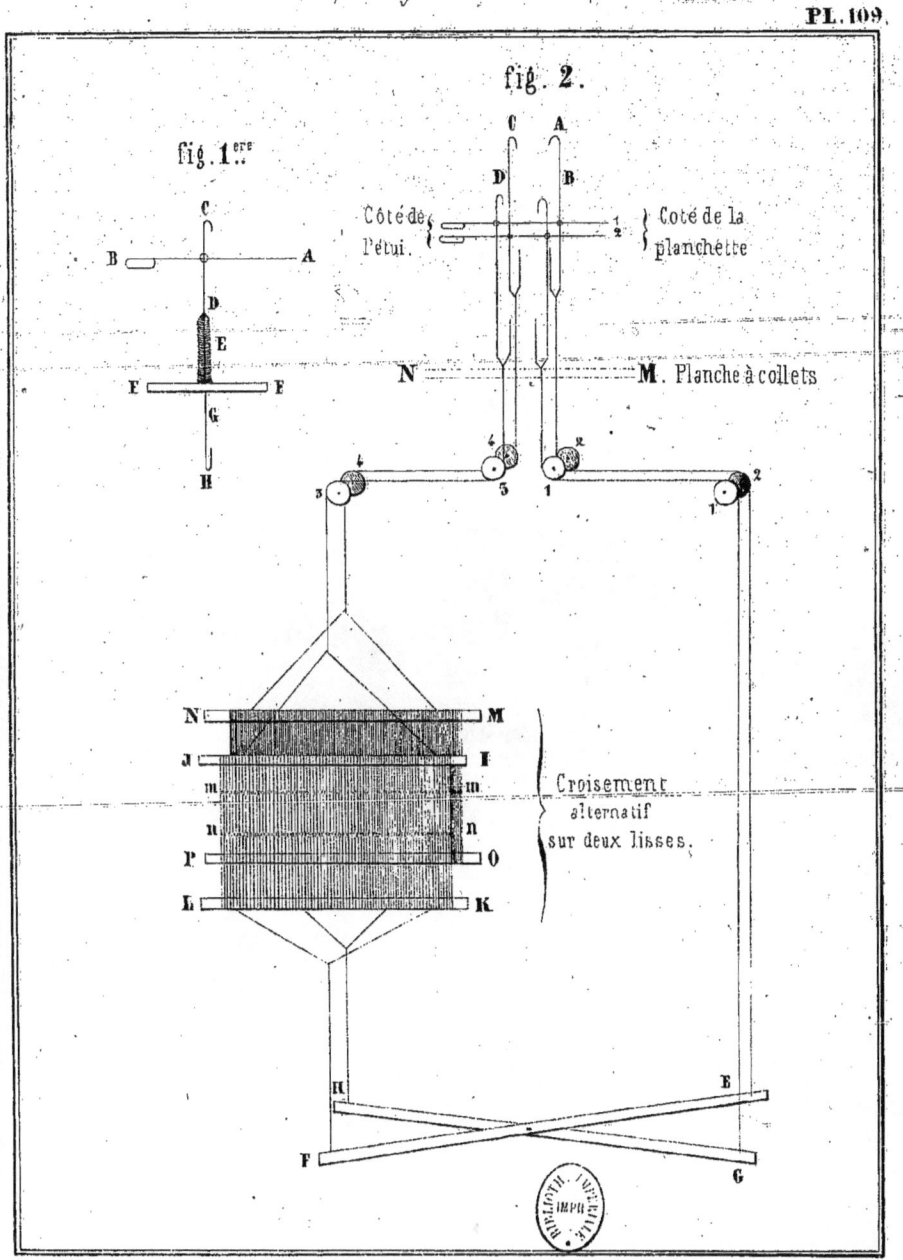

BATTANT À DOUBLES-BOITES.

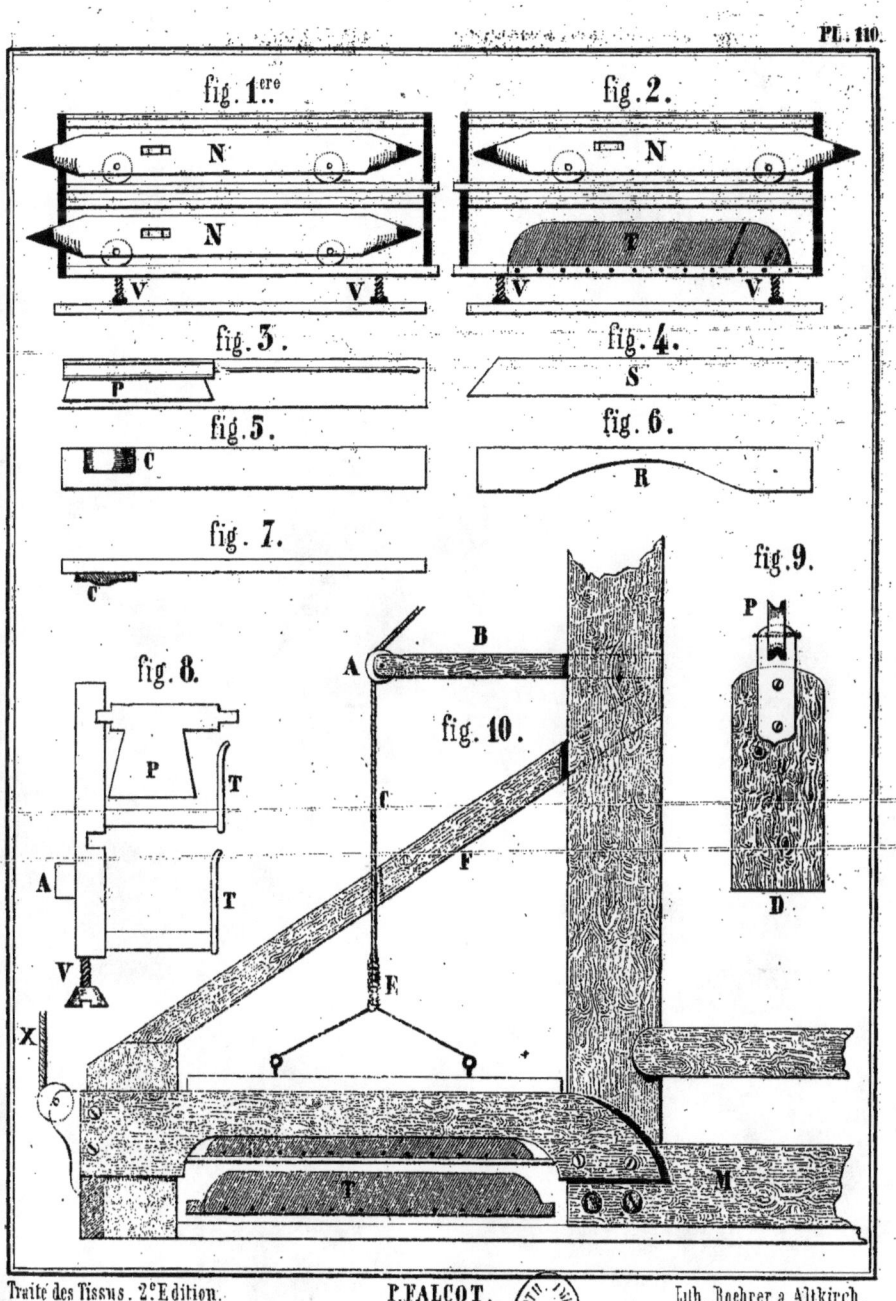

MANŒUVRE DE TROIS NAVETTES
Au moyen d'un Battant à doubles boîtes seulement

PL. 111.

Traité des Tissus. 2ᵉ Édition. — P. FALCOT. — Lith. Boehrer à Altkirch.

LANCÉ.

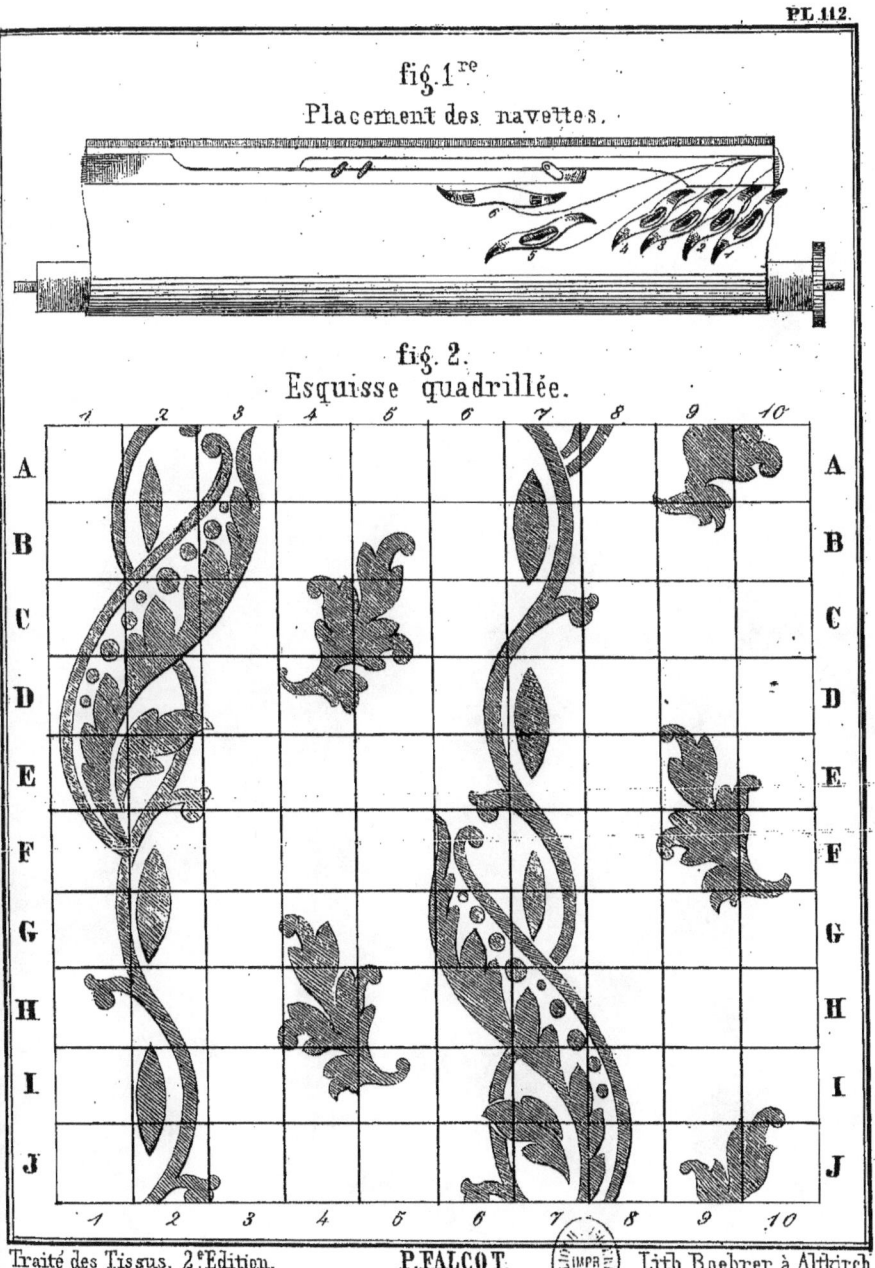

fig. 1re
Placement des navettes.

fig. 2.
Esquisse quadrillée.

Traité des Tissus. 2.e Édition.   P. FALCOT.   Lith. Boehrer à Altkirch.

BORDURE.- LIAGES.- POIL TRAINANT.

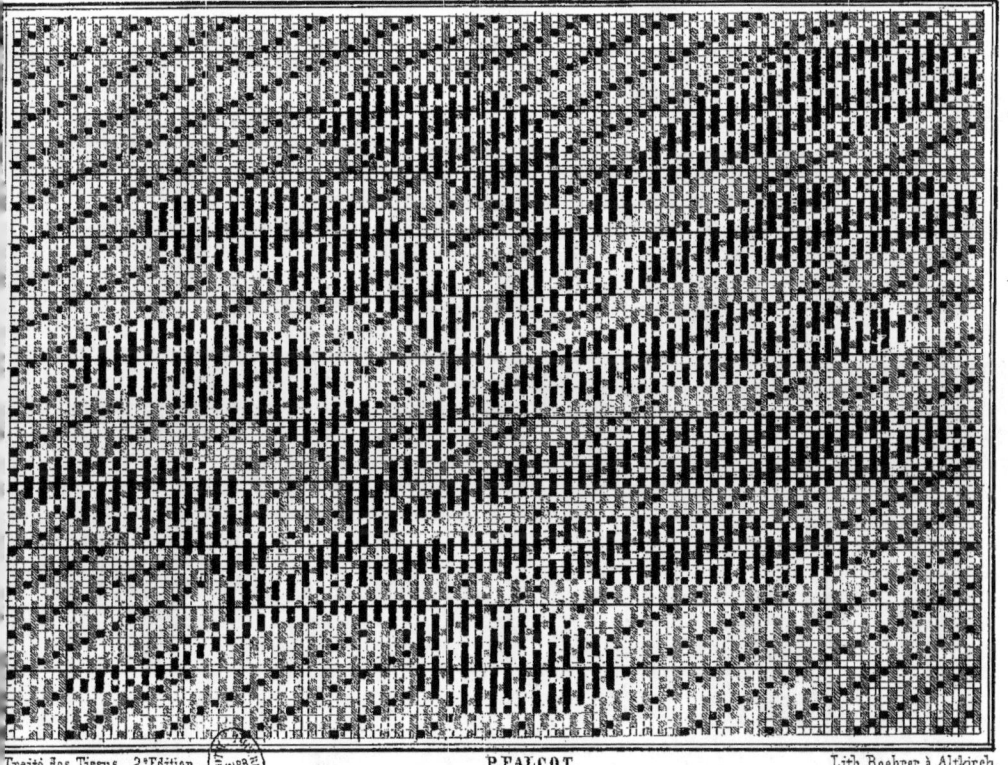

PL. 113.

Traité des Tissus. 2.ᵉ Edition. — P. FALCOT. — Lith. Boehrer à Altkirch.

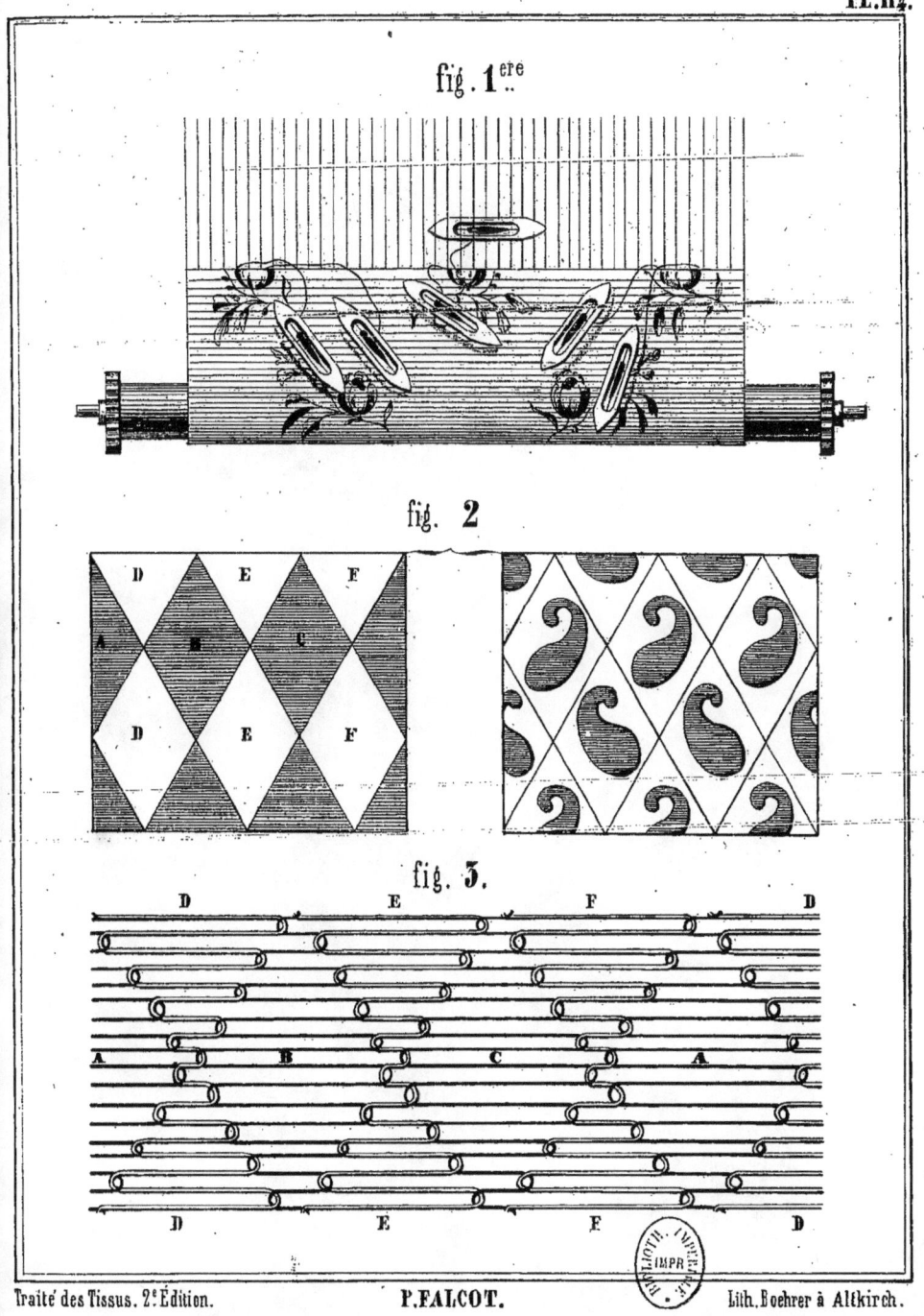

FRAGMENTS DE MISES EN CARTE
sur papier Briqueté et papier Grillet.

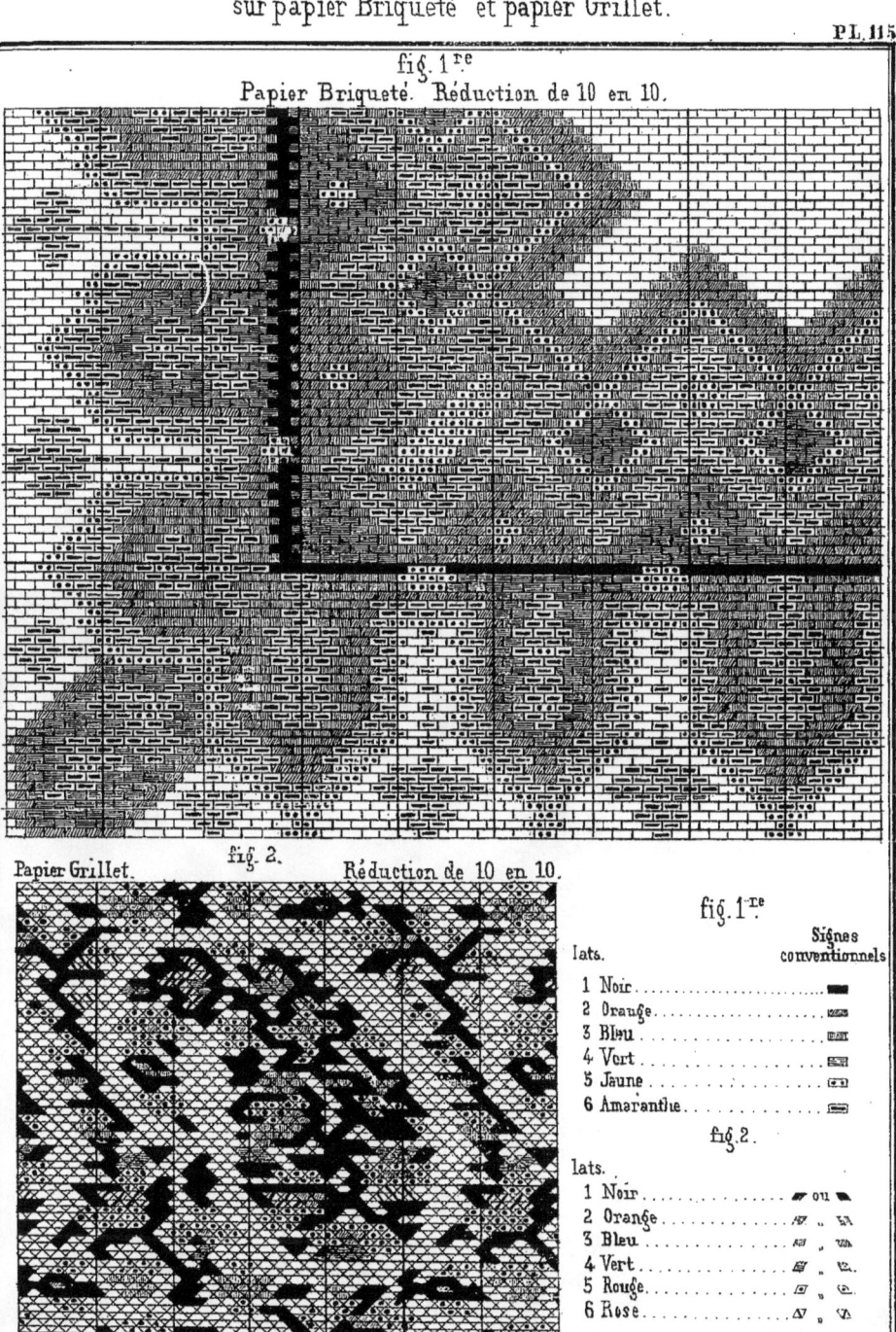

ESQUISSES POUR CHINÉS.

PRESSES DIVERSES
pour chiner.

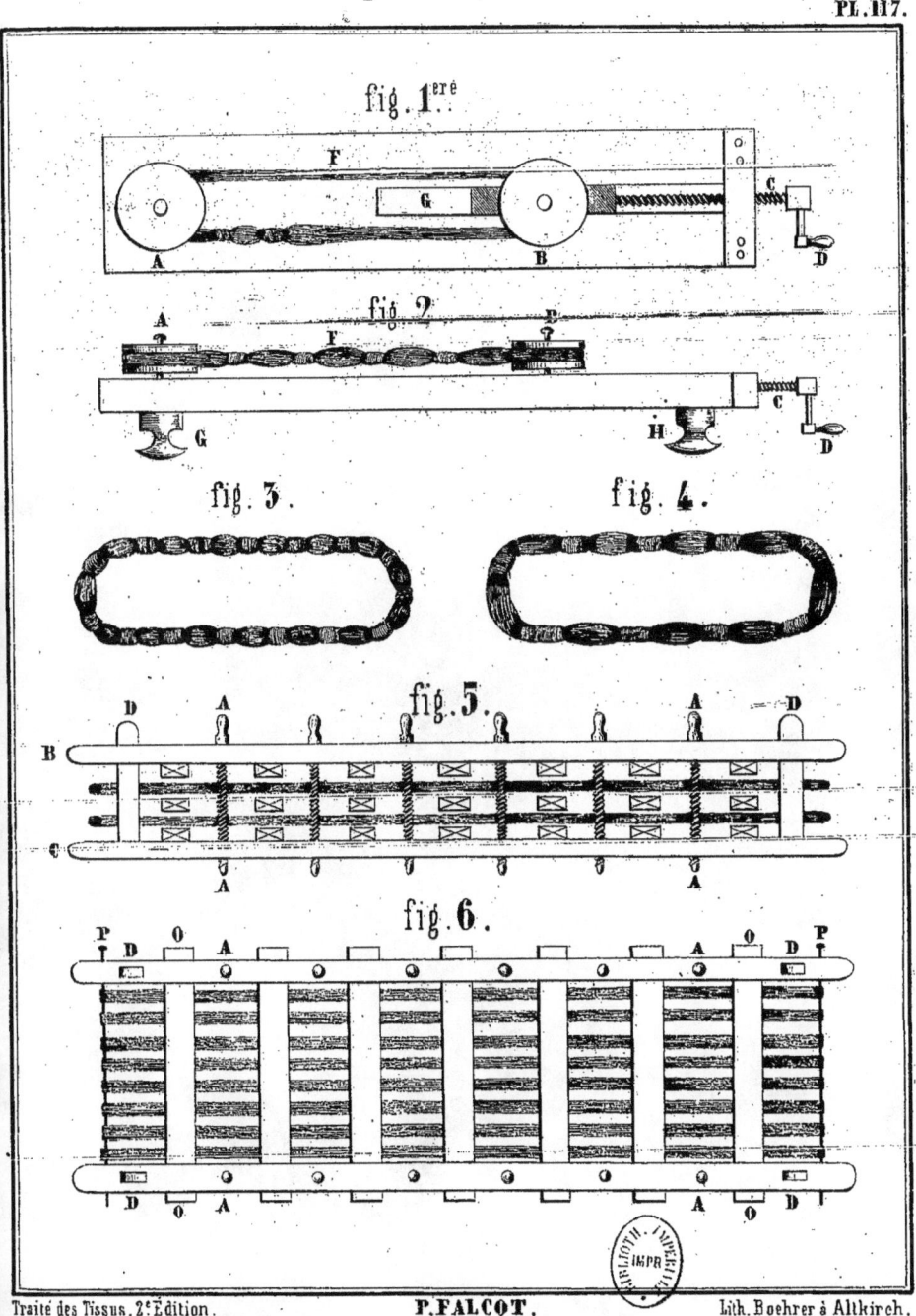

CHINÉS

PL. 118.

fig. 1re

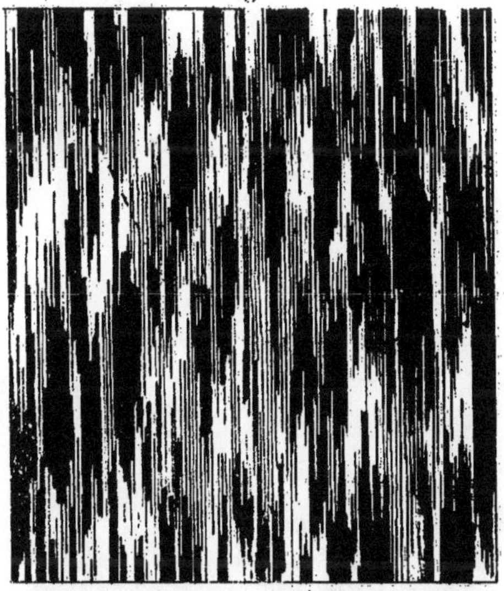

fig. 2.

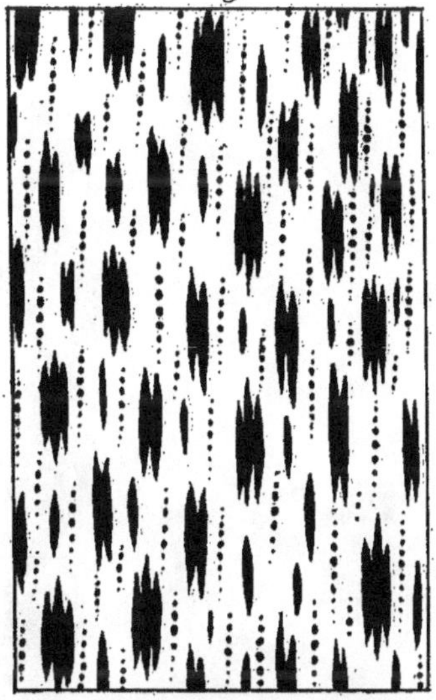

fig. 3.

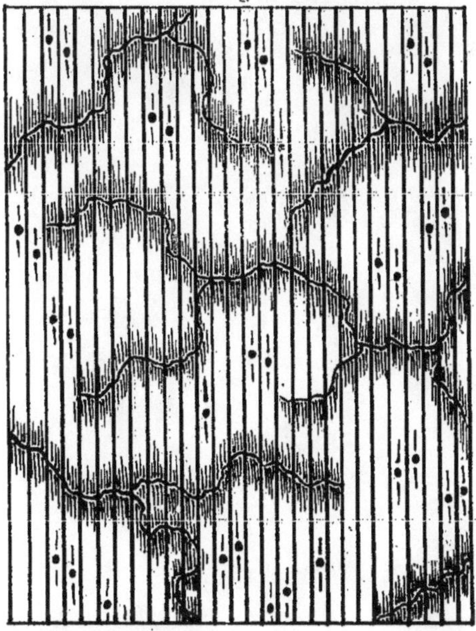

fig. 4.

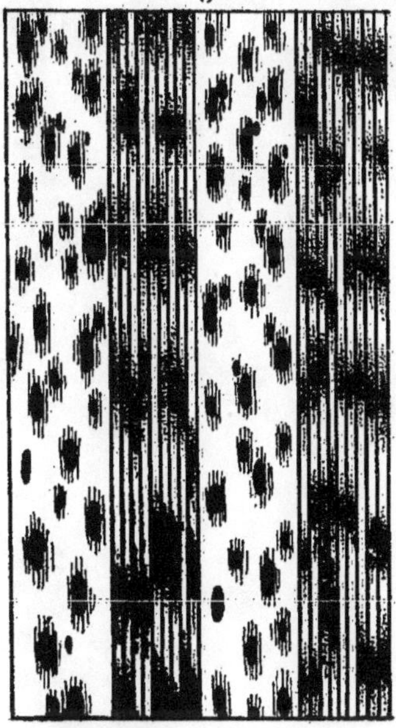

Traité des Tissus 2e Édition

P. FALCOT.

Lith. Boehrer à Altkirch

DAMASSÉS.

Mouvement des lisses par effet de lève et baisse.

PL. 119.

Traité des Tissus. 2ᵉ Édition.   P. FALCOT.   Lith. Boehrer à Altkirch.

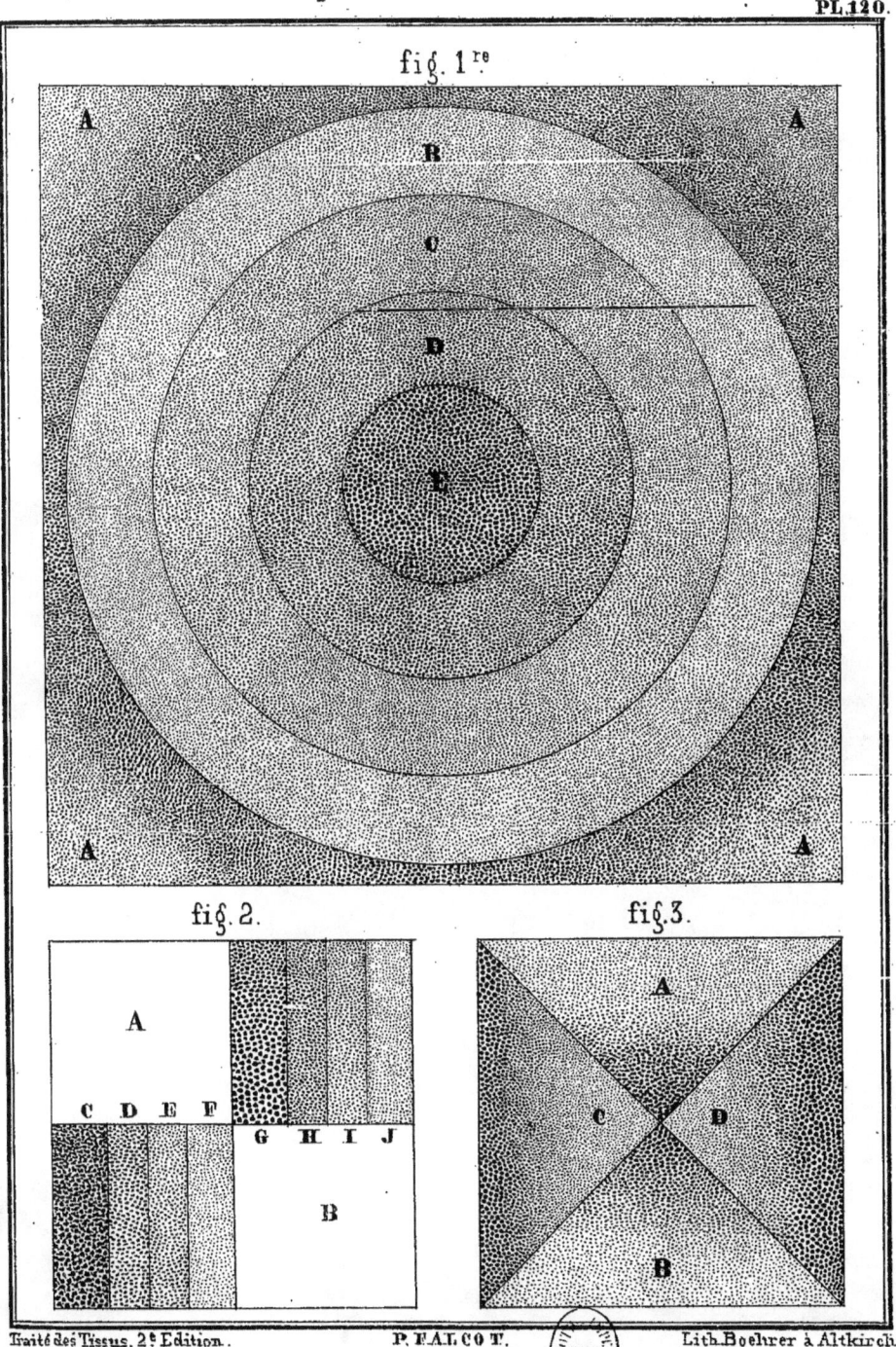

FONDUS.
mises en carte.

fig: 1ʳᵉ

Pl. 121.

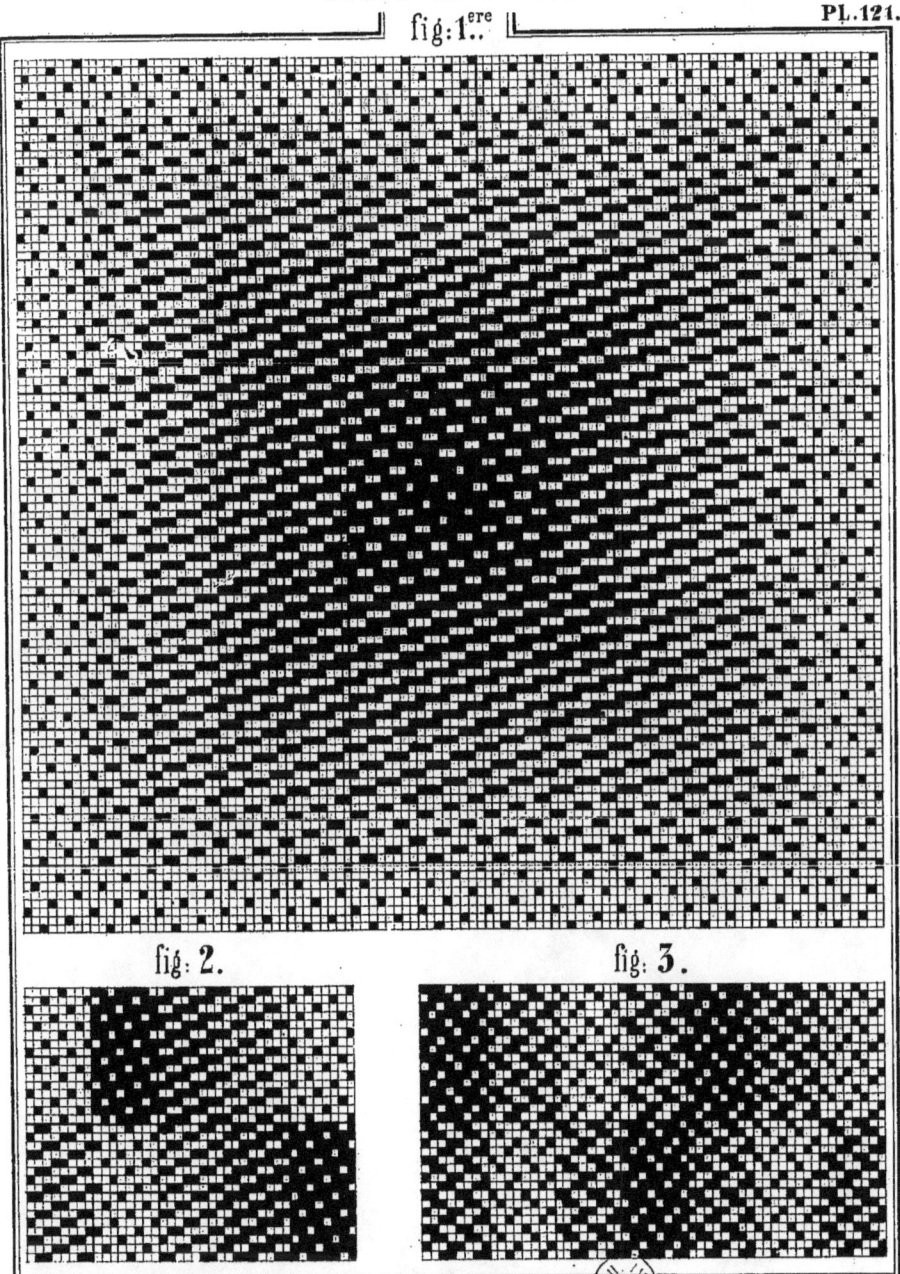

fig: 2.   fig: 3.

Traité des Tissus. 2ᵉ Édition.   P. FALCOT.   Lith. G. Eckardt, Mulhouse.

ESQUISSES DIVERSES.
pour labyrinthes et branches courantes

Traité des Tissus. 2.e Édition.   P. FALCOT.   Lith. Boehrer à Altkirch.

RÉGULATEUR-COMPENSATEUR
des charges ou contre-poids pour les métiers à Lisses ou lames.

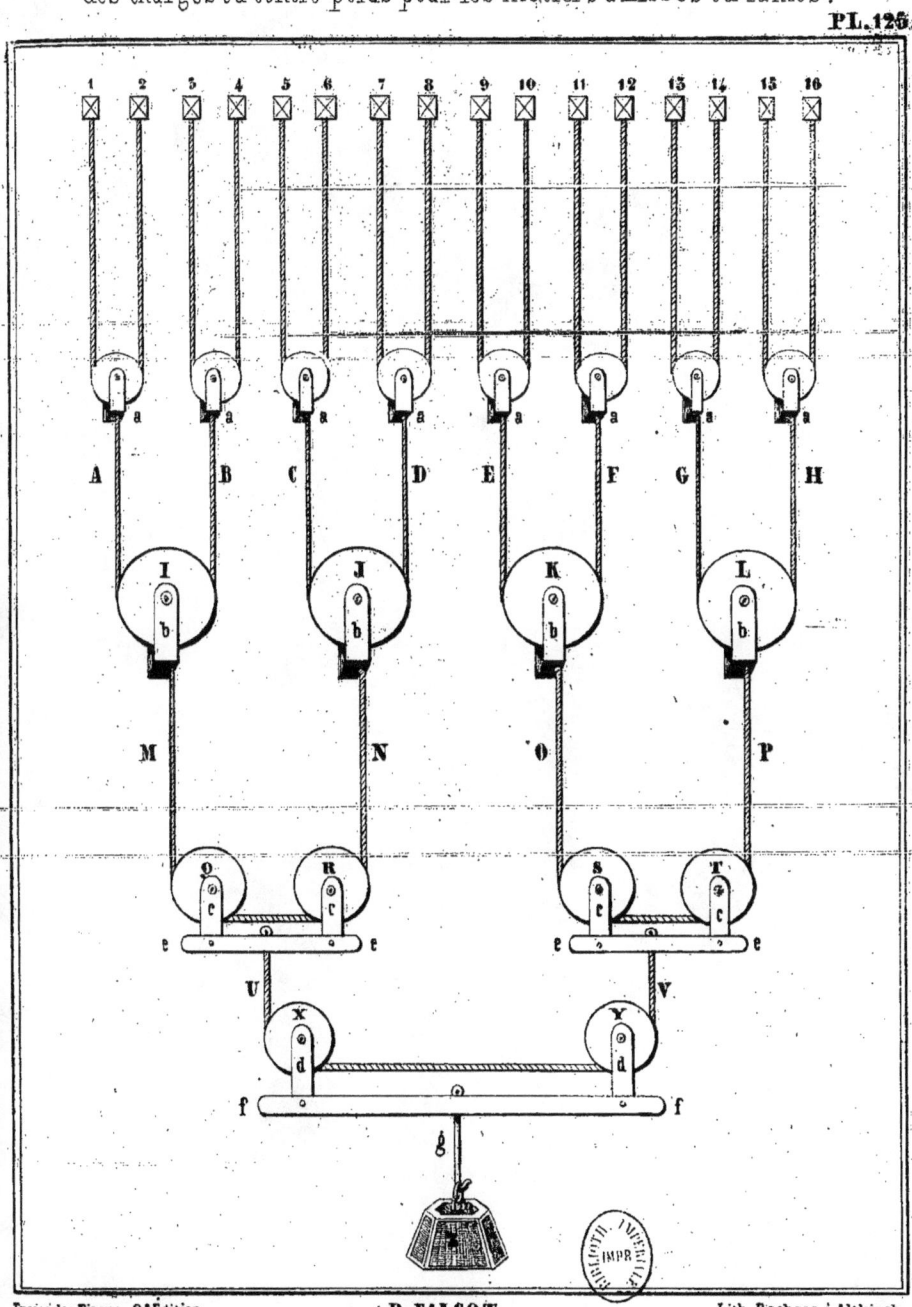

ESQUISSES.
Sujets détachés pour Tissus façonnés.

Pl. 124

fig. 1ère

fig. 2.

fig. 3.

fig. 4.

fig. 5.

fig. 6.

fig. 7.

Traité des Tissus. 2e Édition.　　　　P. FALCOT.　　　　Lith. Boehrer à Altkirch.

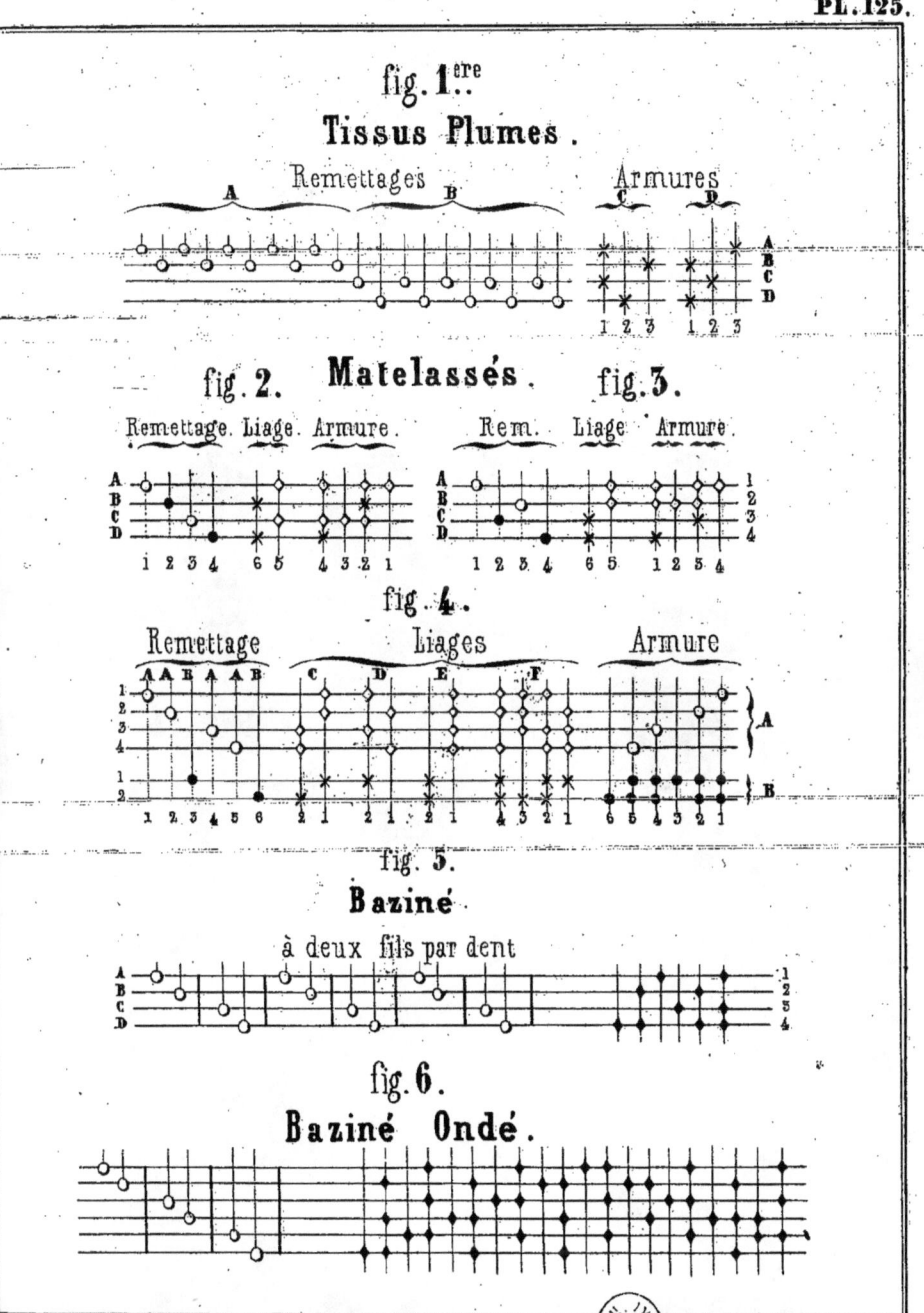

ÉTOFFES À DOUBLE FACE.
en étoffes doubles.

PL. 126.

fig. 1ère

A	C
D	B

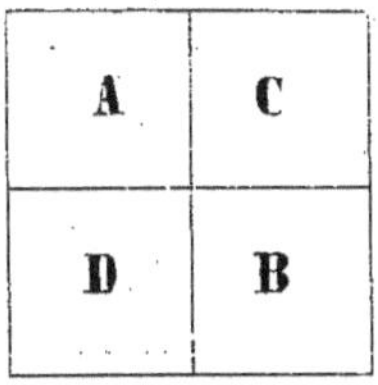

fig. 2.

fig. 3.

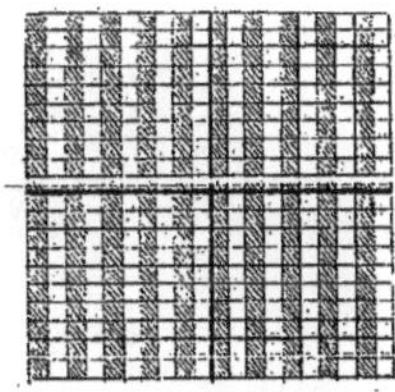

fig. 4.

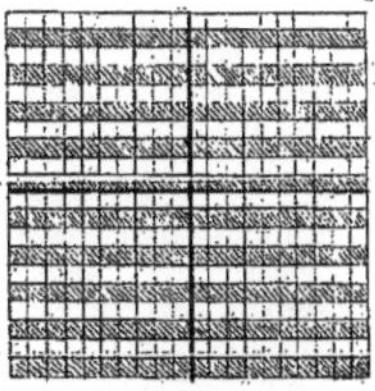

fig. 5.

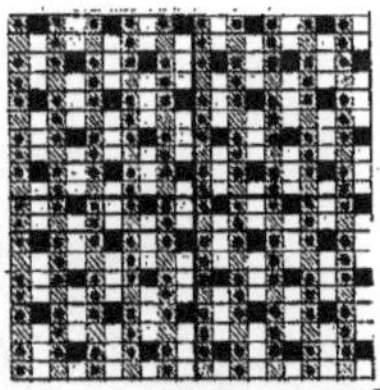

fig. 6.

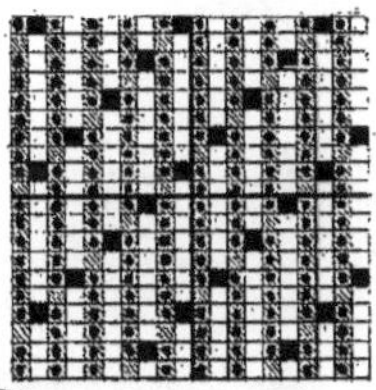

fig. 7.

fig. 8.

Ourdissage 1 et 1 trame id.　　Ourd. 1 et 2. Tr. id.　　Ourd. 2 et 2. Tr. id.

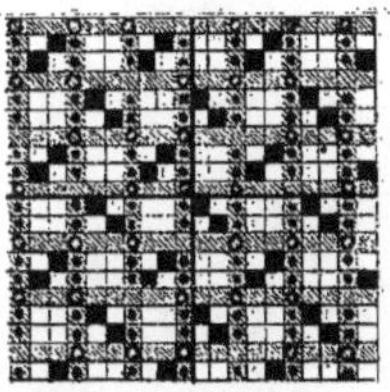

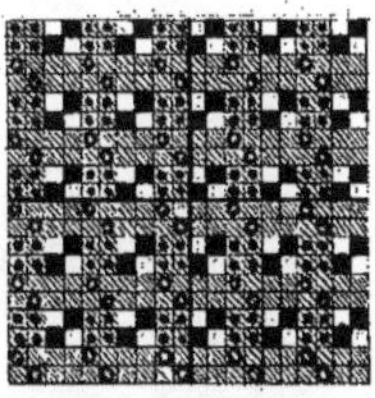

fig. 9.

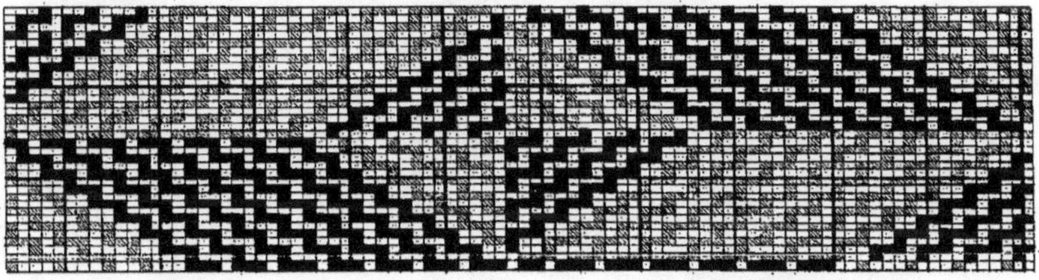

fig. 10.

fig. 11.

Traité des Tissus. 2.ᵉ Édition.　　　P. FALCOT.　　　Lith. Boehrer à Altkirch.

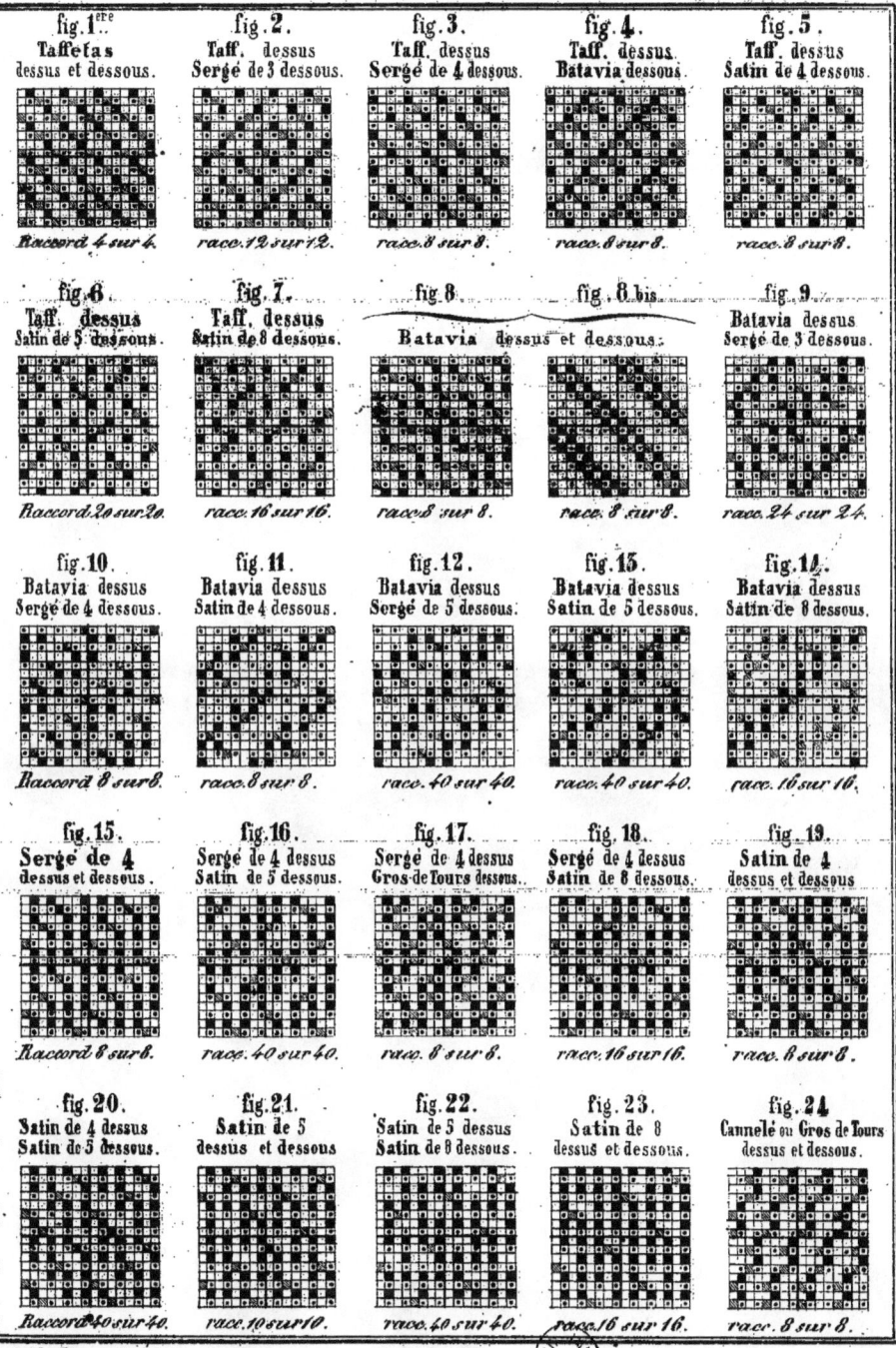

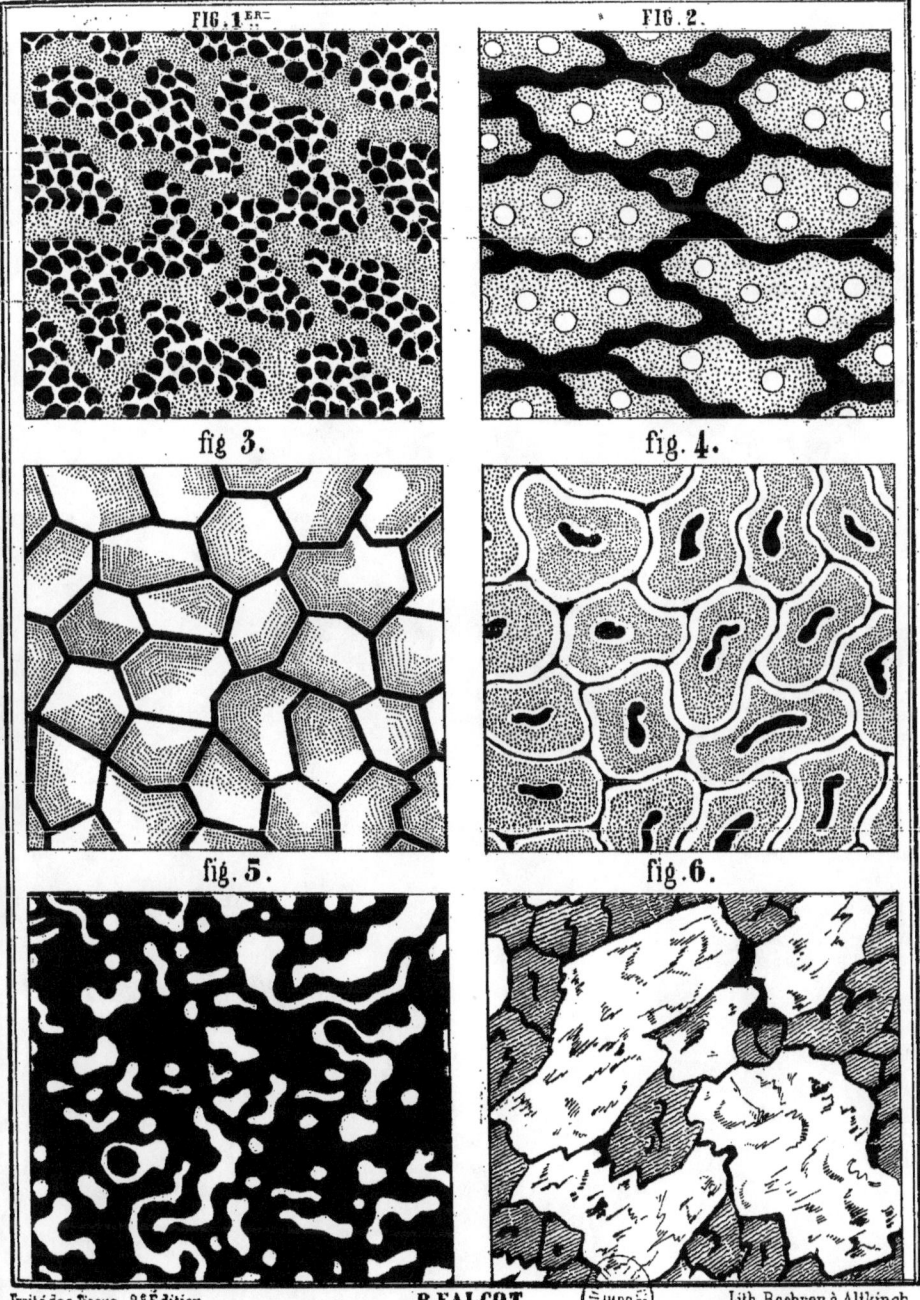

MATELASSÉ.

Principes relatifs au sens de la chaîne et de la trame.

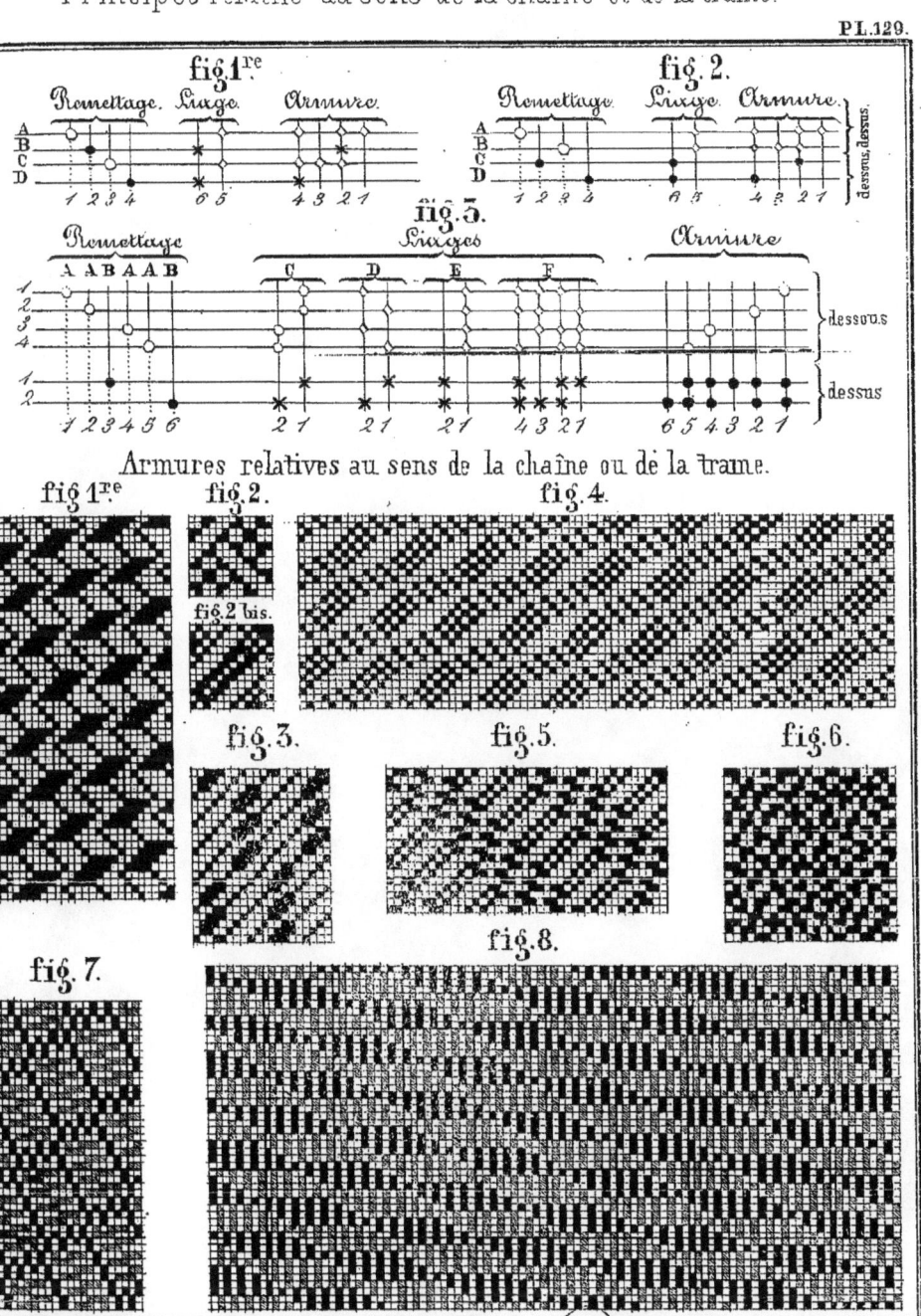

Armures relatives au sens de la chaîne ou de la trame.

DÉCOCHEMENTS RECTILIGNES.
(Principes.)

PL. 130.

fig. 1ère	fig. 2.	fig. 3.	fig. 4.	fig. 5.	fig. 6.
10 en 10. N° 3.	8 en 7.	11 en 8.	12 en 8.	13 en 8.	14 en 8.

fig. 7.	fig. 8.	fig. 9.	fig. 10.	fig. 11.	fig. 12.
10 en 10. N° 4.	7 en 9.	8 en 11.	8 en 12.	8 en 13.	8 en 14.

fig. 13.	fig. 14.	fig. 15.	fig. 16.	fig. 17.
10 en 10.	10 en 10.	10 en 10.	10 en 10.	8 en 10.

fig. 18.	fig. 19.	fig. 20.	fig. 21.	fig. 22.
8 en 12.	10 en 10.	10 en 10.	10 en 10.	10 en 10.

fig. 23.	fig. 24.	fig. 25.	fig. 26.
12 en 8.	8 en 10.	8 en 12.	8 en 12.

Traité des Tissus. 2ᵉ Édition.   P. FALCOT.   Lith. Boehrer à Altkirch.

DÉCOCHEMENTS CURVILIGNES.
(Principes.)

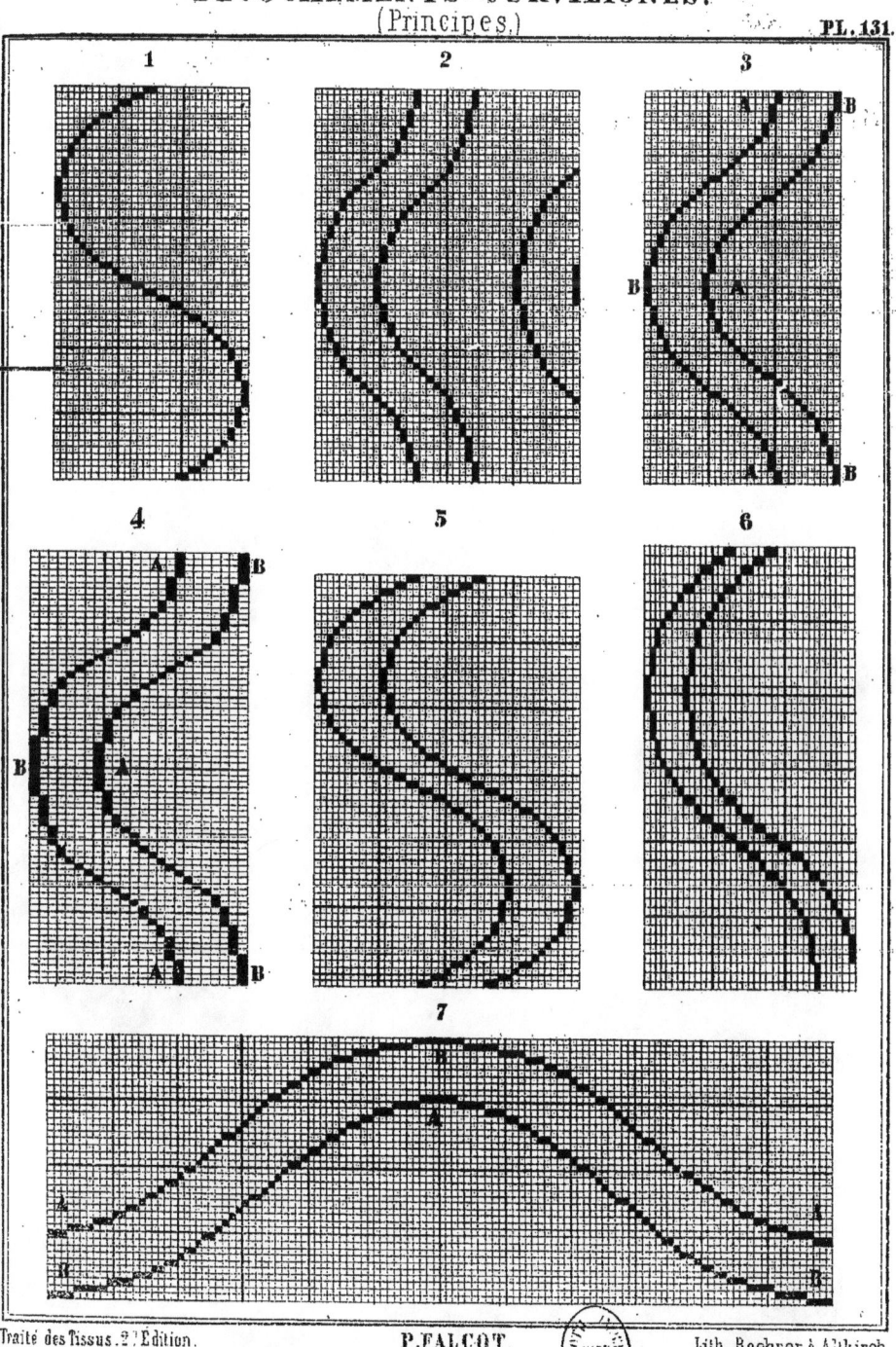

DÉCOCHEMENTS CURVILIGNES.

(Principes.)

PL. 132.

1

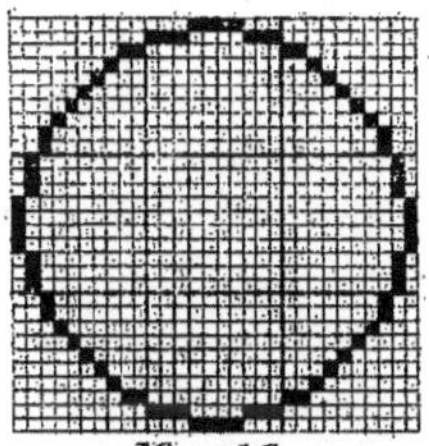

10 en 10.

2

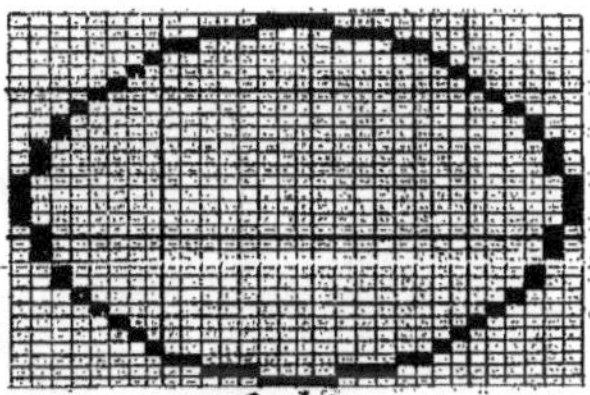

8 en 12.

3

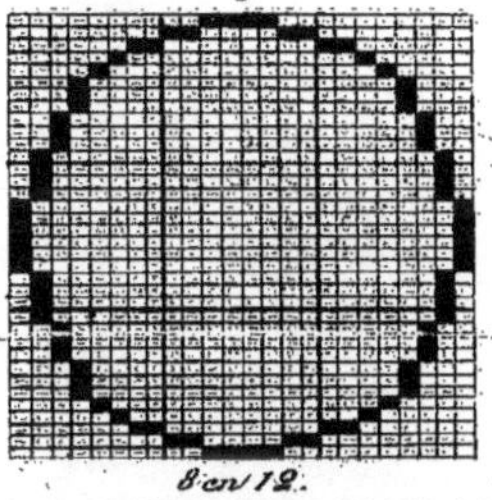

8 en 12.

4

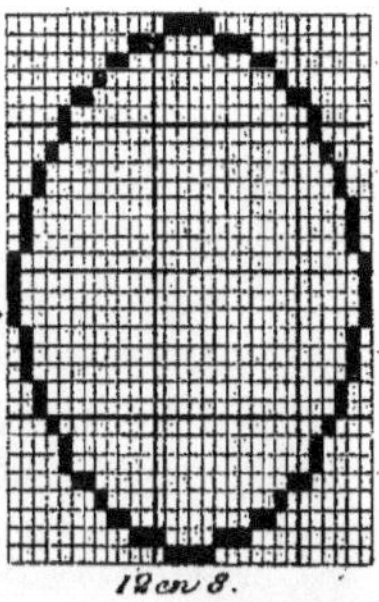

12 en 8.

5

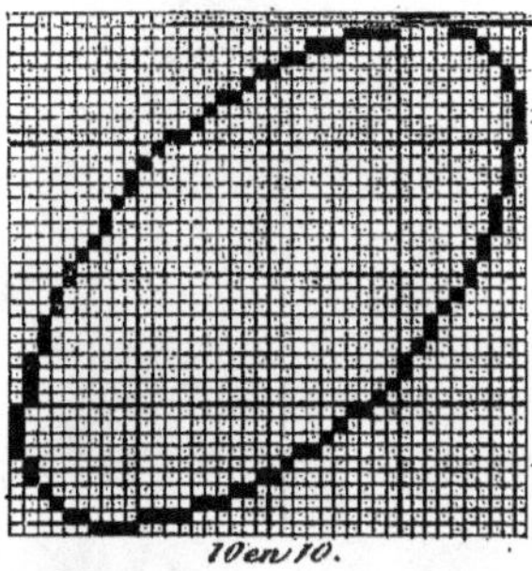

10 en 10.

6

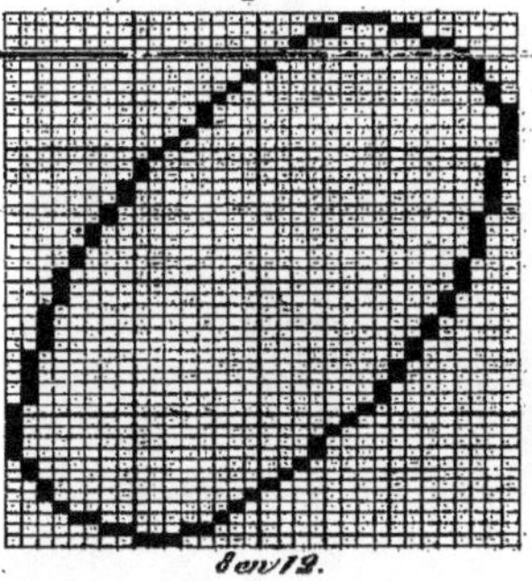

8 en 12.

7

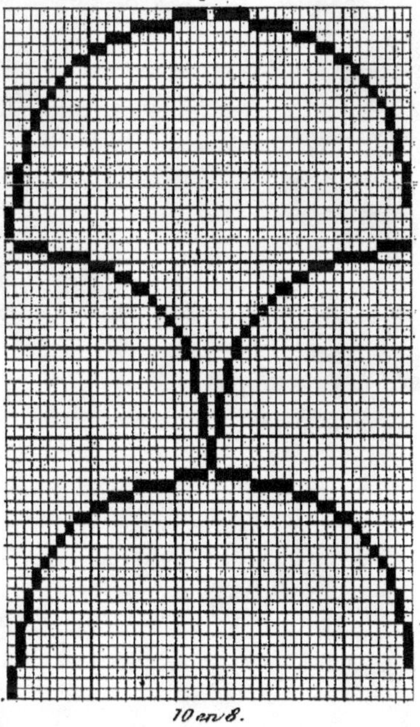

10 en 8.

8

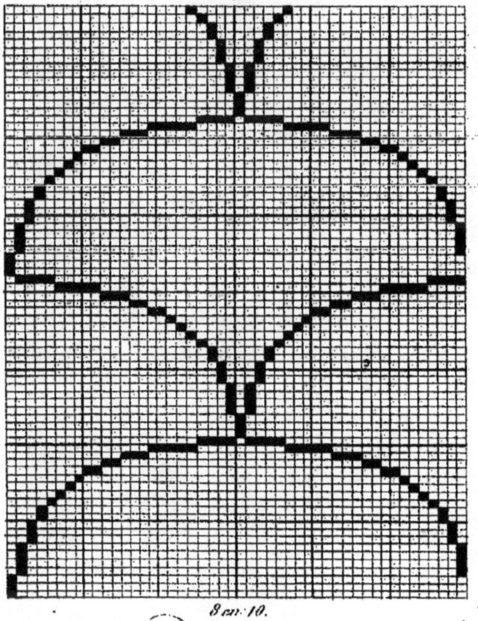

8 en 10.

ESQUISSES
pour Boutons et Rosaces.

PL. 133

Traité des Tissus. 2.e Edition. P. FALCOT Lith. Boehrer à Altkirch.

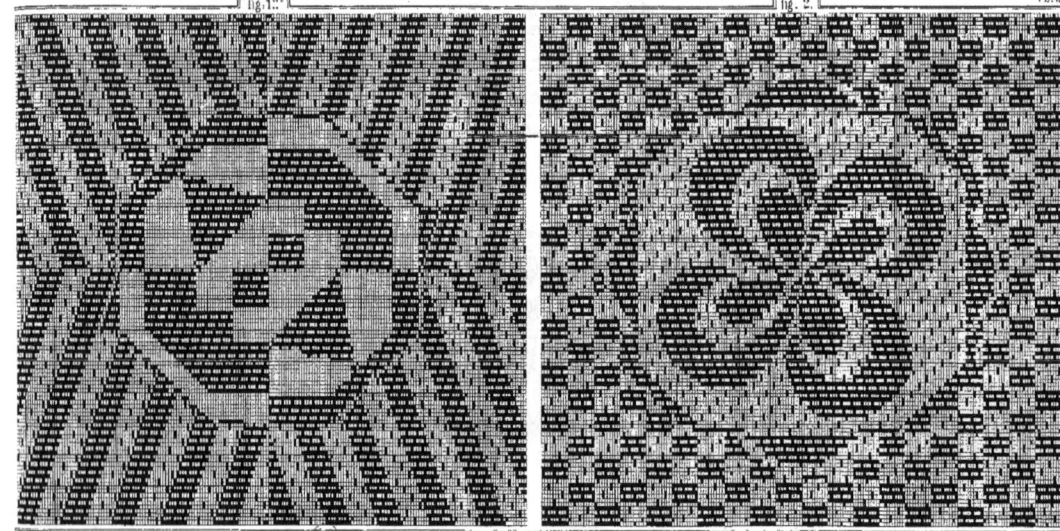

PASSEMENTERIE.
Mises en carte pour Boutons.

P. FALCOT.

GAZES.

Remettage et armure d'une Gaze damassée passée au peigne par une dent pleine et une dent vide.

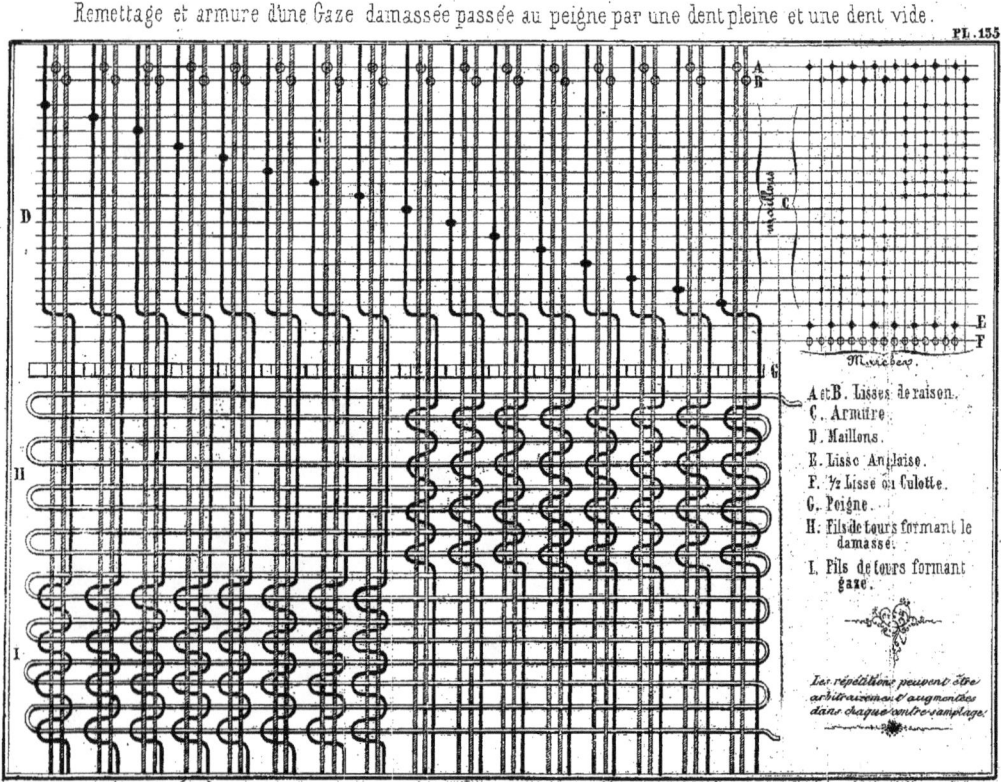

A et B. Lisses de raison.
C. Armure.
D. Maillons.
E. Lisse Anglaise.
F. ½ Lisse ou Culotte.
G. Peigne.
H. Fils de tours formant le damassé.
I. Fils de tours formant gaze.

Les répétitions peuvent être arbitrairement augmentées dans chaque contre-sanglage.

Traité des Tissus. 2ᵉ Édition. — P. FALCOT. — Lith. Boehrer à Altkirch.

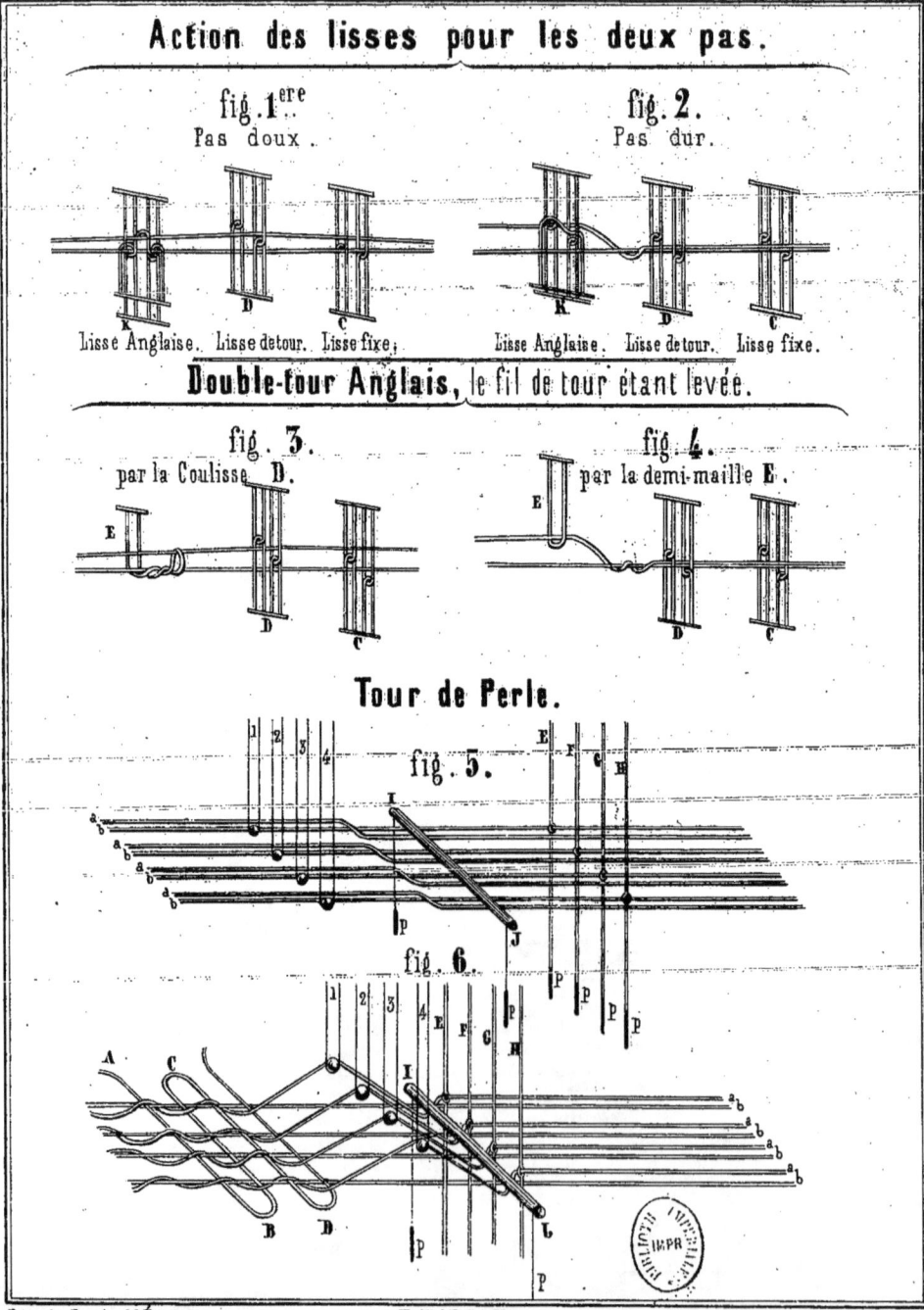

GAZES.
Mouvements divers des fils de tours, simples et doubles.

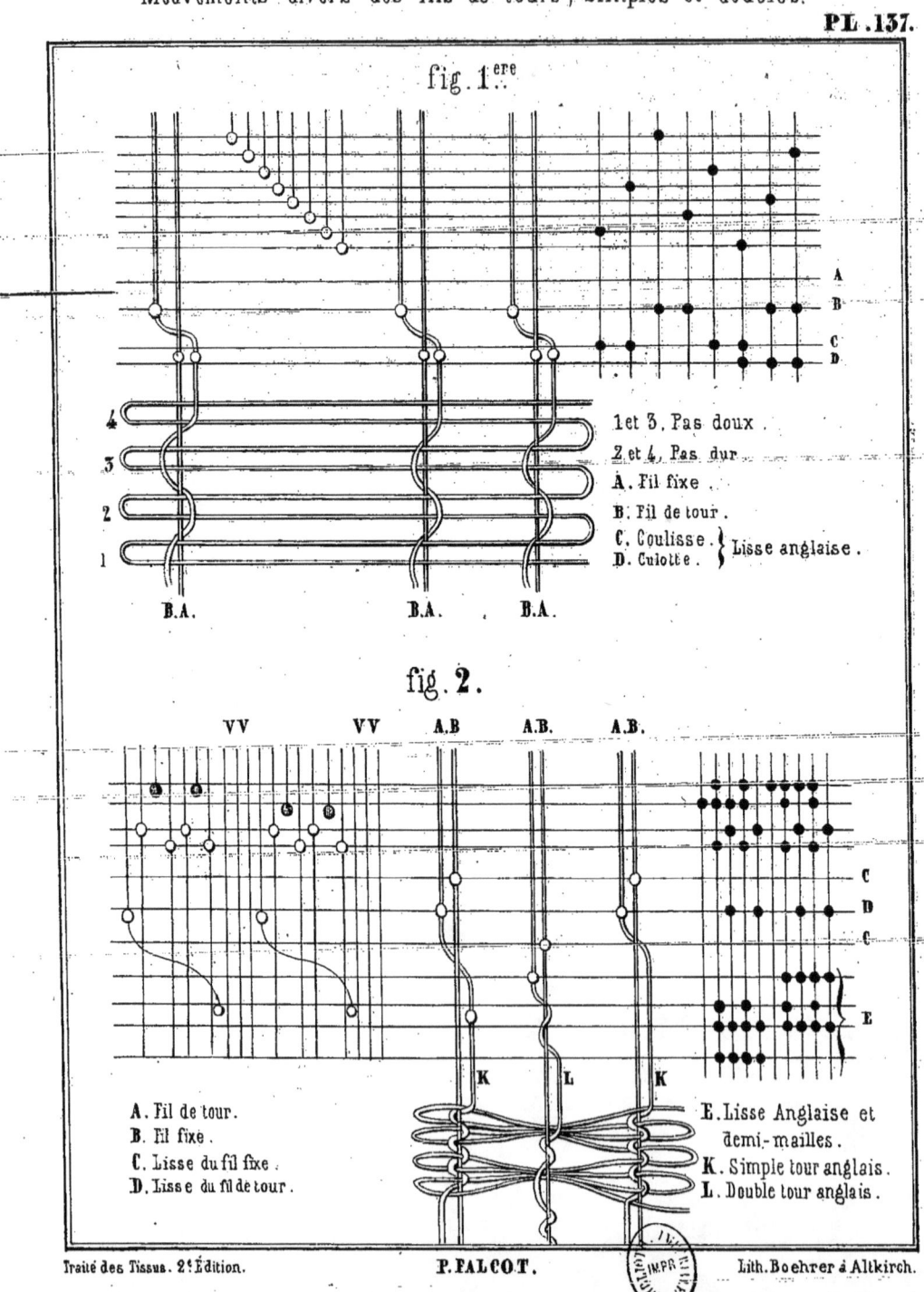

PL. 137.

fig. 1ère

1 et 3, Pas doux.
2 et 4, Pas dur.
A. Fil fixe.
B. Fil de tour.
C. Coulisse. } Lisse anglaise.
D. Culotte.

fig. 2.

A. Fil de tour.
B. Fil fixe.
C. Lisse du fil fixe.
D. Lisse du fil de tour.
E. Lisse Anglaise et demi-mailles.
K. Simple tour anglais.
L. Double tour anglais.

Traité des Tissus. 2e Édition.   P. FALCOT.   Lith. Boehrer à Altkirch.

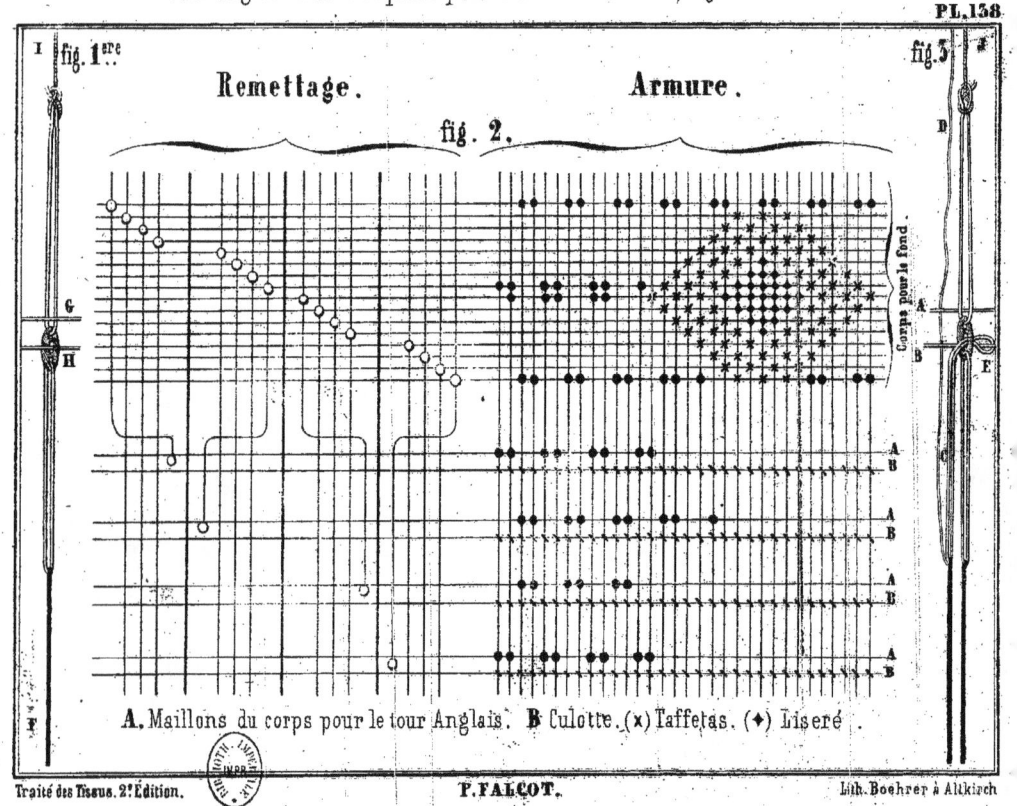

GAZES.

PL. 139

Gaze sur étoffe, avec lisses devant le Peigne.

fig. 1ère.   fig. 2.

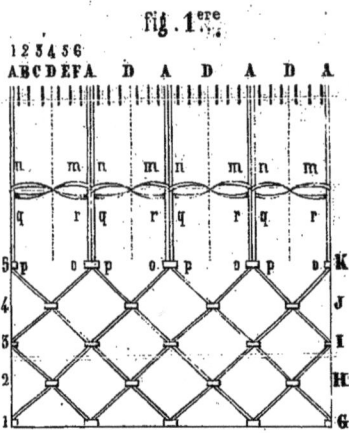
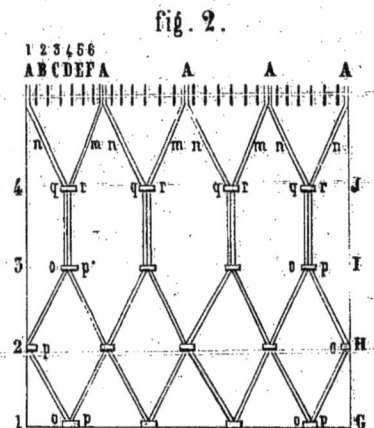

Gaze damassée.

fig. 3.

Remettage.   Armure.

A. Fil fixe.   B. Tour anglais.   C. lisses de tour anglais.   D. Coulisse.   E. Culotte.

Traité des Tissus. 2e Édition.   P. FALCOT.   Lith. Boehrer à Altkirch.

MÉTIERS MÉCANIQUES dits À LA BARRE.

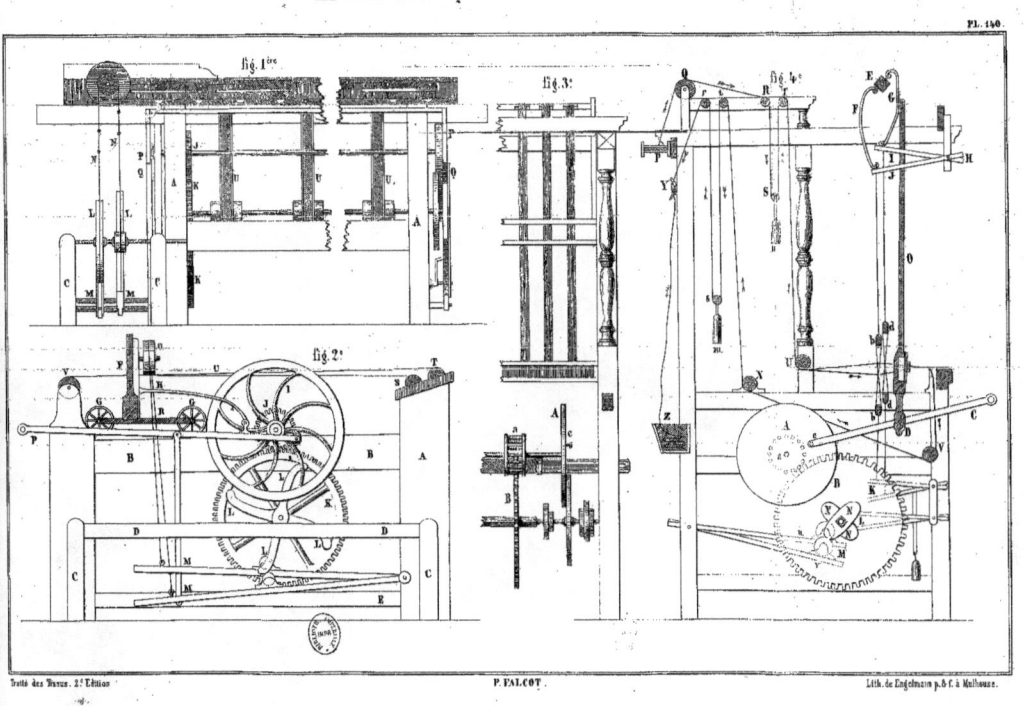

RUBANS.
Métier à basse-lisse.

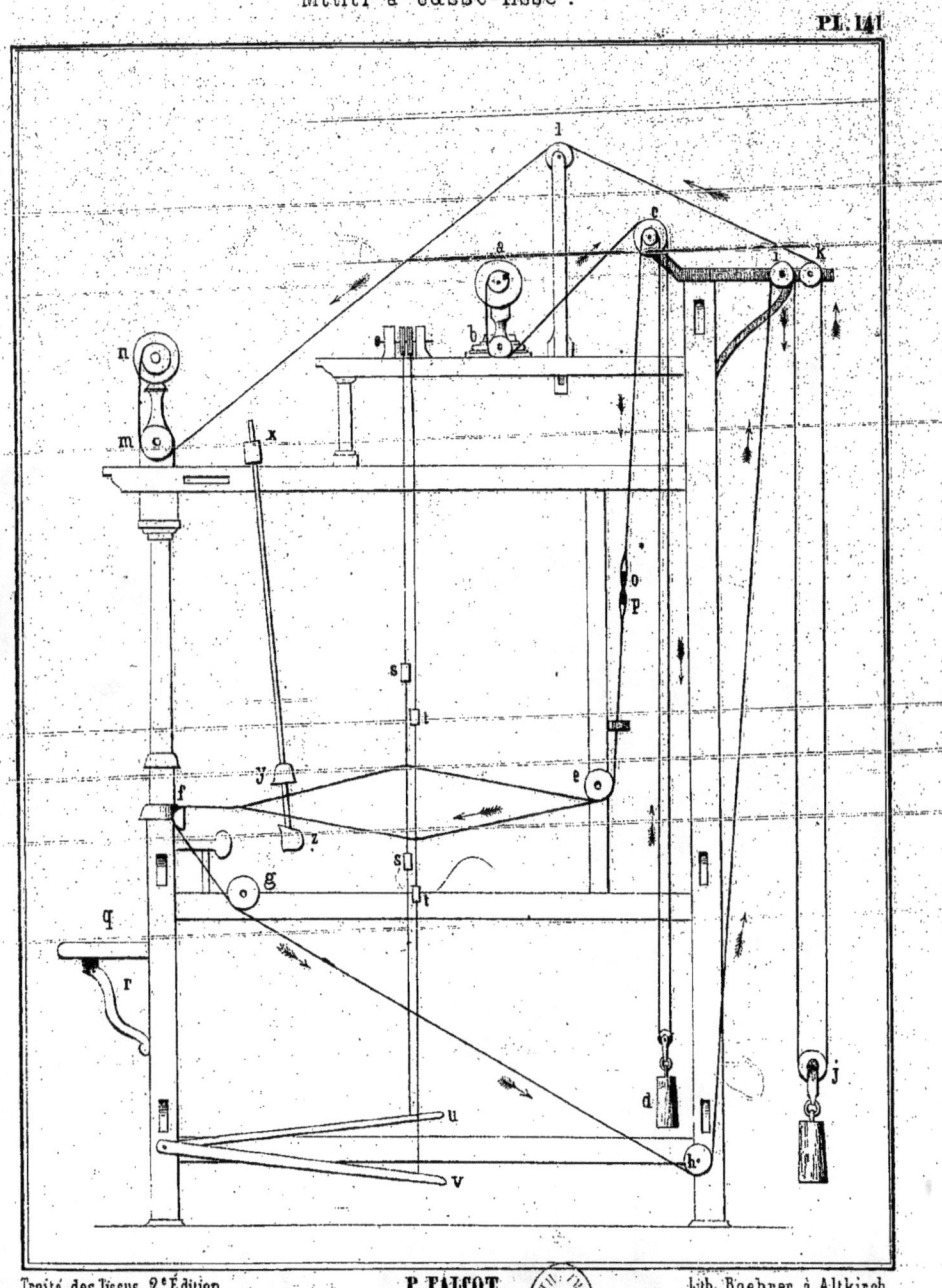

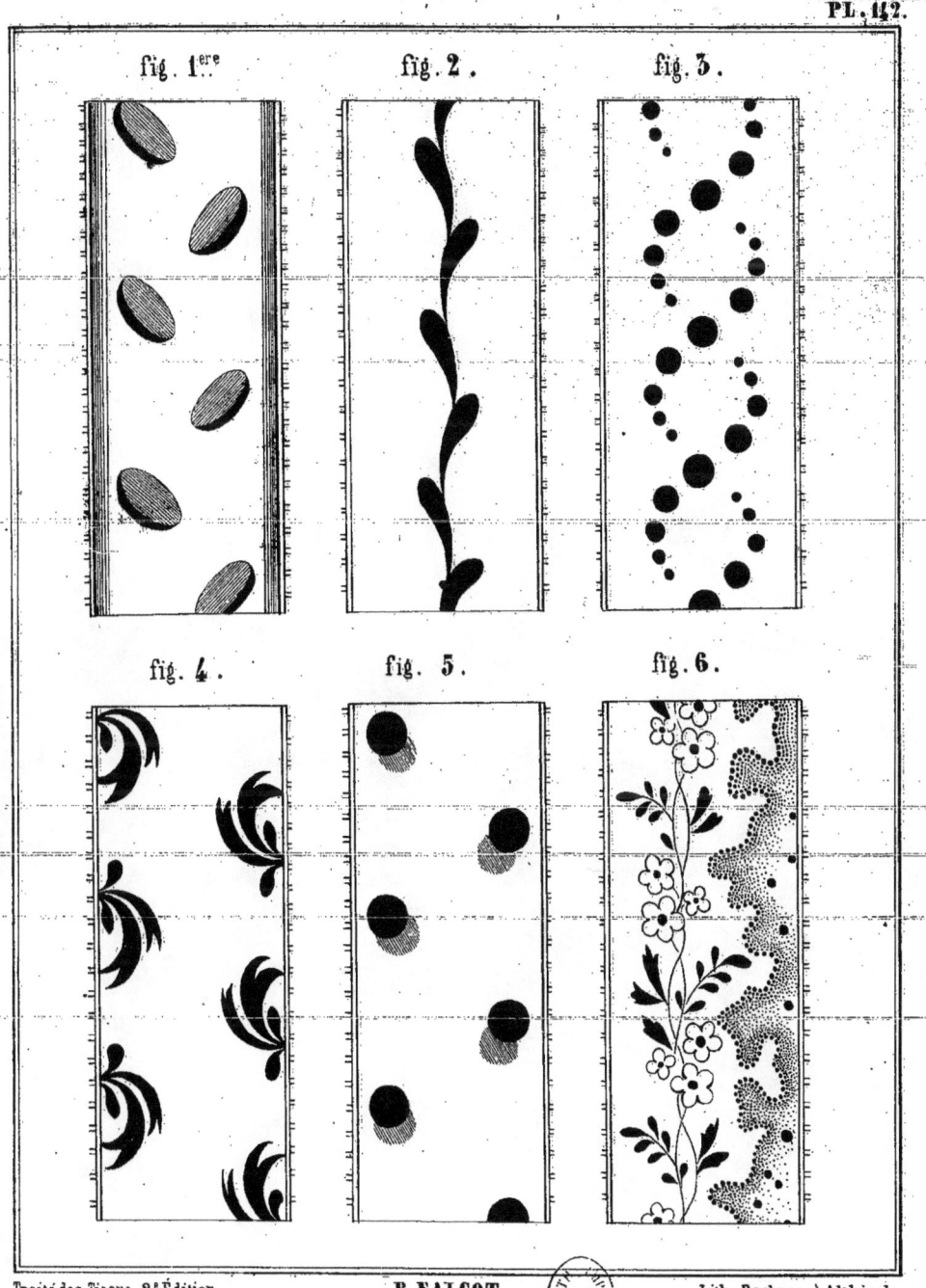

ESQUISSES POUR RUBANS.

PL. 143.

fig. 1ère. fig. 2.

fig. 3. fig. 4.

Traité des Tissus. 2e Édition. P. FALCOT. Lith. Boehrer à Altkirch.

RUBANS.

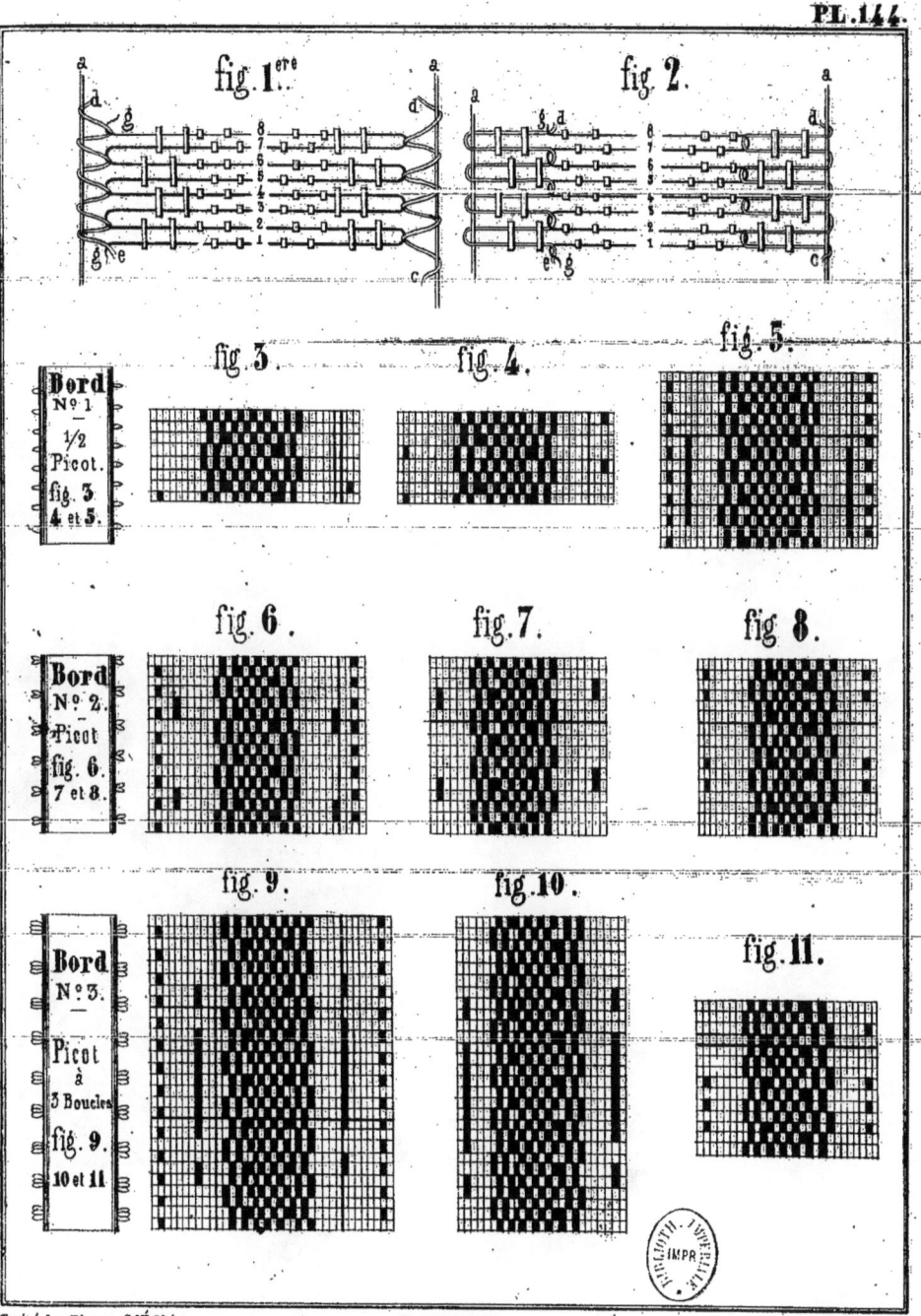

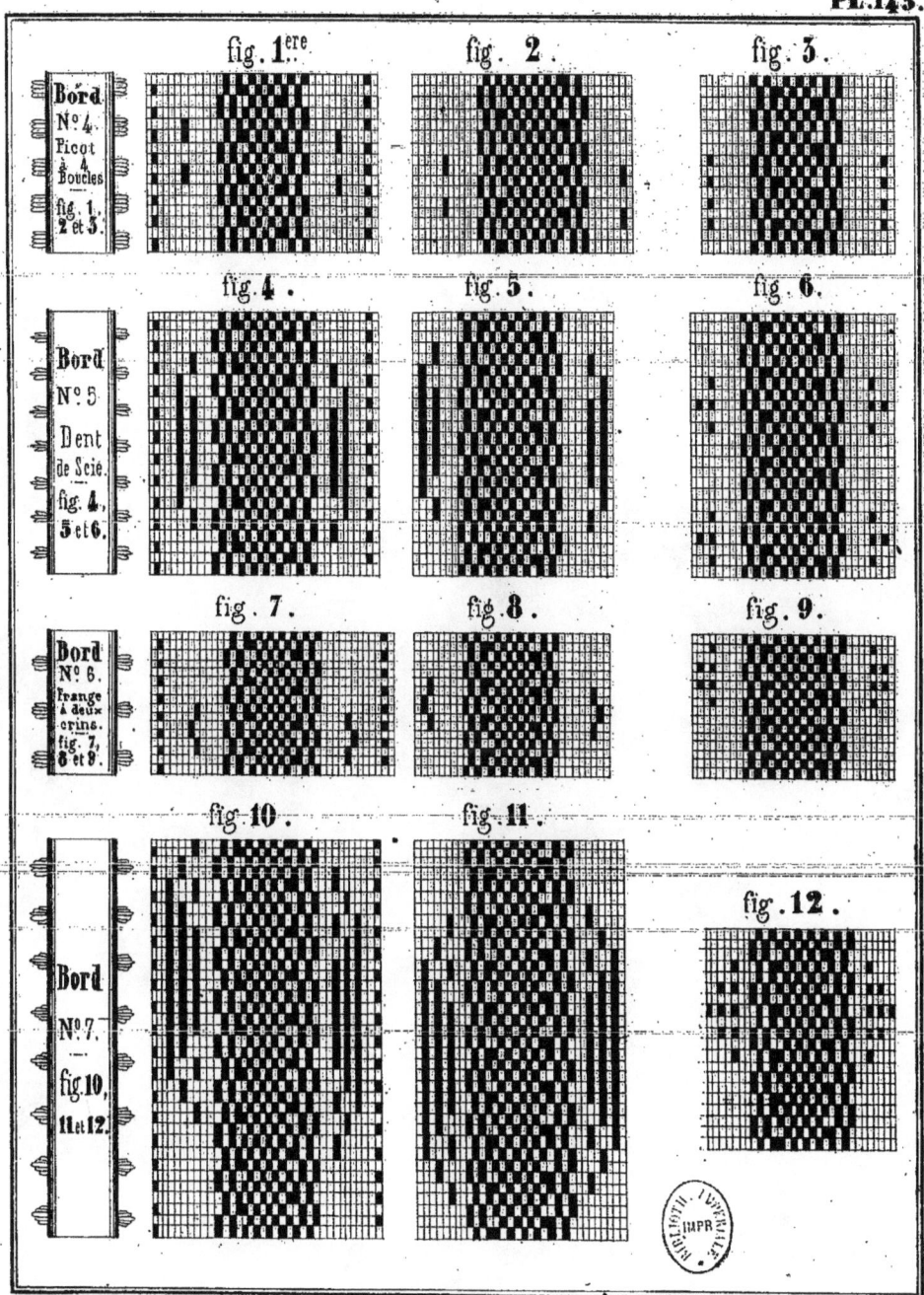

RUBANS.
BORDS dents de Scie.

PL. 146

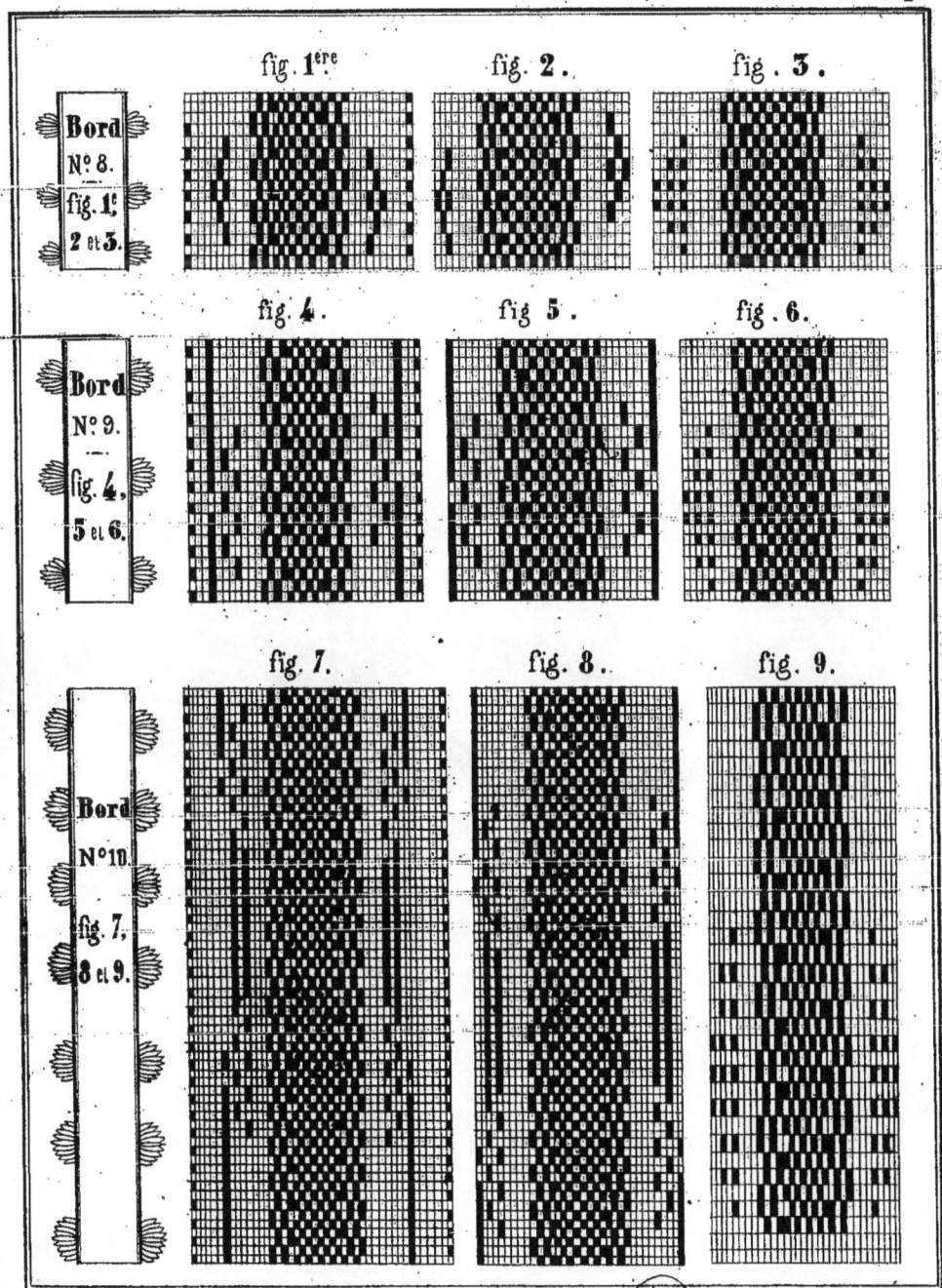

Traité des Tissus. 2.e Édition.   P. FALCOT   Lith. Boehrer à Altkirch.

RUBANS
Engrelures.

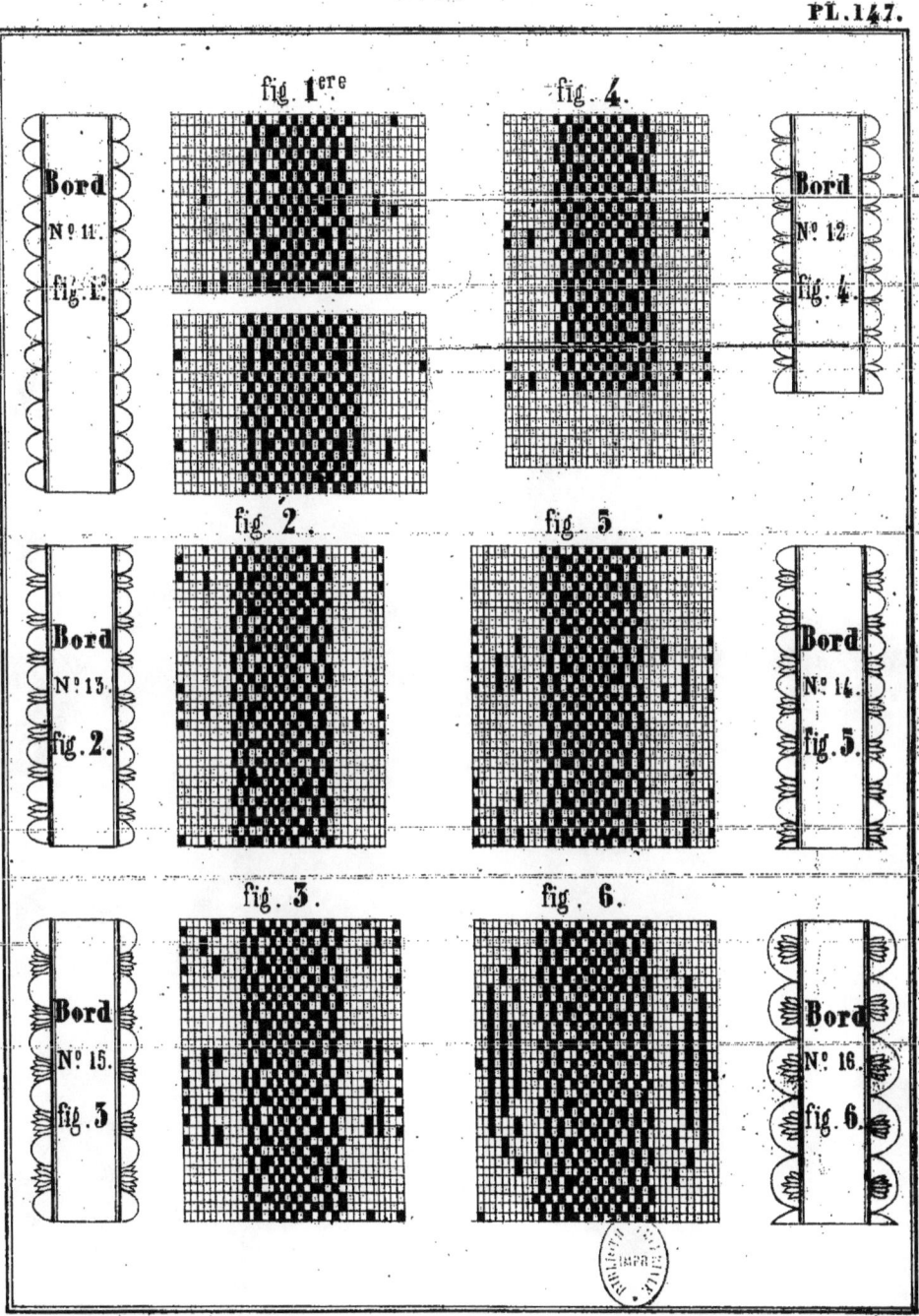

RUBANS
Engrelures.

PL. 148.

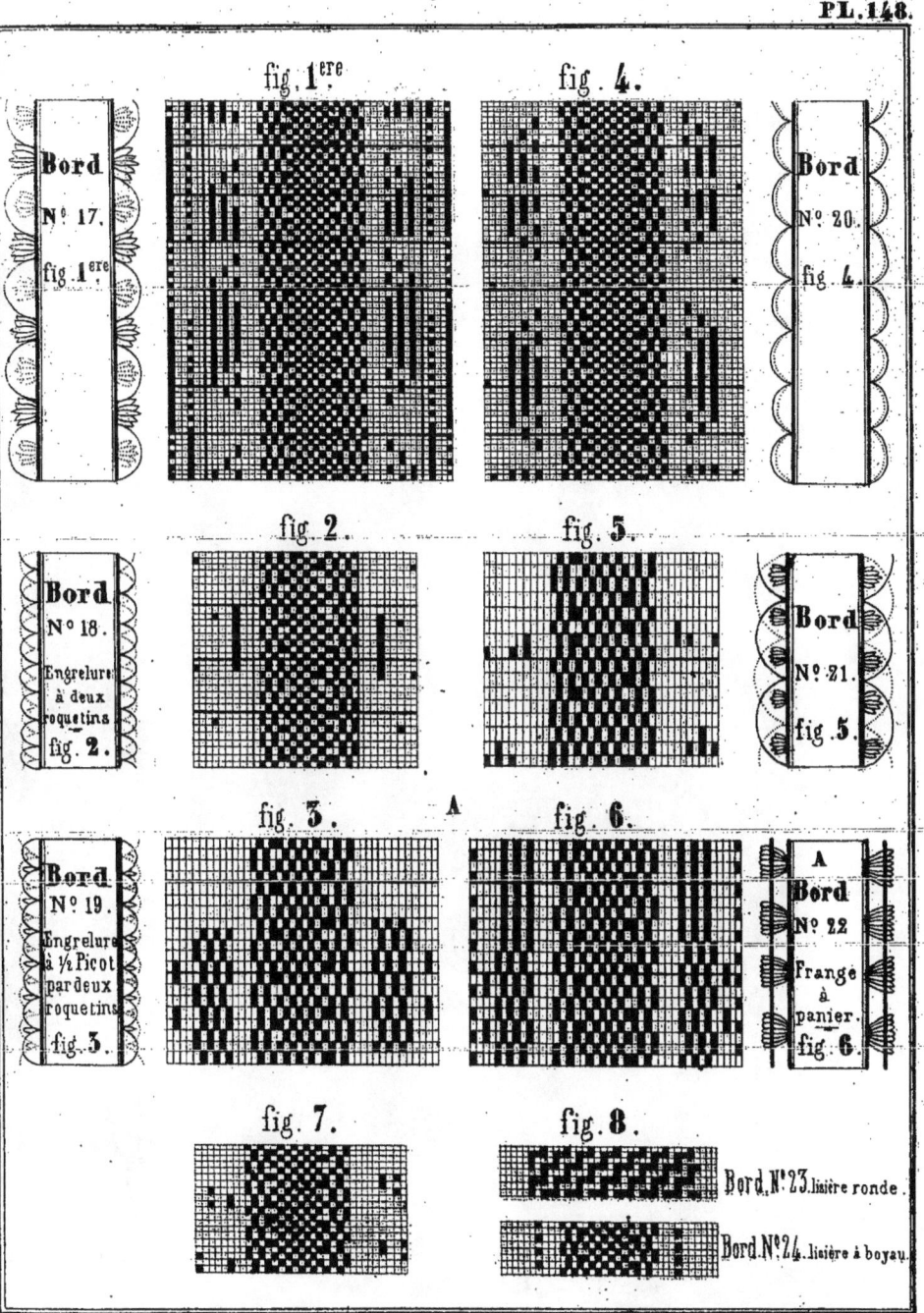

RUBANS. Pl. 149.

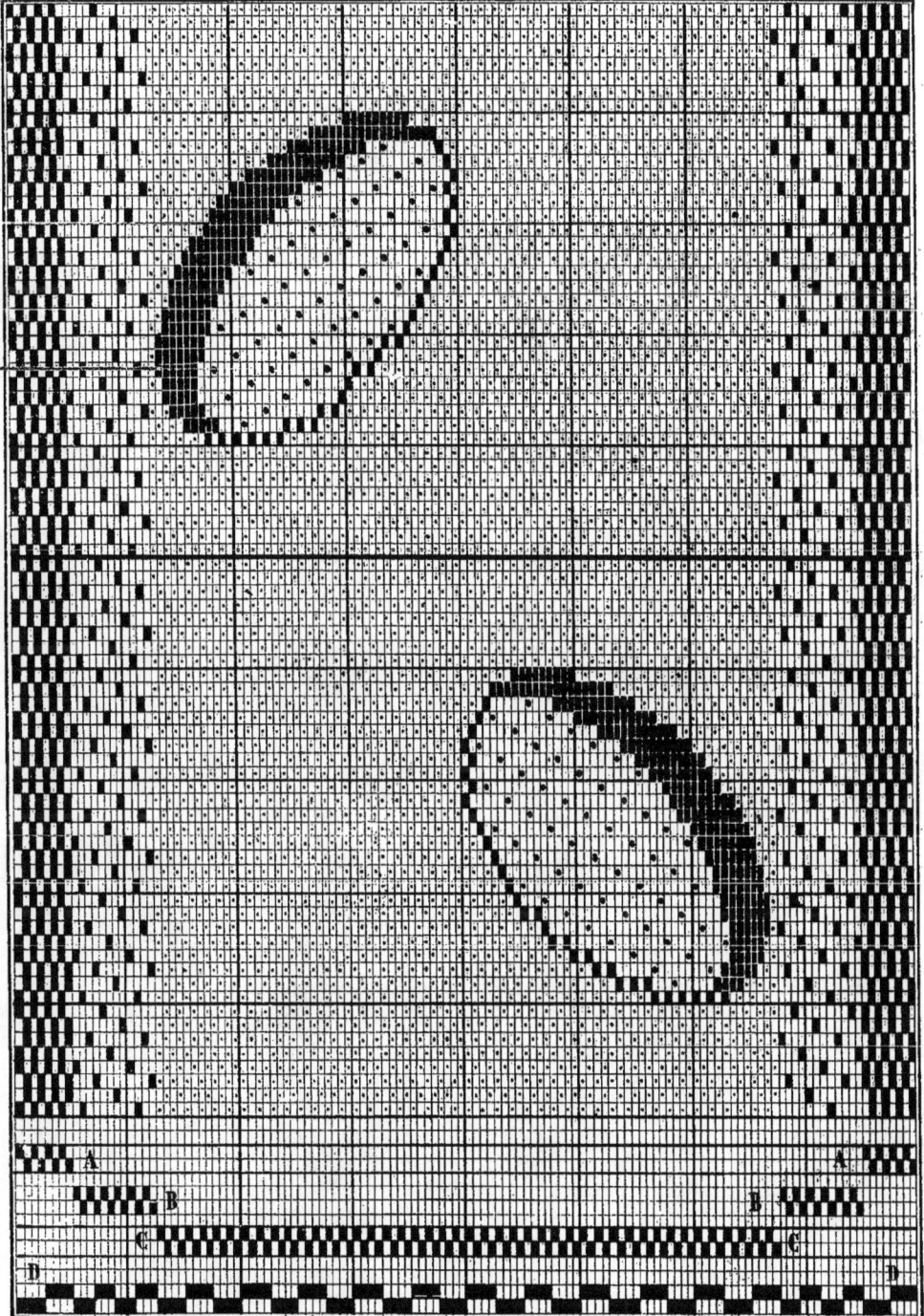

Traité des Tissus. 2.ᵉ Édition. — P. FALCOT. — Lith. Boehrer à Altkirch.

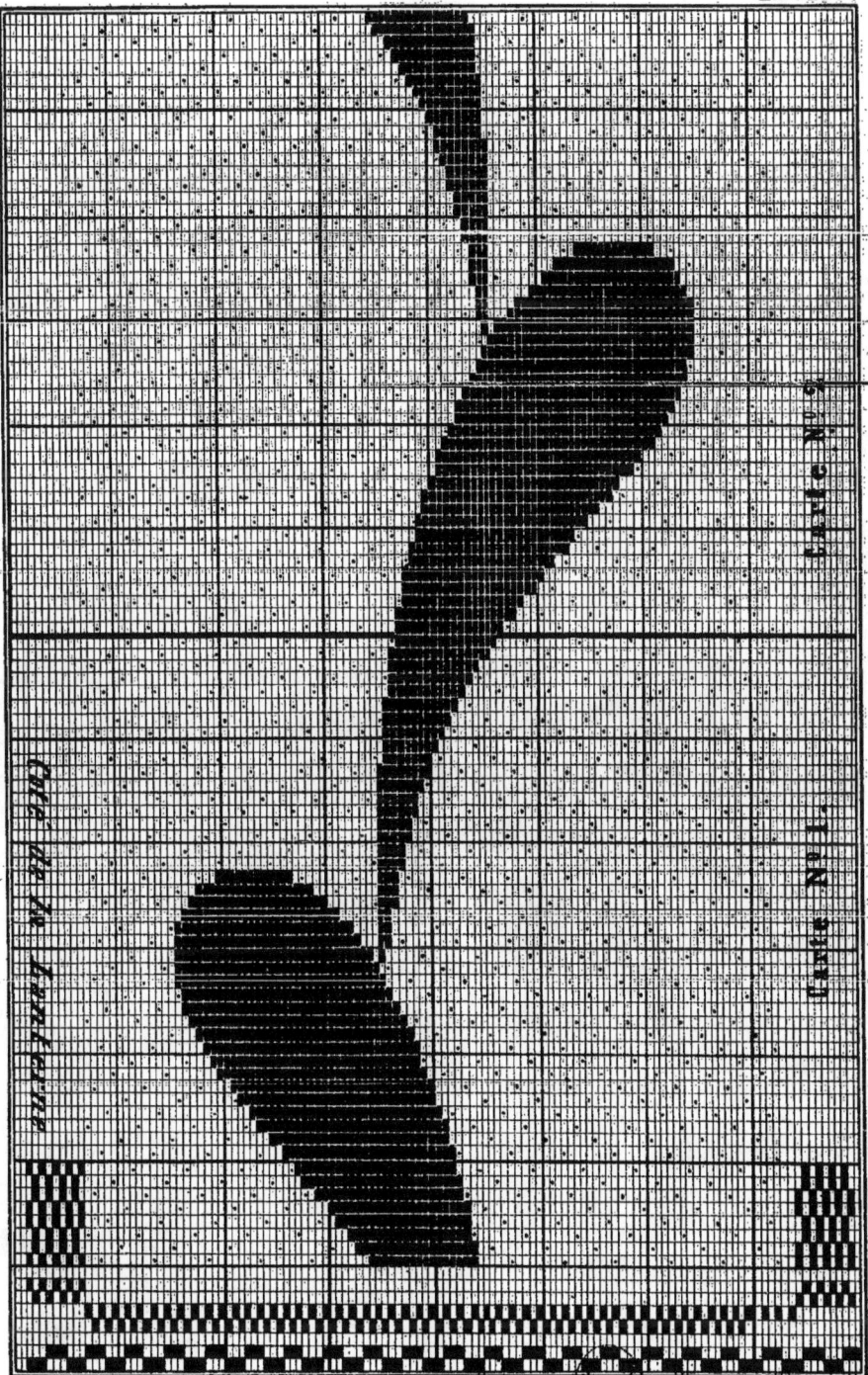

RUBANS.

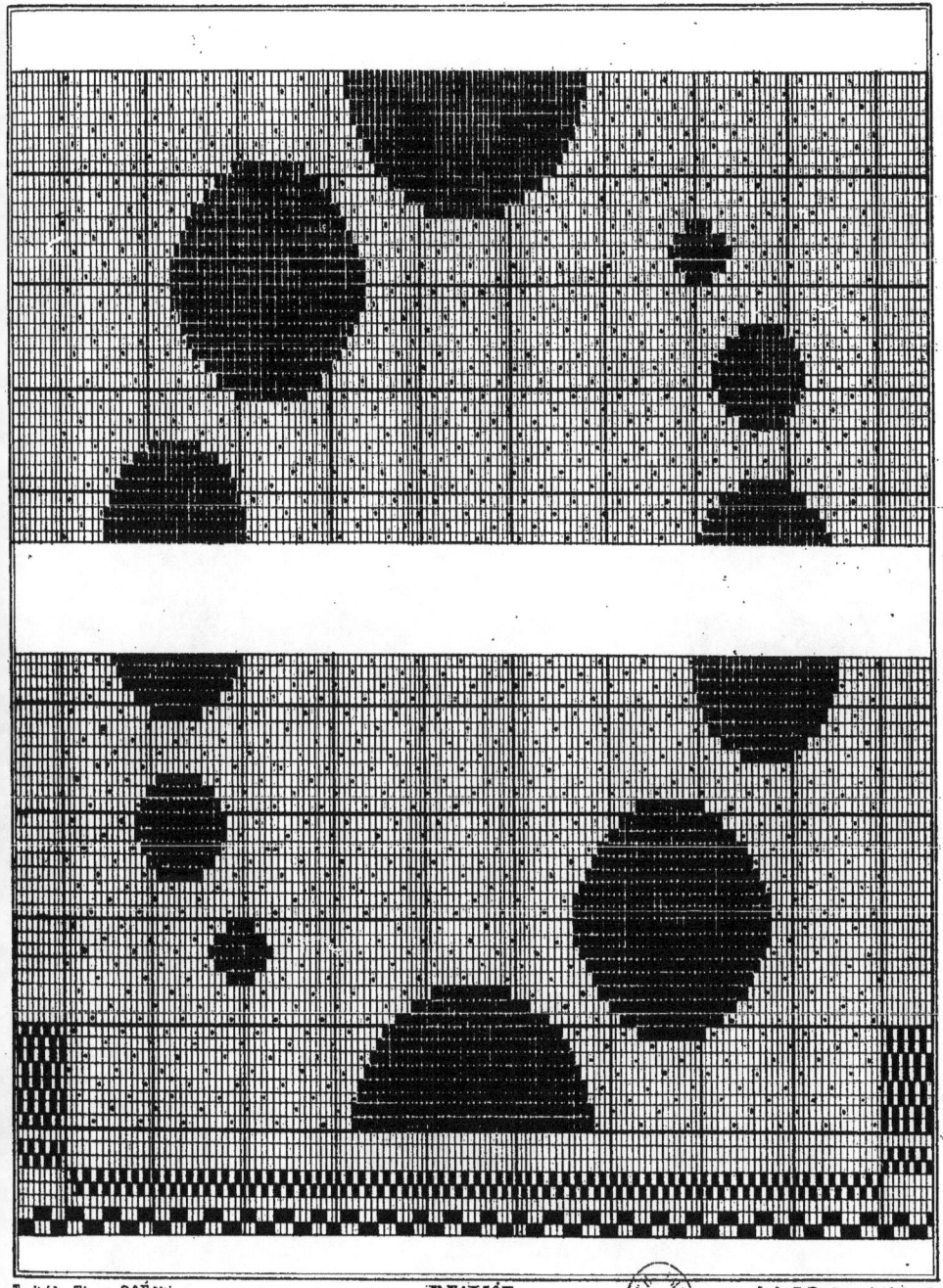

Traité des Tissus. 2.ᵉ Édition.   P. FALCOT.   Lith. B. Boehrer à Altkirch.

RUBANS.

PL. 152.

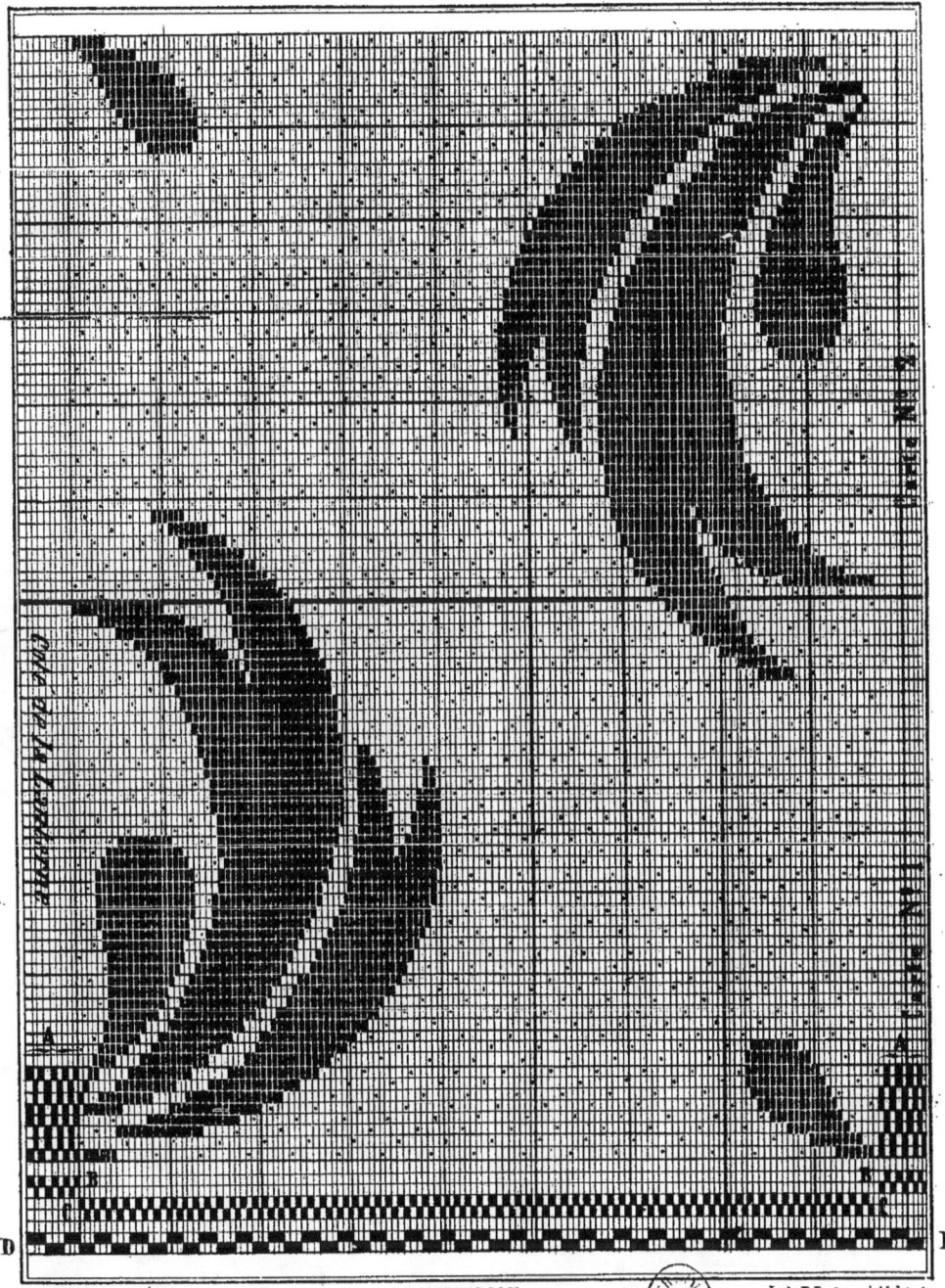

Traité des Tissus, 2.ᵉ Édition. P. FALCOT. Lith. B. Boehrer à Altkirch.

RUBANS.

PL. 153.

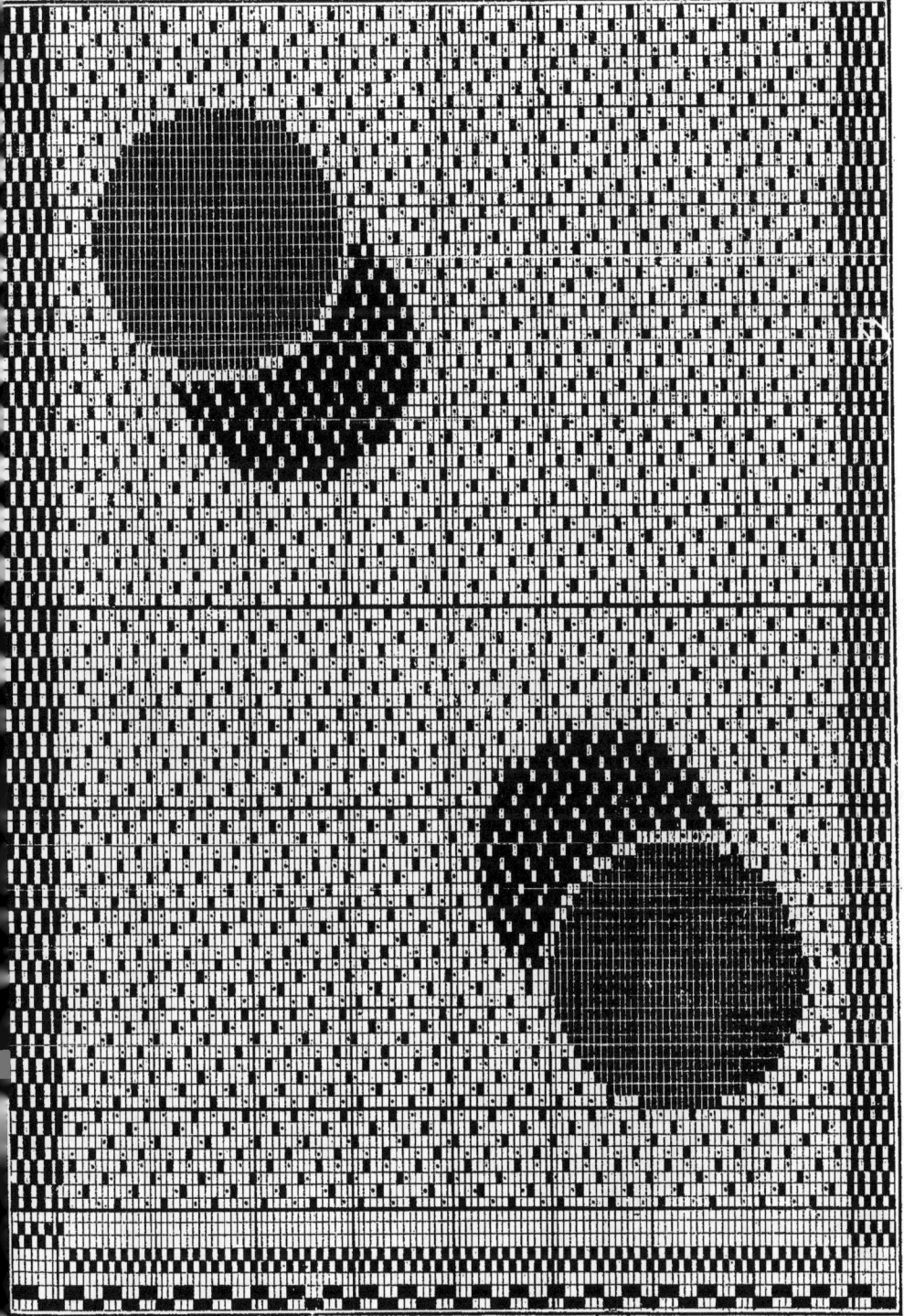

Traité des Tissus, 2.e Edition.   P. FALCOT.   Lith. Boehrer à Altkirch.

PAPIERS DIVERS
pour la mise en carte.

PL. 154

fig 1ère	fig. 2.	fig. 3.	fig. 4
8 en 8. Briqueté.	10 en 10. Briqueté.	8 en 7. Briqueté.	10 en 8. Briqueté.
fig. 5.	fig. 6.	fig. 7.	fig. 8.
10 en 9. Briqueté.	14 en 10. Briqueté.	10 en 8. Grillet.	10 en 10. Grillet.
fig. 9.	fig. 10.	fig. 11.	fig. 12.
10 en 9. Grillet.	12 en 8. Grillet.	16 en 10. Grillet.	Satin 8 lisses sur taffetas.
fig. 13.	fig. 14.	fig. 15.	fig. 16.
14 en 8. Grillet.	12 en 12. trois lisses.	18 en 12. trois lisses.	10 en 10. Diagonale.
fig. 17.	fig. 18.	fig. 19.	fig. 20.
17 en 10. Grillet.	Dentelle.	Diagonale.	4 en 8. Tulle.

Traité des Tissus. 2ᵉ Édition.   **P. FALCOT.**   Lith. Boehrer à Altkirch.

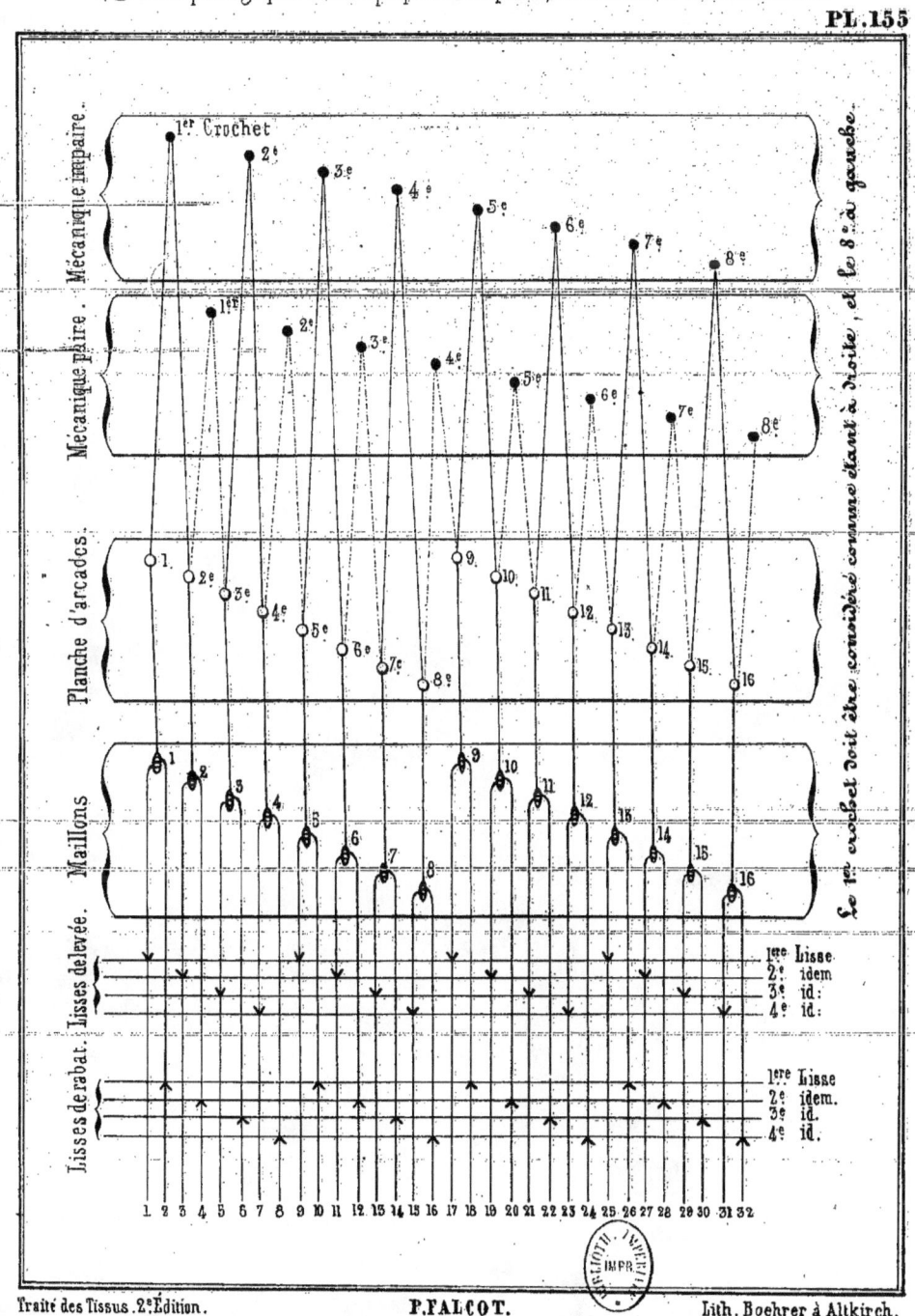

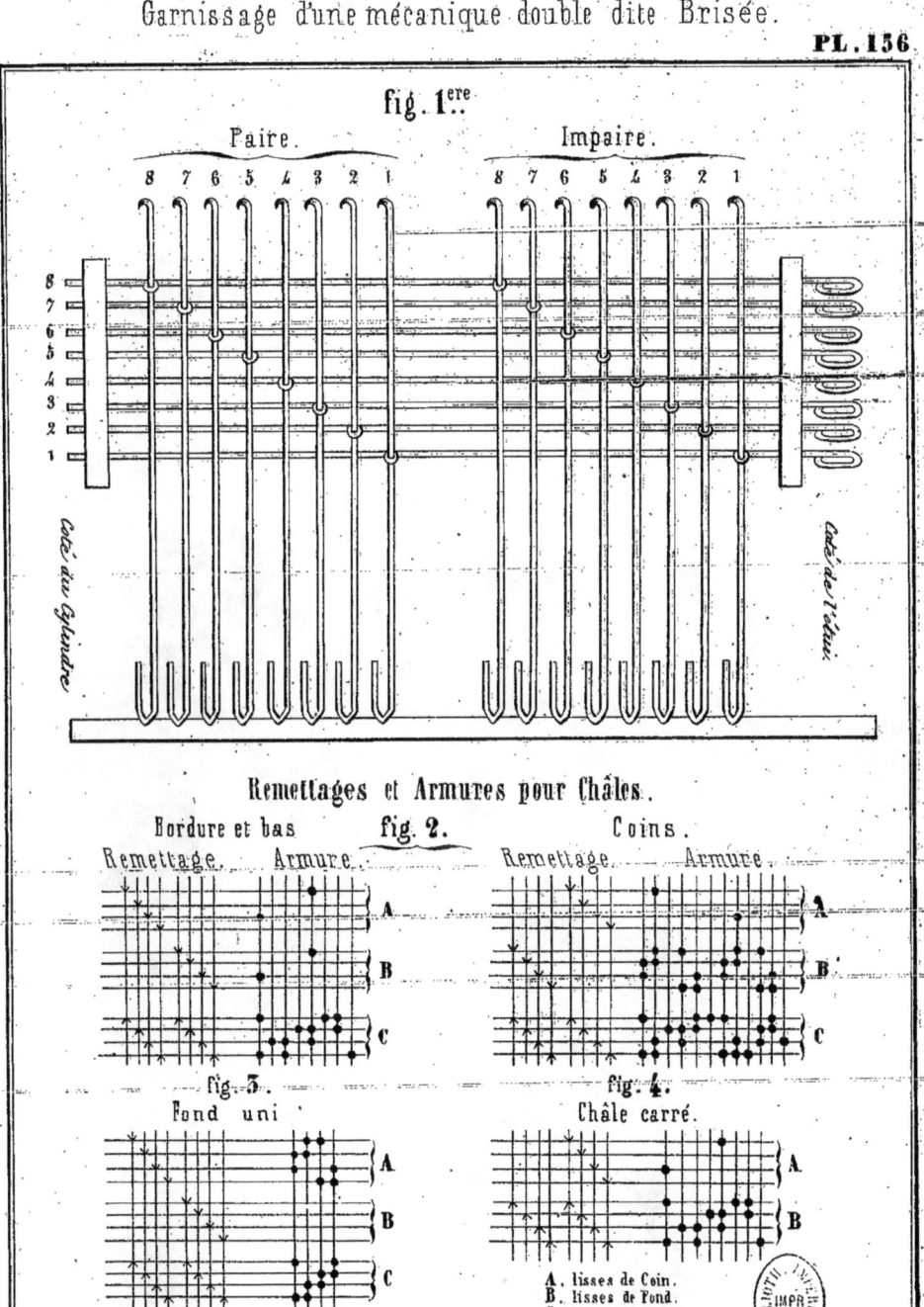

CHÂLES.
Empoutage à planchettes.

PL. 157.

Traité des Tissus. 2ᵉ Édition. — P. FALCOT. — Lith. Boehrer à Altkirch.

CHÂLES.

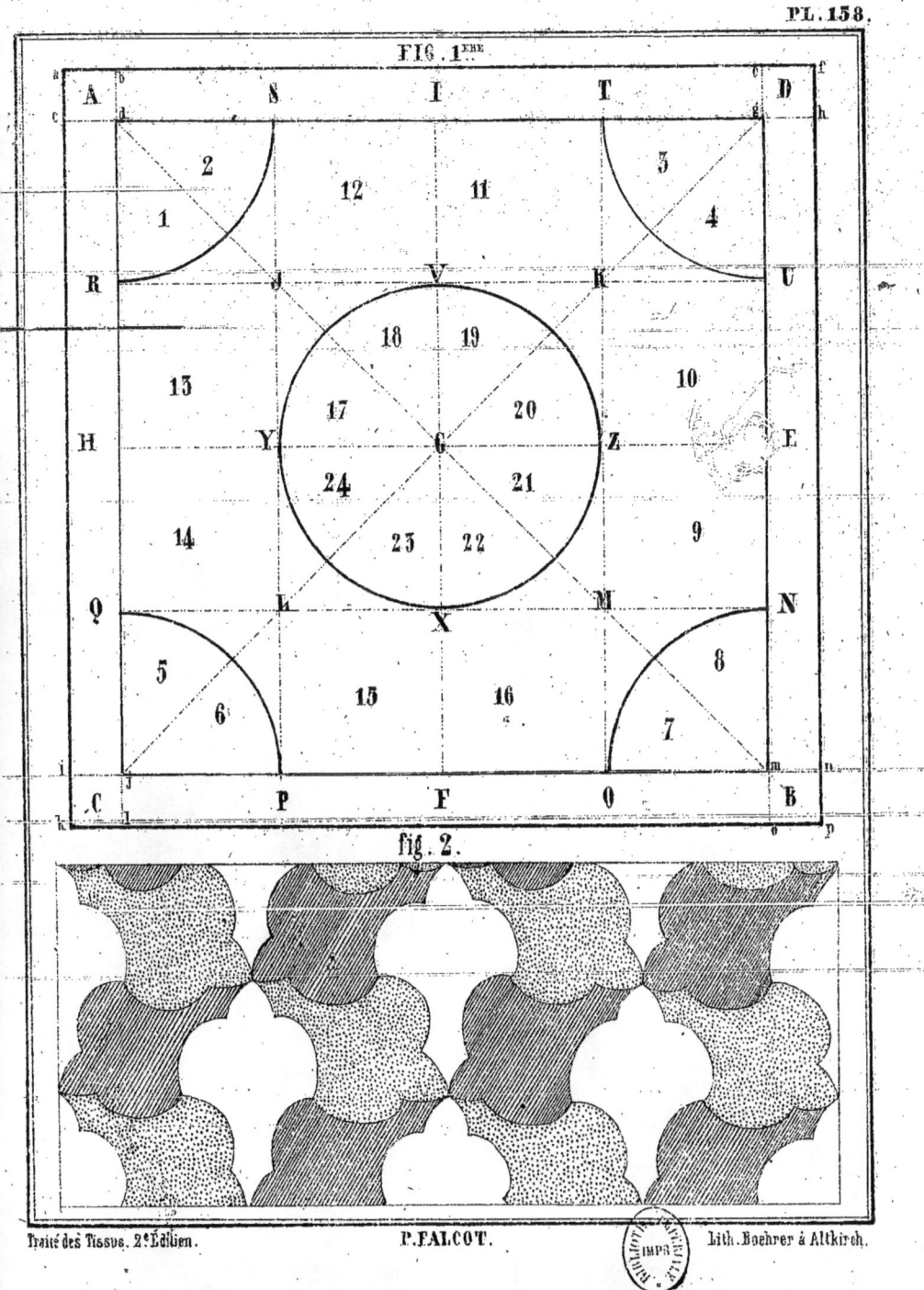

ESQUISSES DIVERSES.

DÉROULAGE

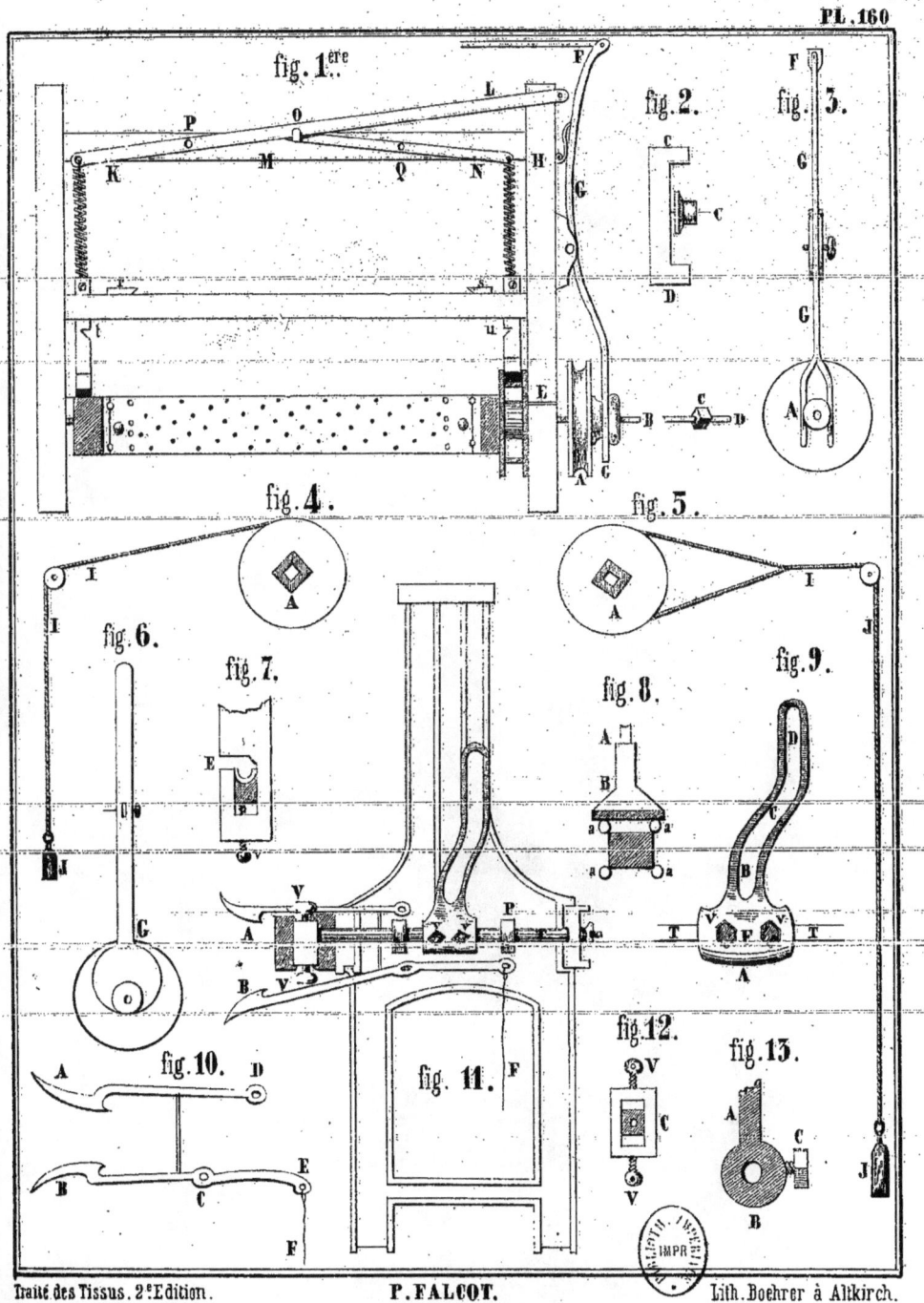

Traité des Tissus. 2.ᵉ Edition. — P. FALCOT. — Lith. Boehrer à Altkirch.

CHÂLES.
Résultat du renversement des Cartons.

PL. 161

fig. 1ère

Mécanique impaire — Mécanique paire.

A B   C D

(derrière)   (devant)

fig. 2.

D C   B A

fig. 3.

Emplacement de la Bordure.

O — R — P

Bordure.   M — N   Bordure.

K — Q — L

Emplacement de la Bordure.

Traité des Tissus. 2e Édition.   P. FALCOT.   Lith. Boehrer à Altkirch.

EMPOUTAGE POUR CHÂLE,

dont les arcades des coins tirent à chemins et à pointes.

PL. 162.

A,A, Planchettes empoutées à pointes.   B,B, Planchettes empoutées à chemins.

Traité des Tissus. 2.e Edition.   **P. FALCOT.**   Lith. Boehrer à Altkirch.

CHÂLE AU QUART.

Empoutage pour mécanique impaire et mécanique paire avec lisses de levée et lisses de rabat.

PL. 165.

A, Coté de la lanterne. B, Mécanique impaire. C, Méc. paire. D, Méc. armure. E, Sergé de quatre. F, Batavia. G, Fond.
H, Lisses de levée. I, Lisses de rabat. J, Brique. K, Demi-brique. *a a*, Coups de fond. *bb* Coups de lancé.

Traité des Tissus. 2.e Édition.   P. FALCOT.   Lith. Boehrer à Altkirch.

ESQUISSES DIVERSES.

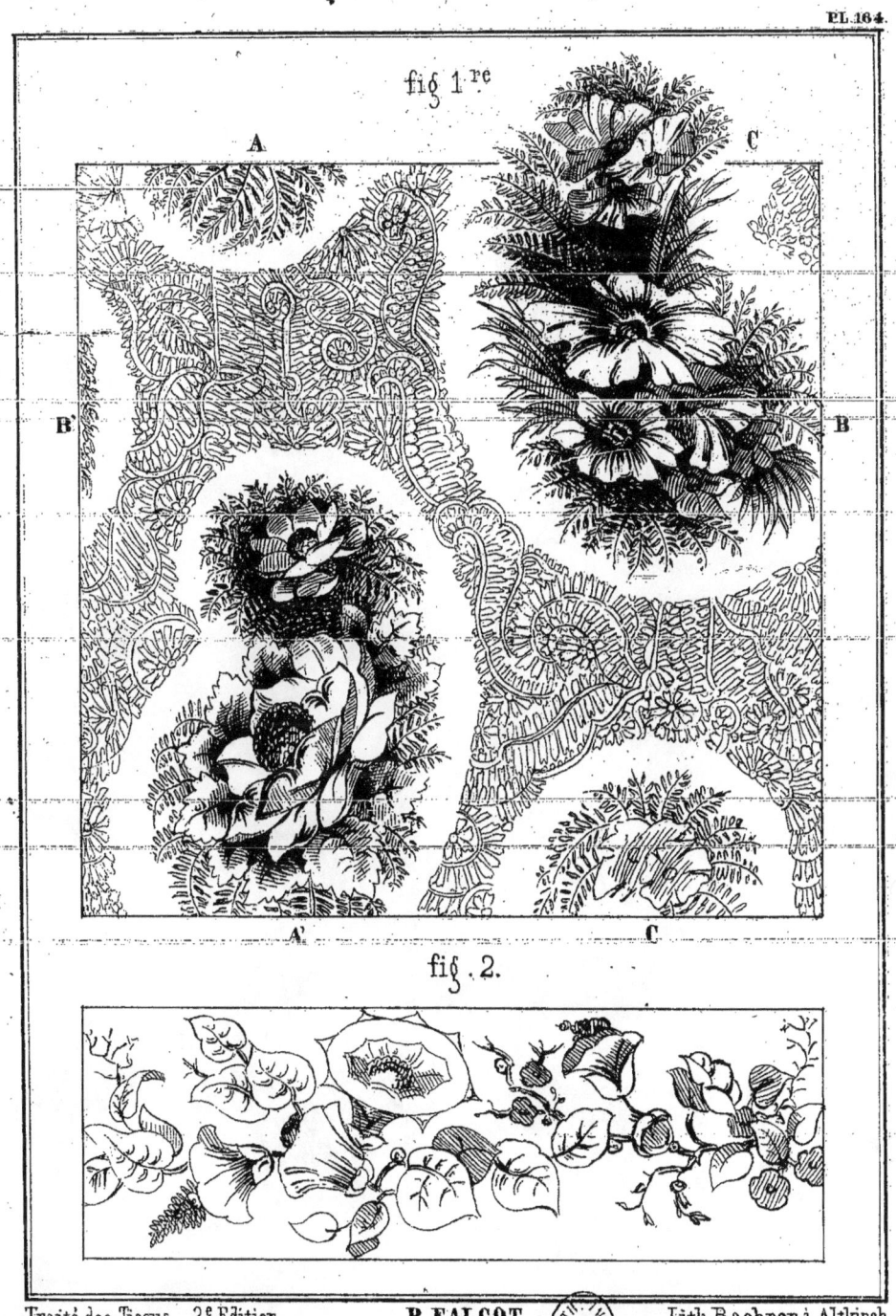

fig 1.re

fig. 2.

Traité des Tissus. 2.e Édition.   **P. FALCOT.**   Lith. Boehrer à Altkirch.

ESQUISSE POUR CHÂLES.

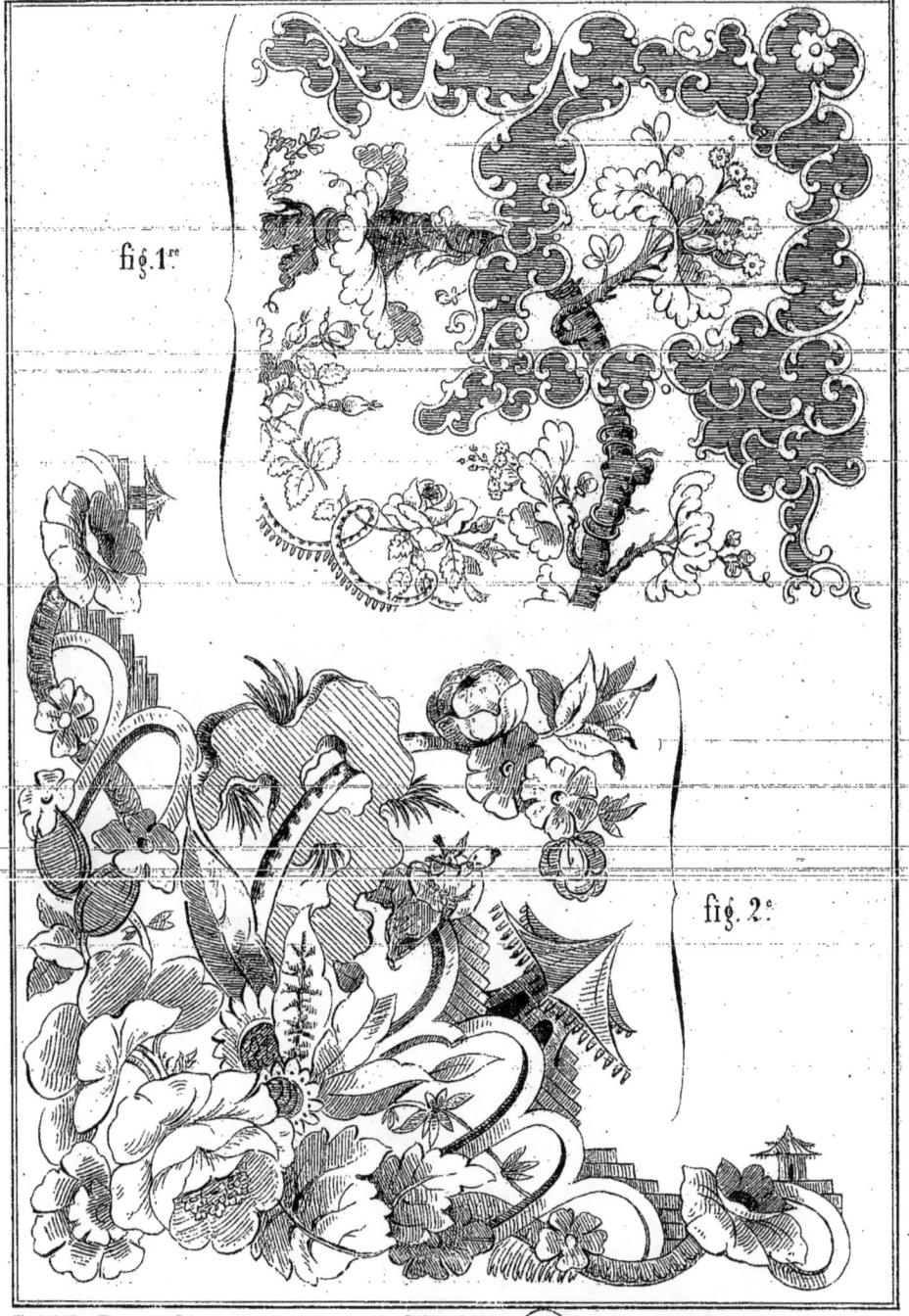

fig. 1.re

fig. 2.e

ESQUISSE POUR TATOUÉS.

PL. 166.

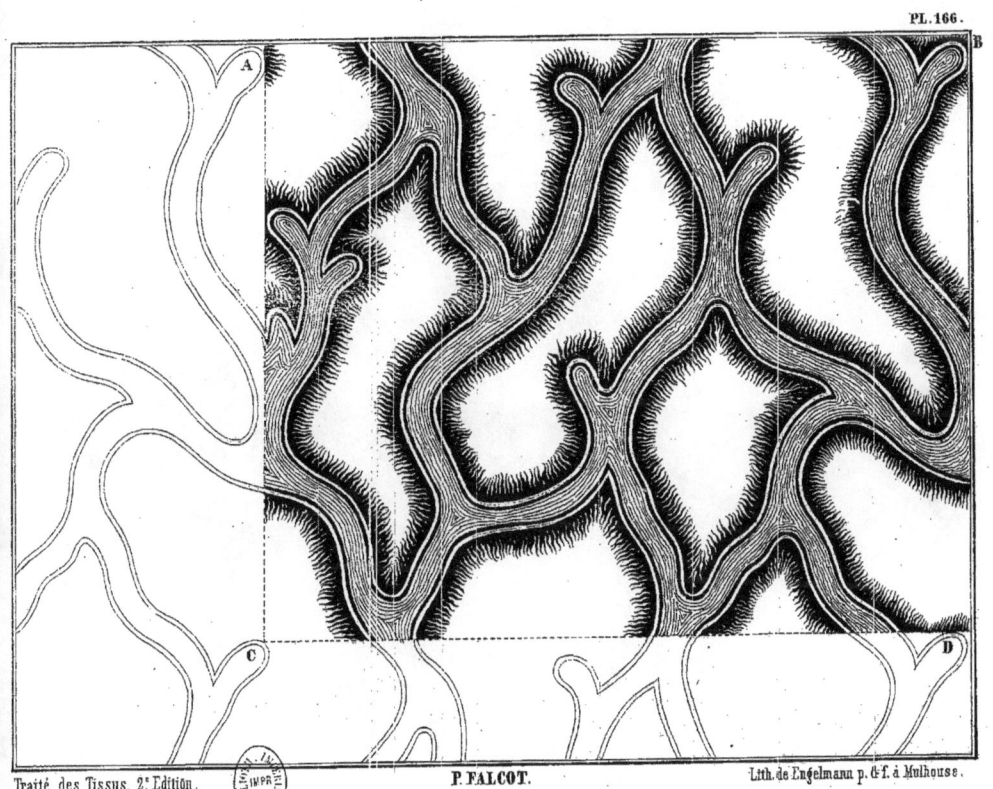

Traité des Tissus. 2.º Edition.   P. FALCOT.   Lith. de Engelmann p. & f. à Mulhouse.

CHÂLE.
Scapulaire d'un Châle long.

PL. 168.

Traité des Tissus. 2.ᵉ Édition. — P. FALCOT. — Lith. Boehrer à Altkirch.

CHÂLE LONG.
Scapulaire empouté à pointe & retour.

Pl. 169.

Traité des Tissus. 2.ᵉ Édition.

P. FALCOT.

Lith.E.Simon à Strasbourg.

CHÂLE LONG.
Empouté à pointe.

Pl. 170.

Traité des Tissus. 2.ᵉ Édition. P. FALCOT. Lith. E. Simon à Strasbourg.

USTENSILES POUR VELOURS.

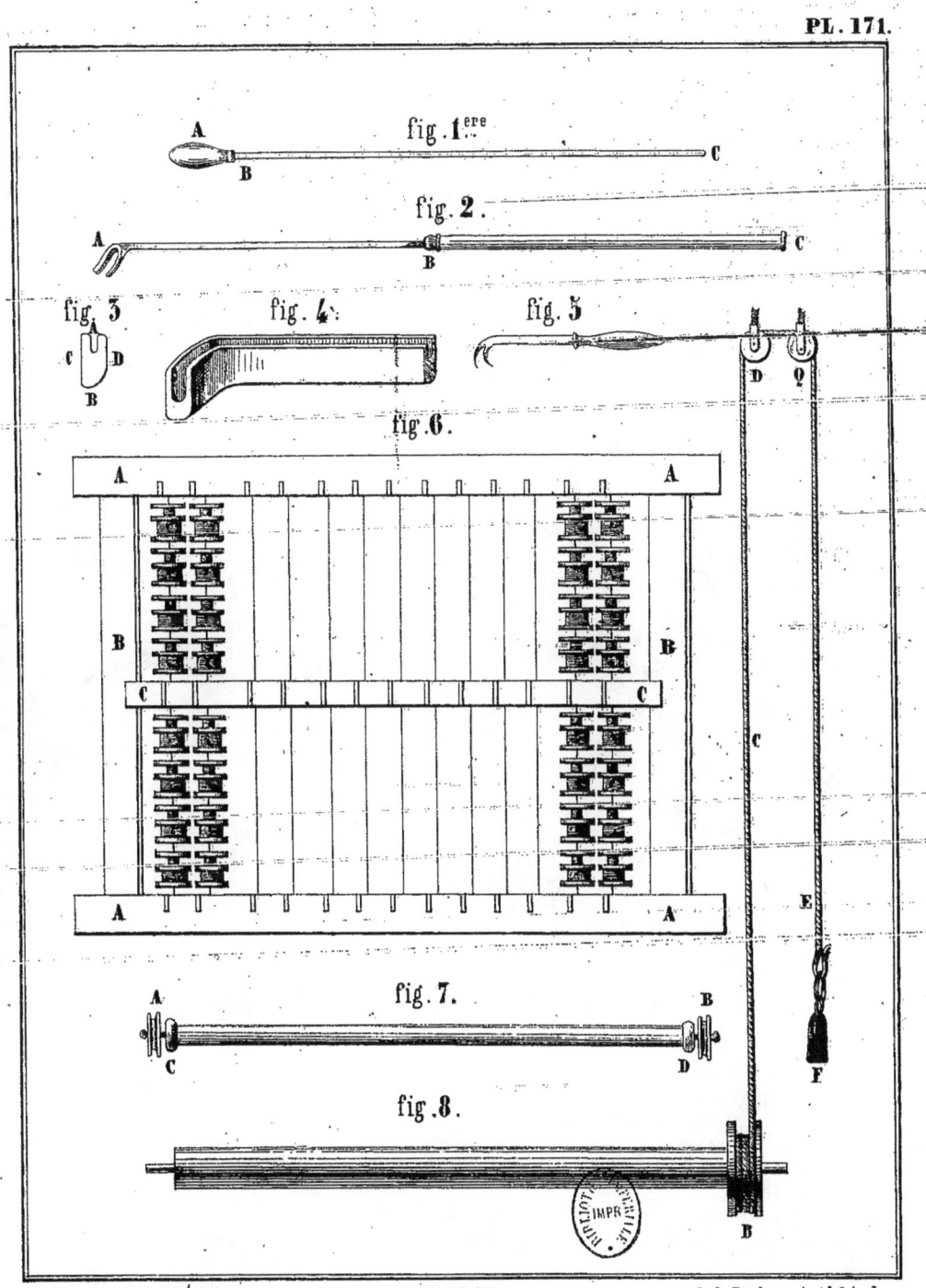

Traité des Tissus. 2.ᵉ Édition.   P. FALCOT.   Lith. Boehrer à Altkirch.

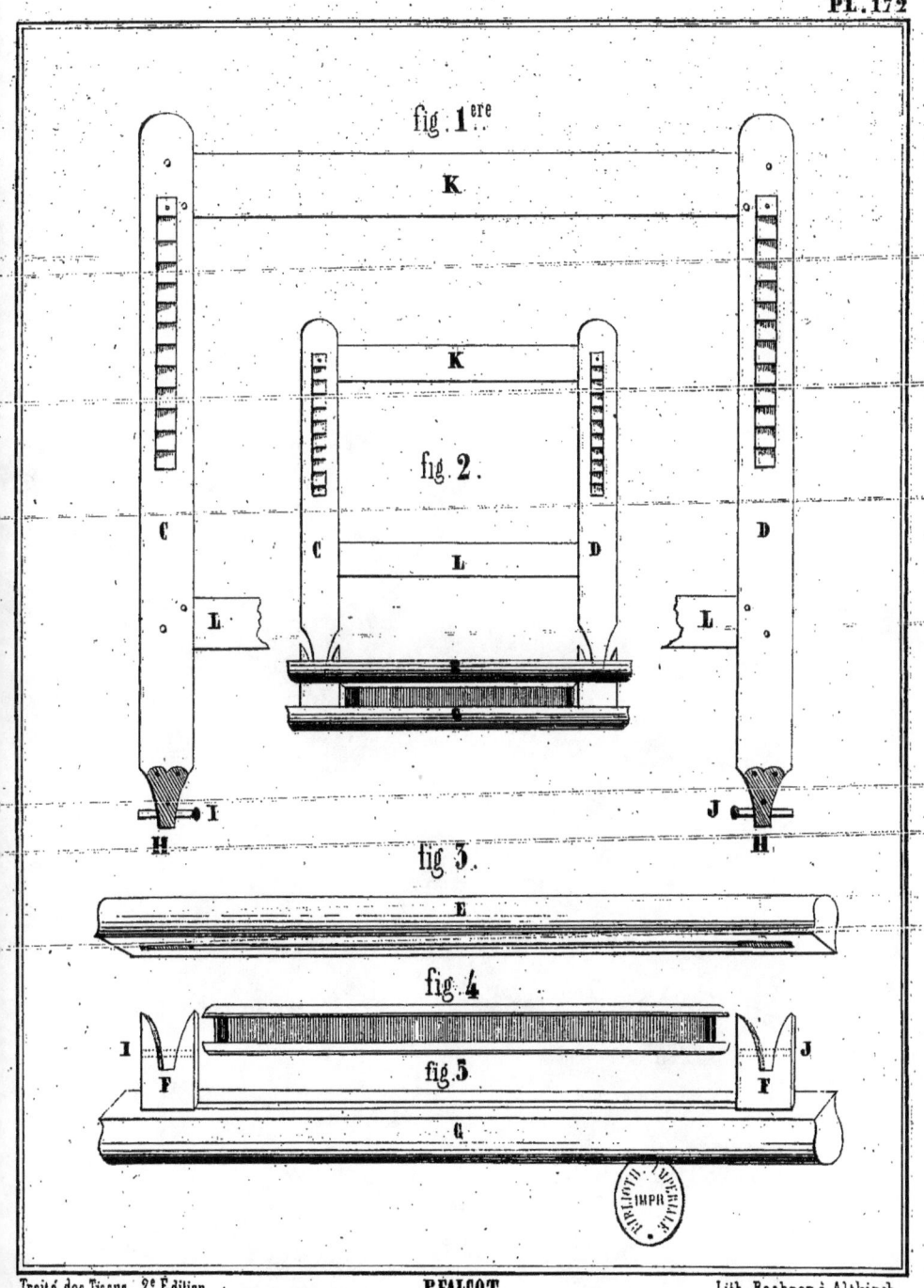

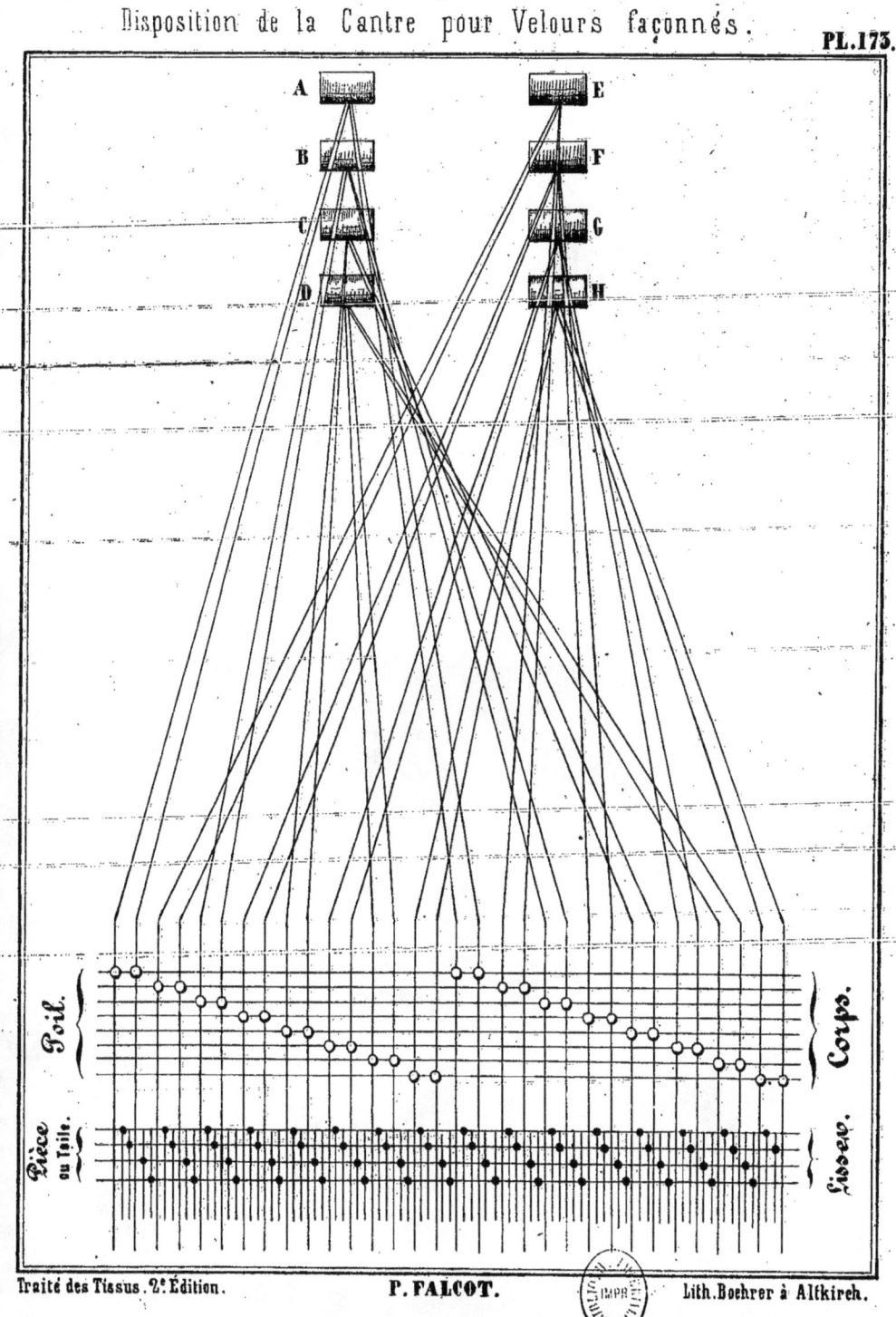

VELOURS
Disposition de la Cantre pour Velours façonnés.

PL. 173.

Traité des Tissus. 2.ᵉ Édition. — P. FALCOT. — Lith. Boehrer à Altkirch.

VELOURS.
Ustensiles. Coupe du Velours-Soie.

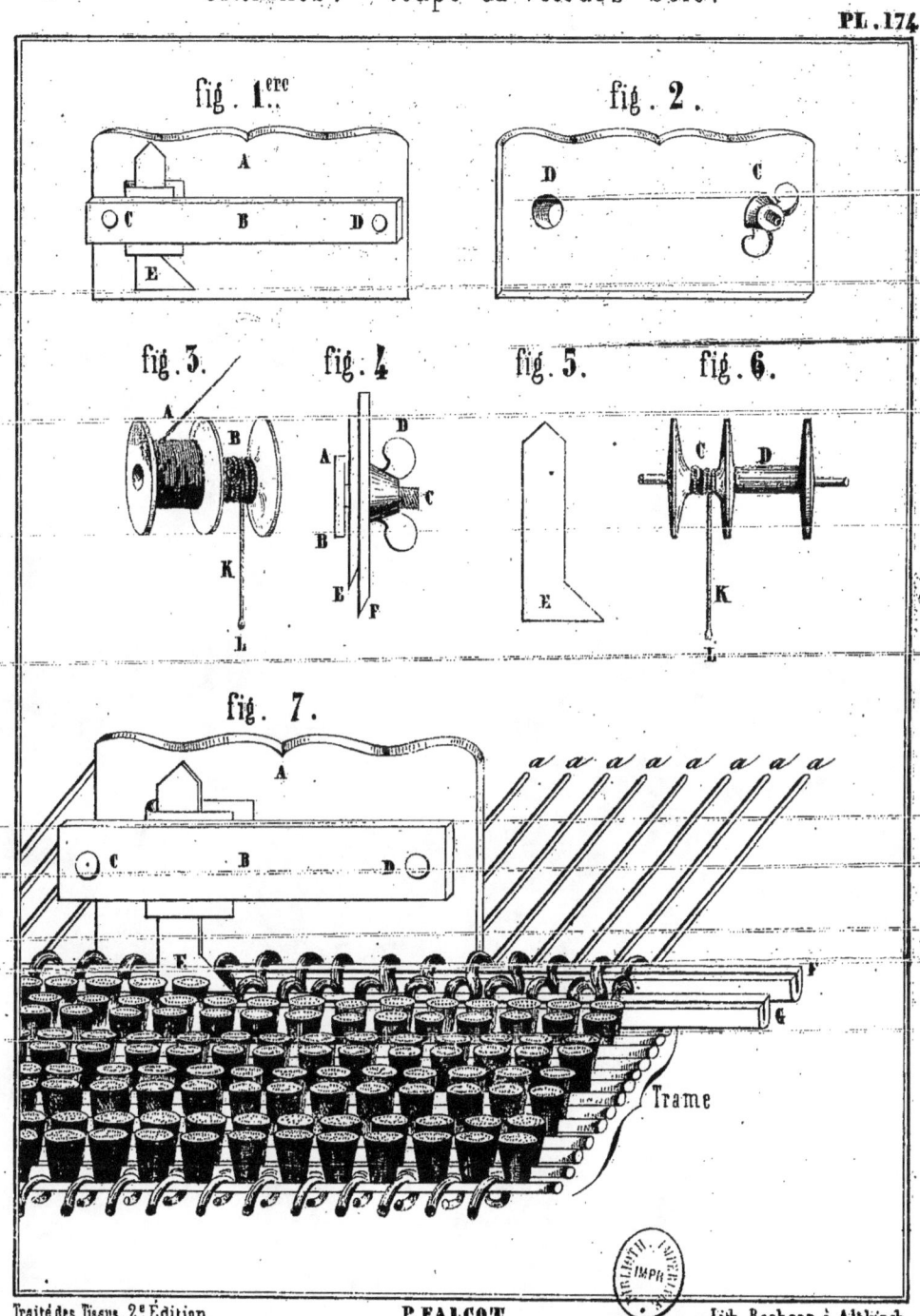

Traité des Tissus. 2ᵉ Édition. P. FALCOT. Lith. Boehrer à Altkirch.

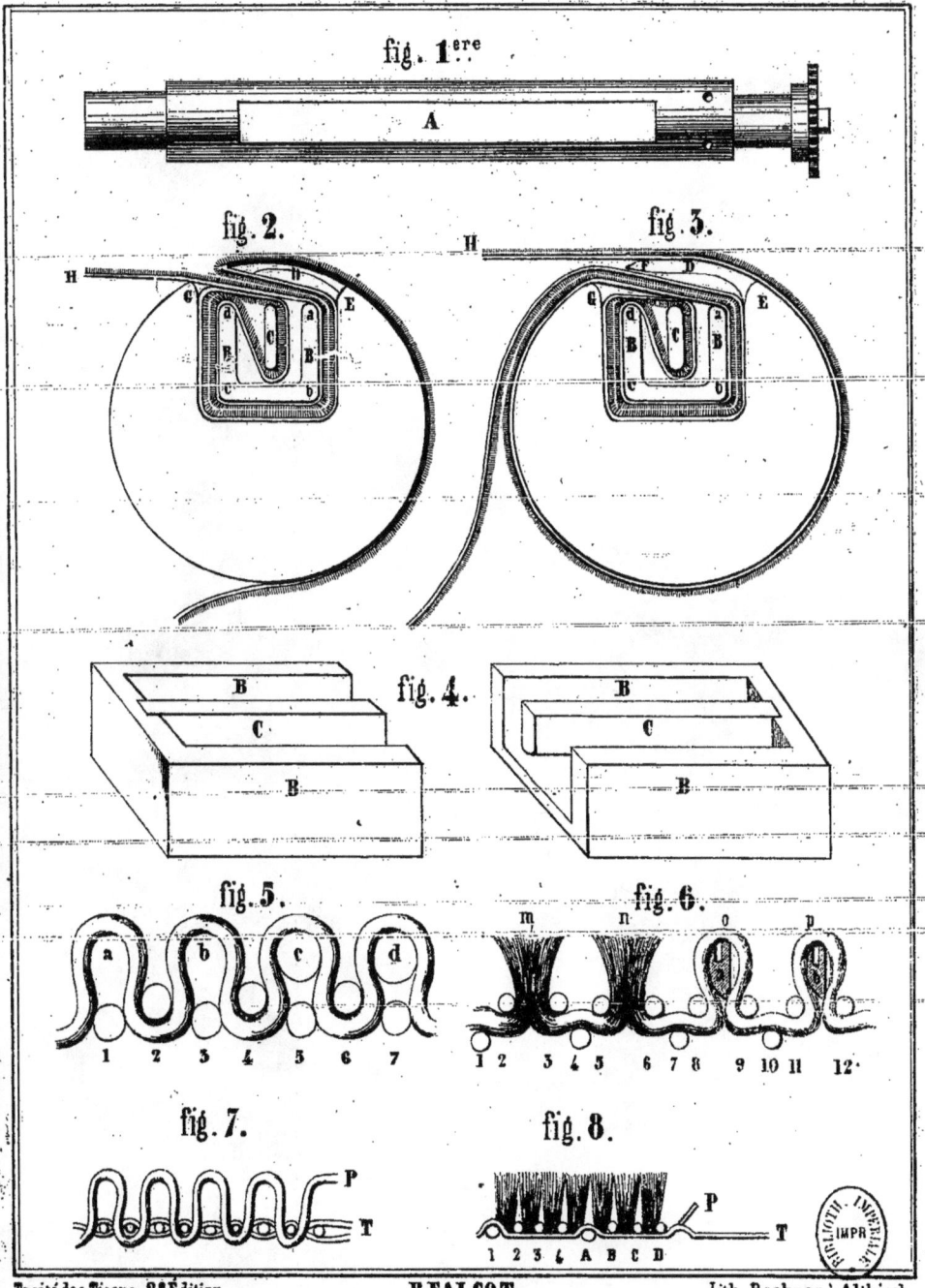

REMETTAGES ET ARMURES
pour velours et peluches.

PL. 176.

fig. 1ère
Velours dit à la Reine
Sur 4 lisses.
Remettage. Armure.

fig. 2.
Velours dit Simulé
Sur 4 lisses.
Remettage. Armure.

fig. 3.
Velours simulé
Sur 3 lisses.
Rem. Arm.

fig. 4.
Peluche
2 Coups sur le fer.
Rem. Arm. — Toile — Poil

fig. 5.
Peluche
3 Coups sur le fer.
Rem. Arm. — Toile — Poil

fig. 6.
Modification de la fig. précédente.
Rem. Arm. — Toile — Poil

fig. 7.
Velours frisé
Sur fond taffetas.
Rem. Arm. — Toile — Poil

fig. 8.
Velours coupé
fond sergé de 4. levée en rabat.
Rem. Arm. — Toile — Poil

Traité des Tissus. 2ᵉ Édition.   P. FALCOT.   Lith. Boehrer, à Altkirch.

ARMURES DIVERSES.

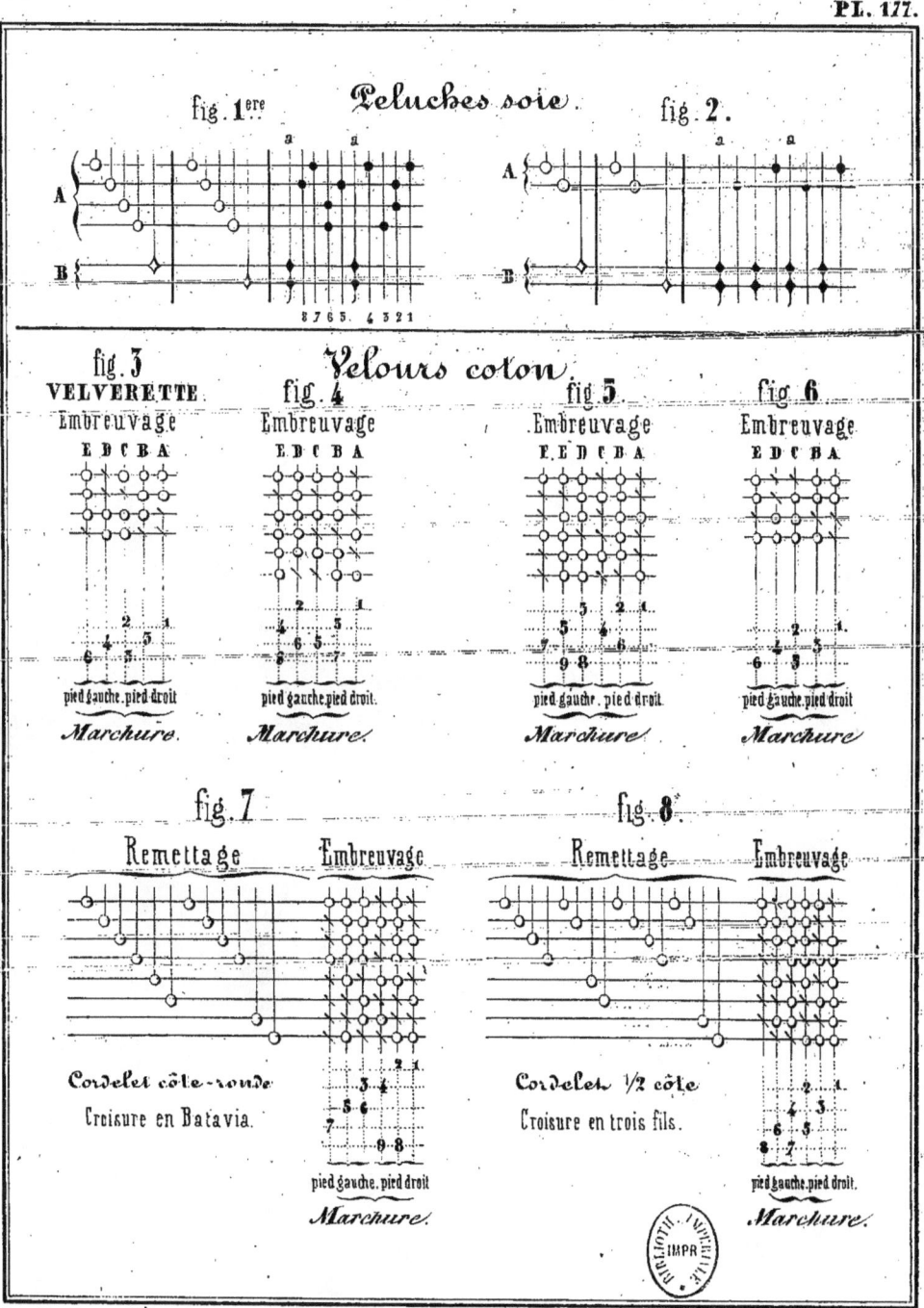

TAPIS.
Manière d'obtenir le velouté.

PL. 178.

Formation du Noeud.   Effet du Tranchefil.

Traité des Tissus. 2ᵉ Édition.   **P. FALCOT.**   Lith. Boehrer à Altkirch.

MÉTIER POUR TAPIS.

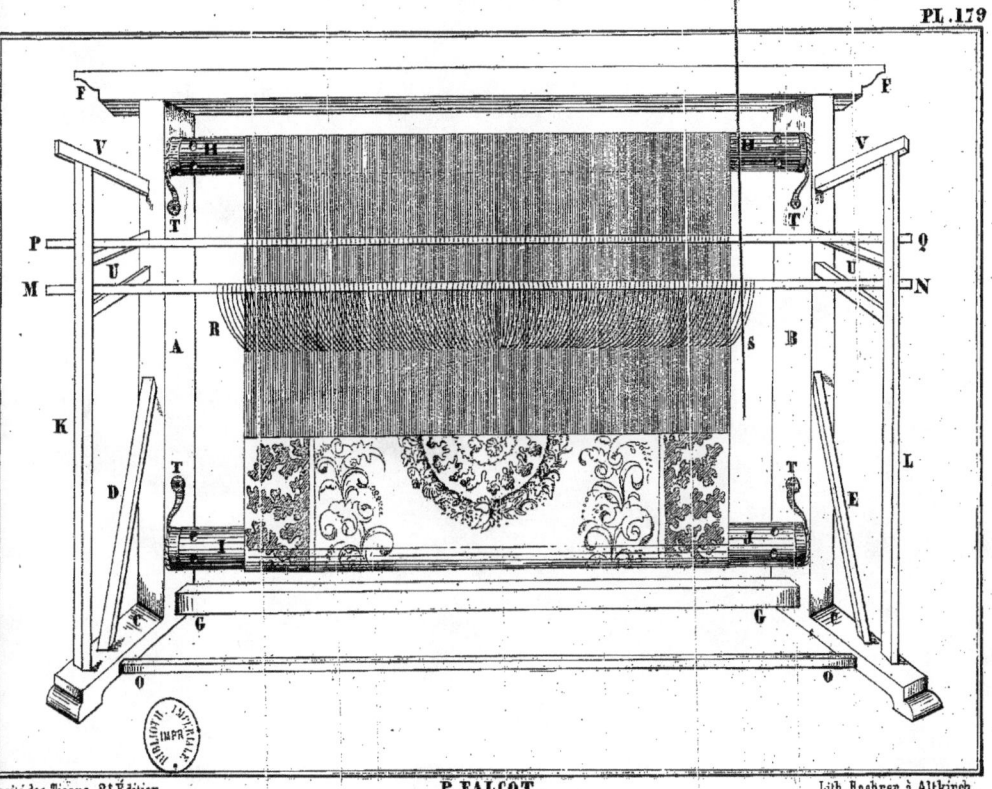

Traité des Tissus. 2.ᵉ Édition. P. FALCOT. Lith. Boehrer à Altkirch.

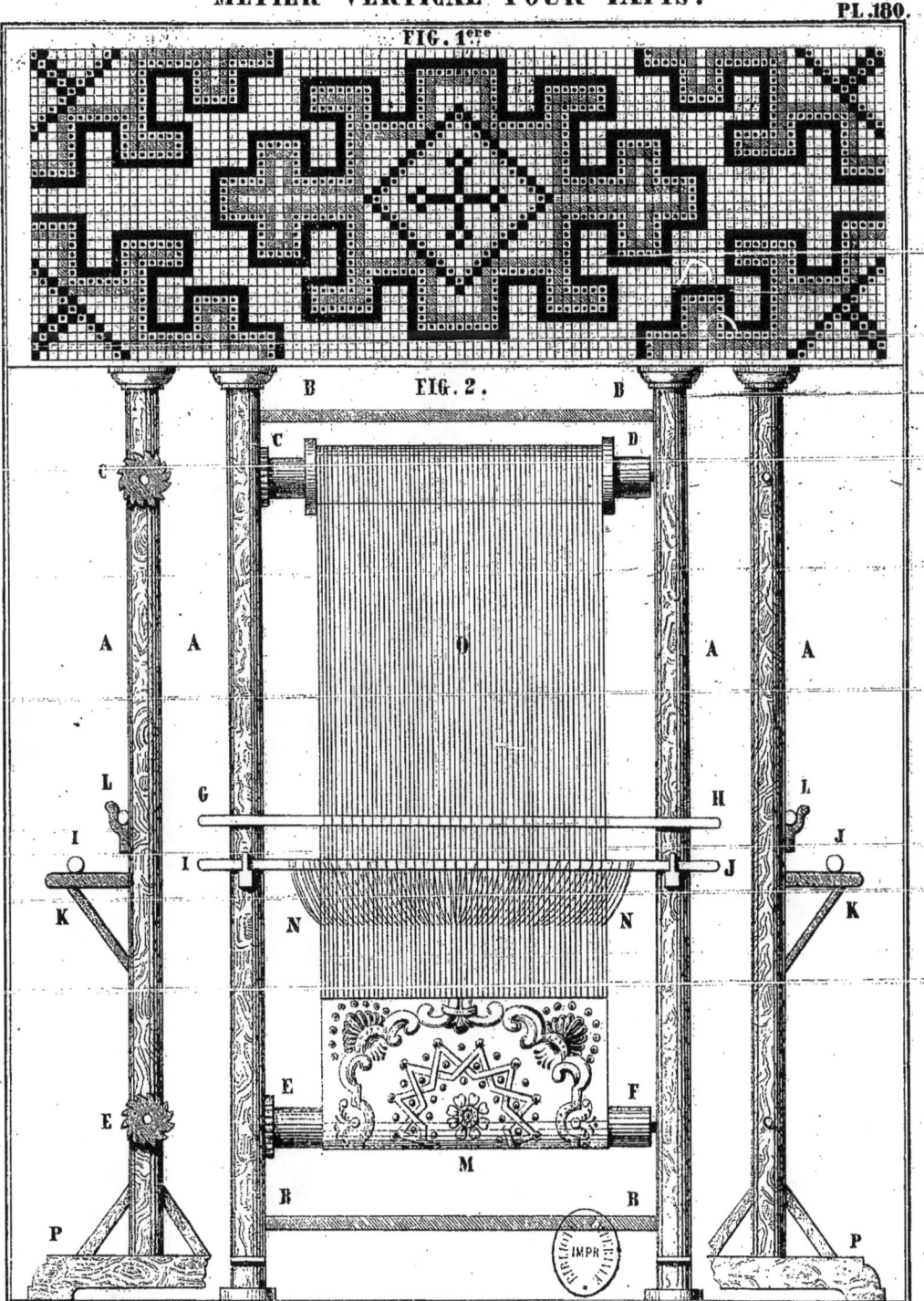

TAPIS.
Ourdissage et ustensiles divers.

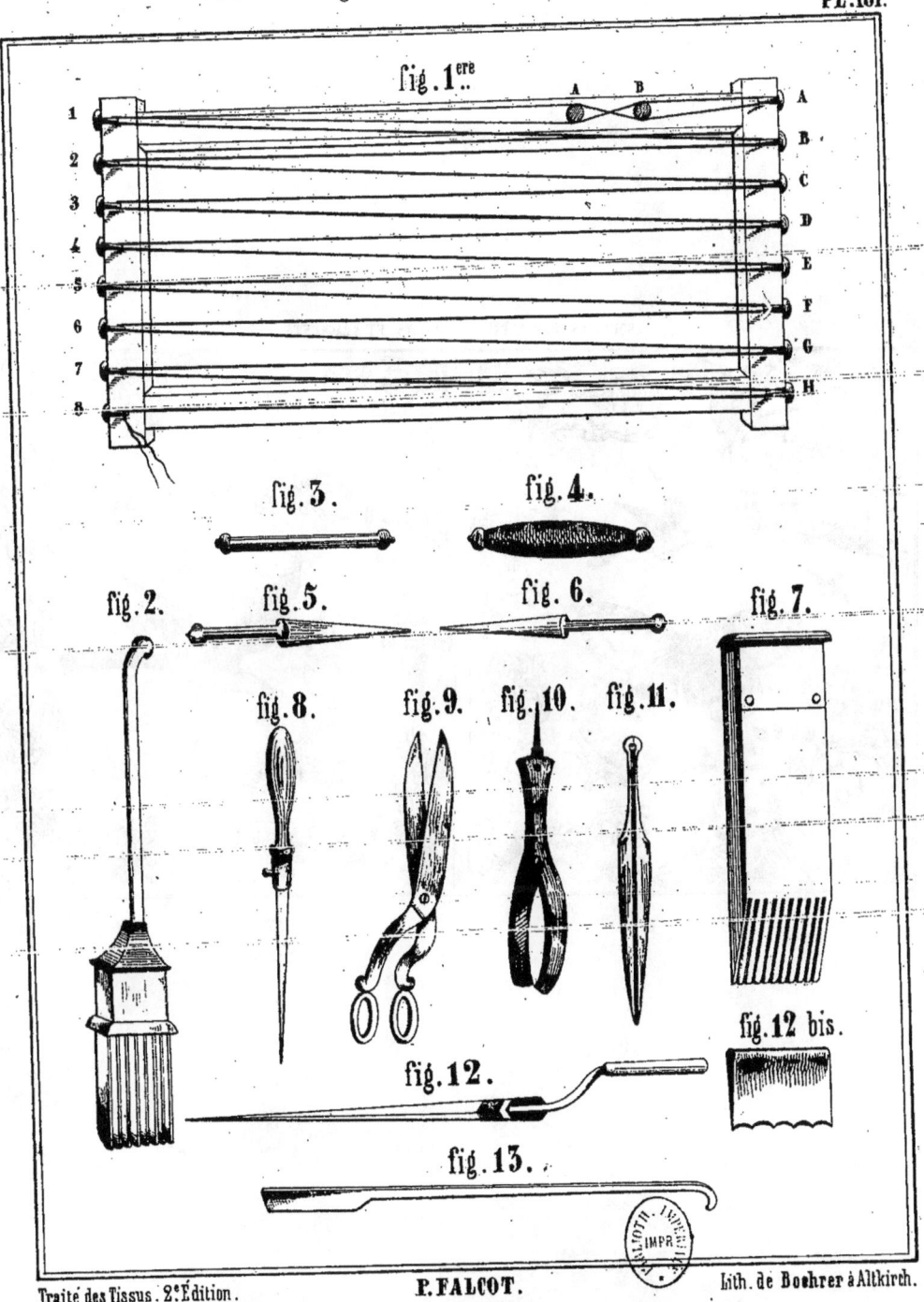

Traité des Tissus. 2.ᵉ Édition. — P. FALCOT — Lith. de Boehrer à Altkirch.

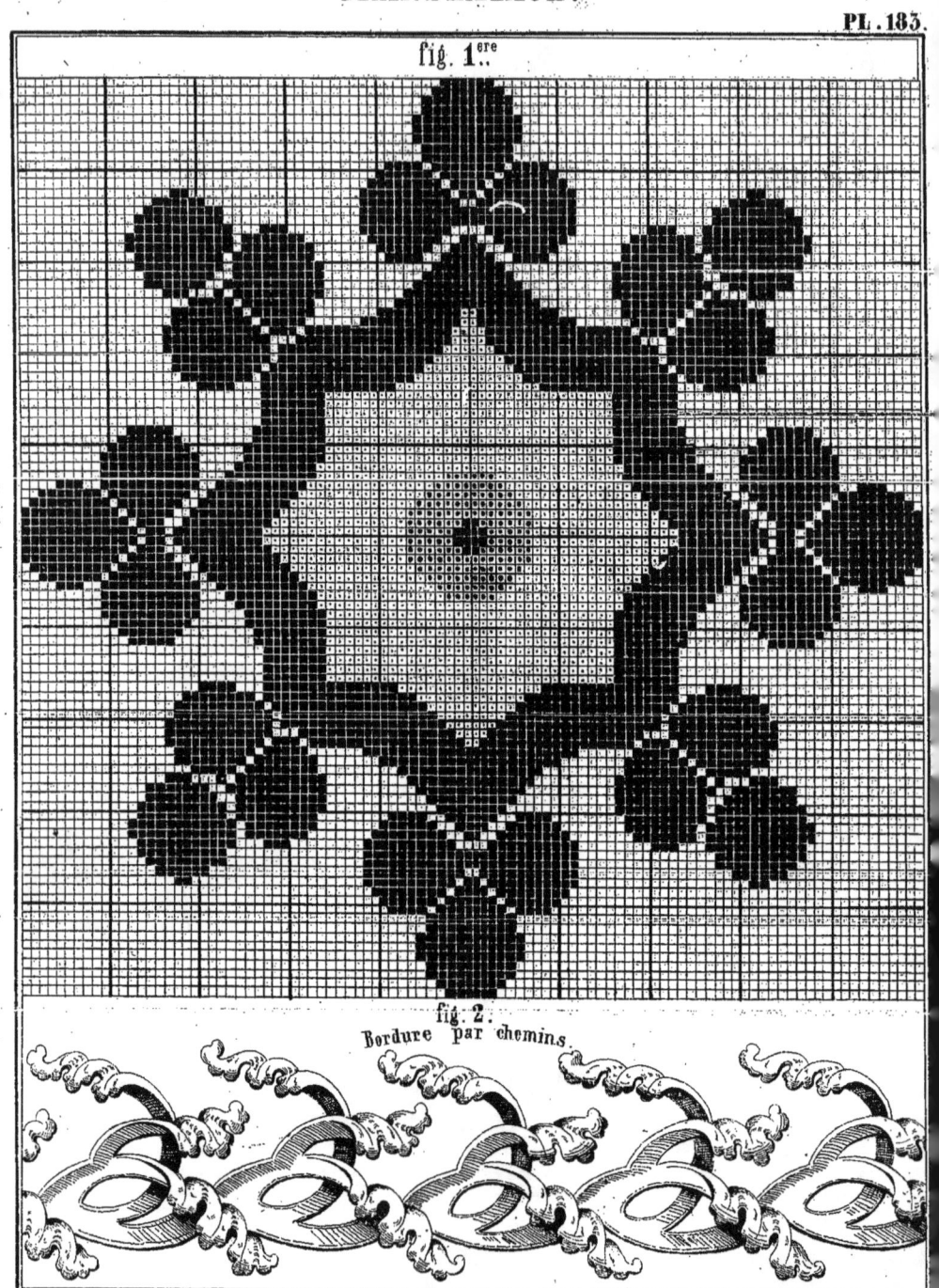

TRANSLATAGE,
Sur trois lats par regard et retour.

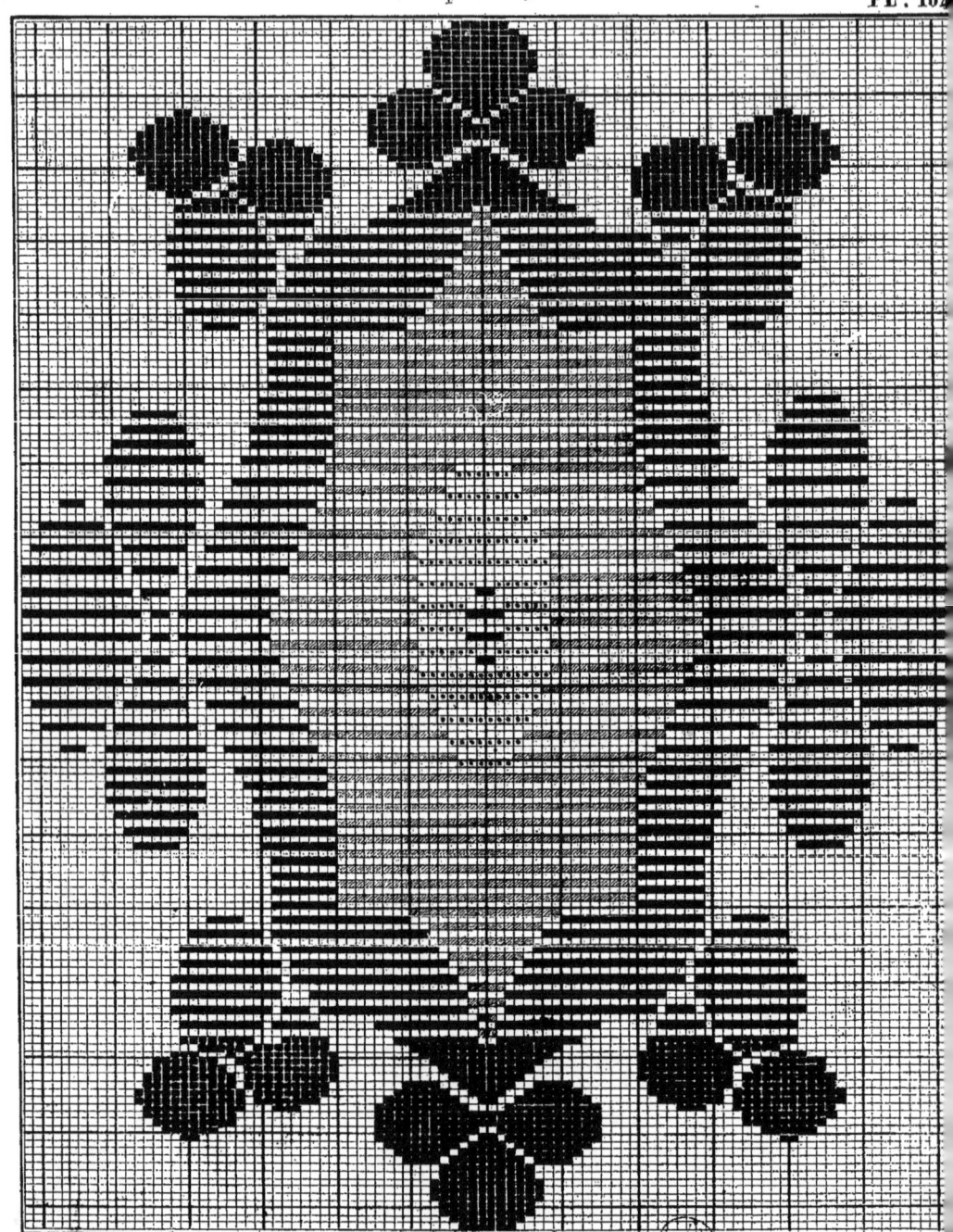

Traité des Tissus, 2e Édition.   P. FALCOT.   Lith. Boehrer à Altkir

PASSEMENTERIE.

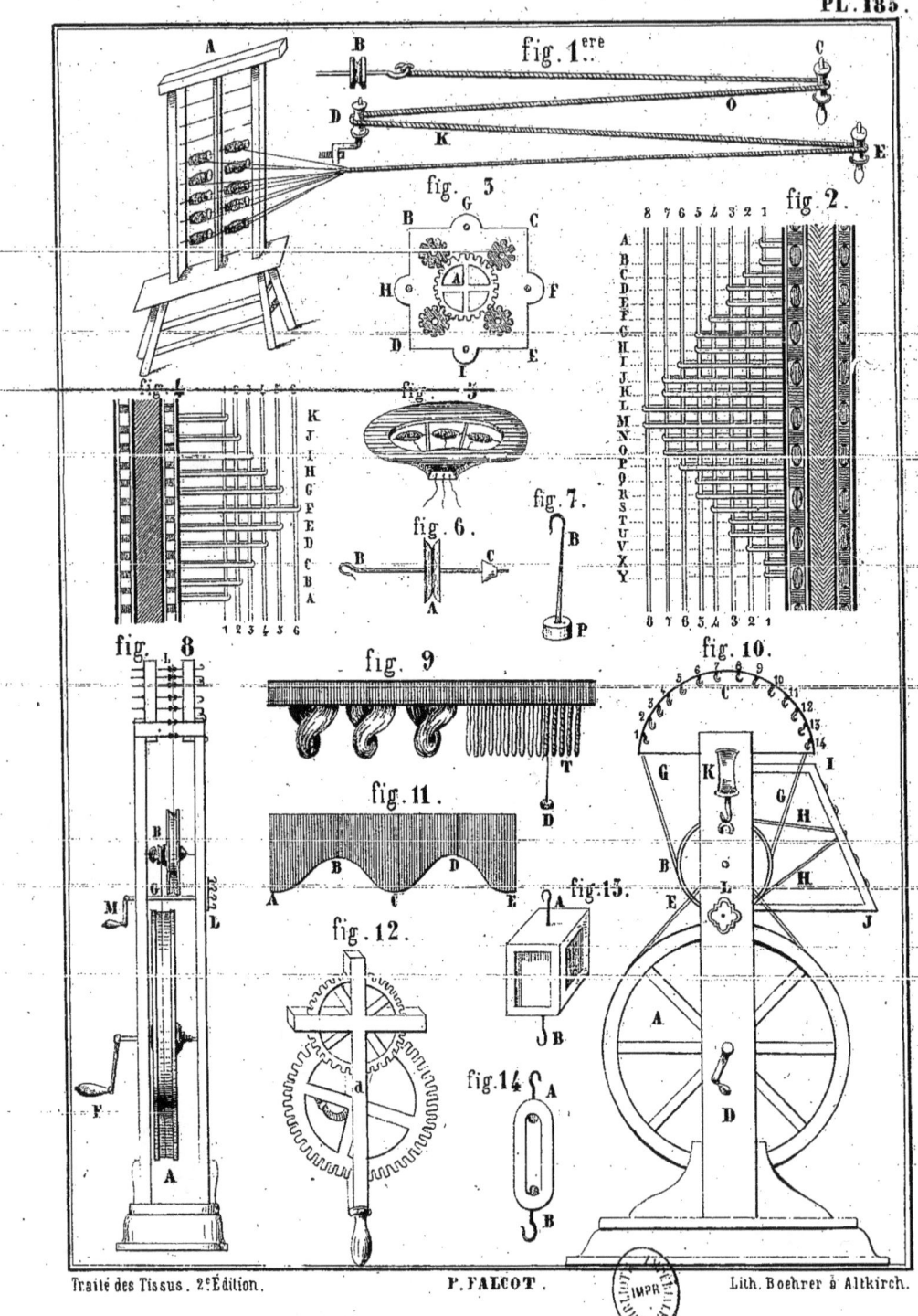

Traité des Tissus. 2.e Édition. — P. FALCOT. — Lith. Boehrer à Altkirch.

PASSEMENTERIE.

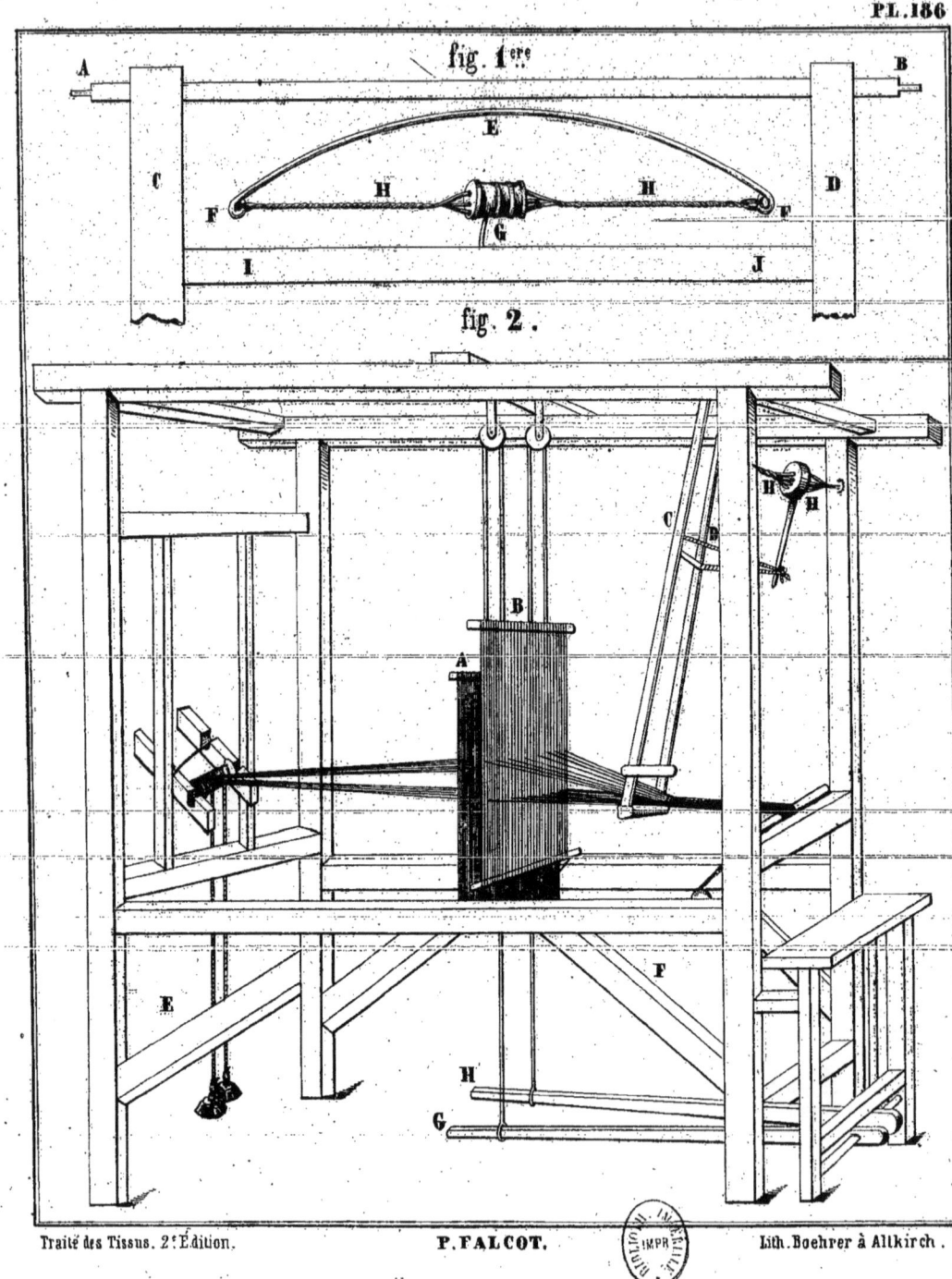

Traité des Tissus. 2.ᵉ Édition.   P. FALCOT.   Lith. Boehrer à Altkirch.

PASSEMENTERIE.

Pl. 187.

fig. 1ère
fig. 2.
fig. 3.
fig. 4.
fig. 5.
fig. 6.
fig. 7.

Traité des Tissus. 2.e Édition.   P. FALCOT.   Lith. Boehrer à Altkirch.

PASSEMENTERIE.

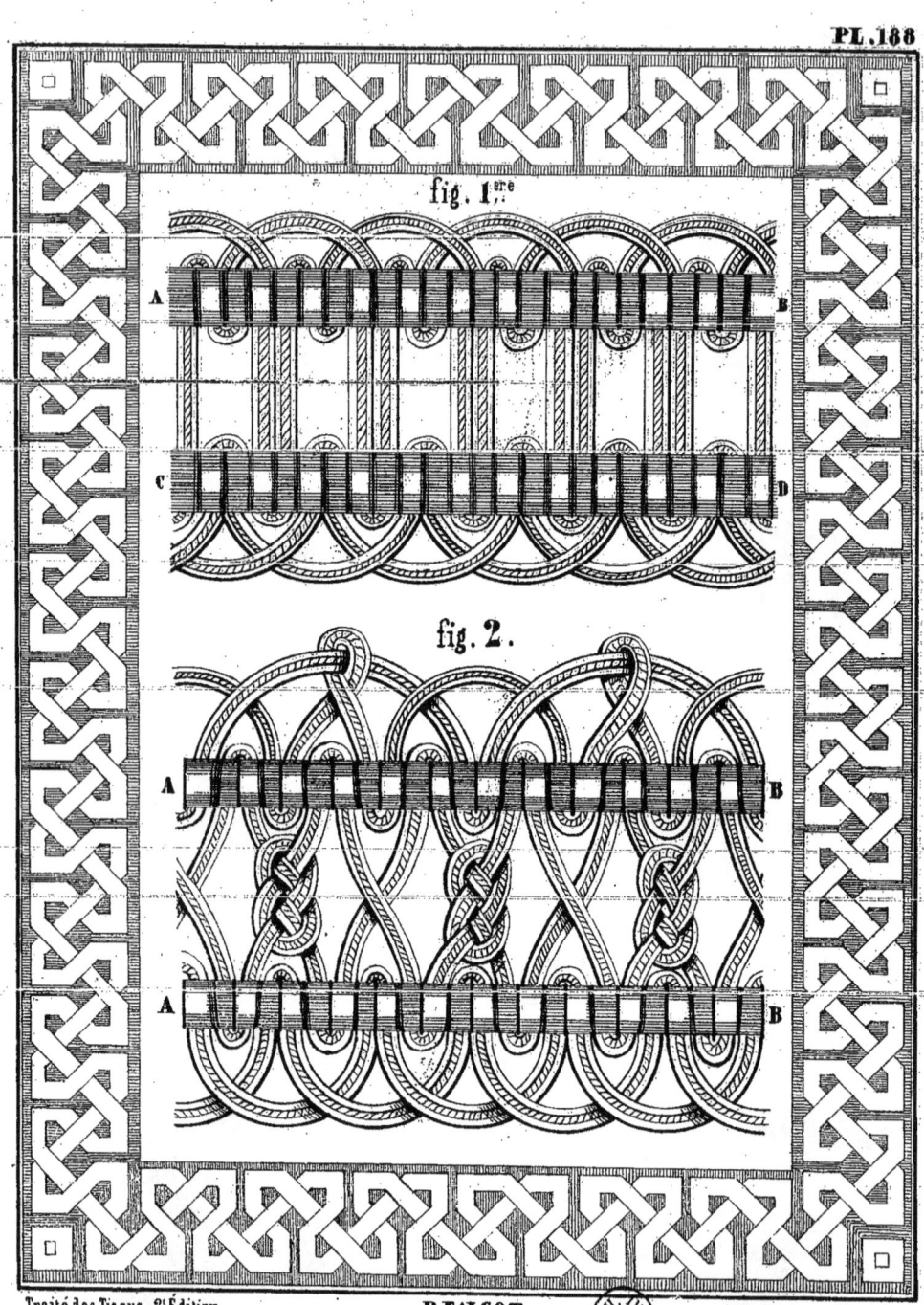

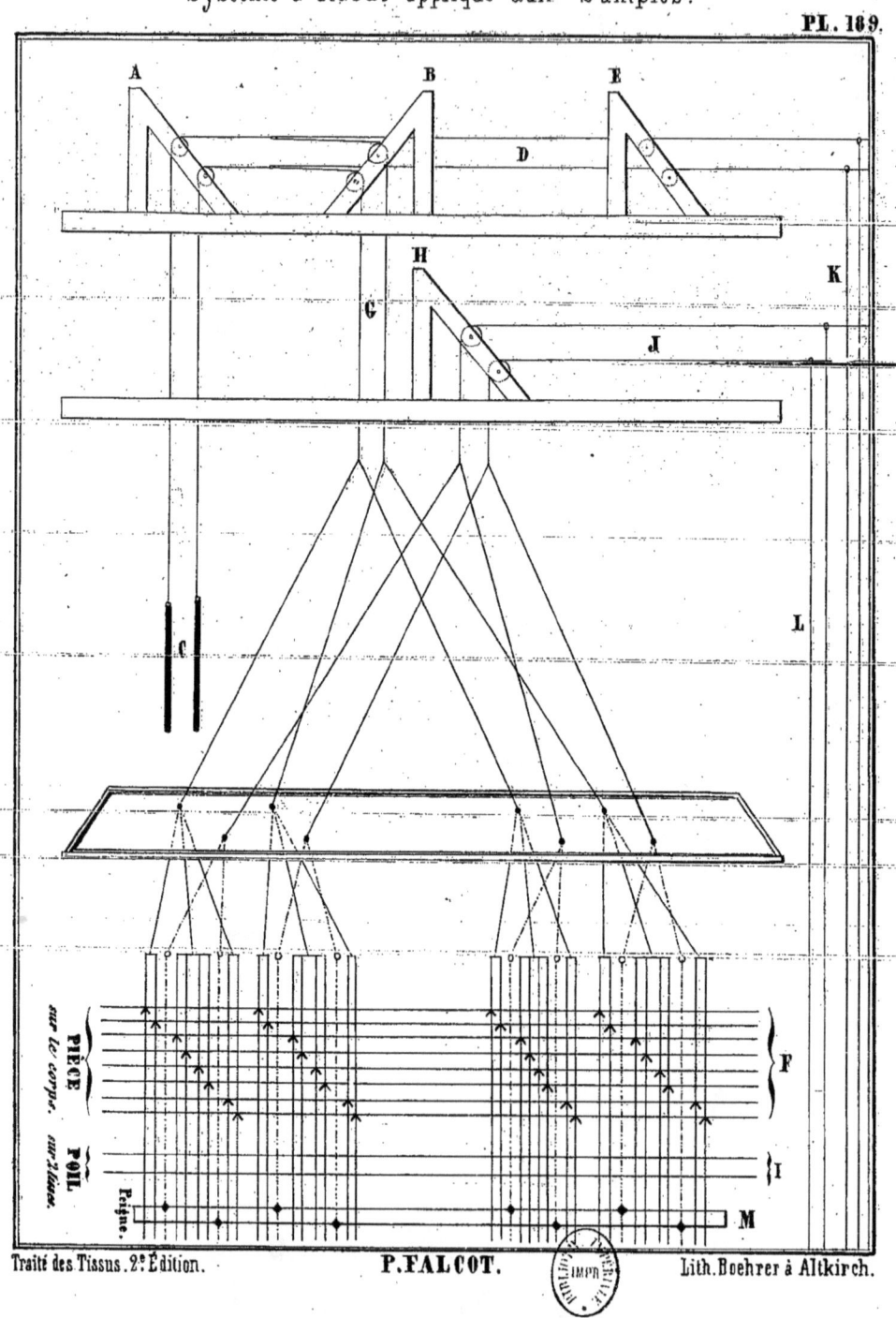

ANCIEN MÉTIER À LA TIRE.
Pour étoffes façonnées, à Sample.

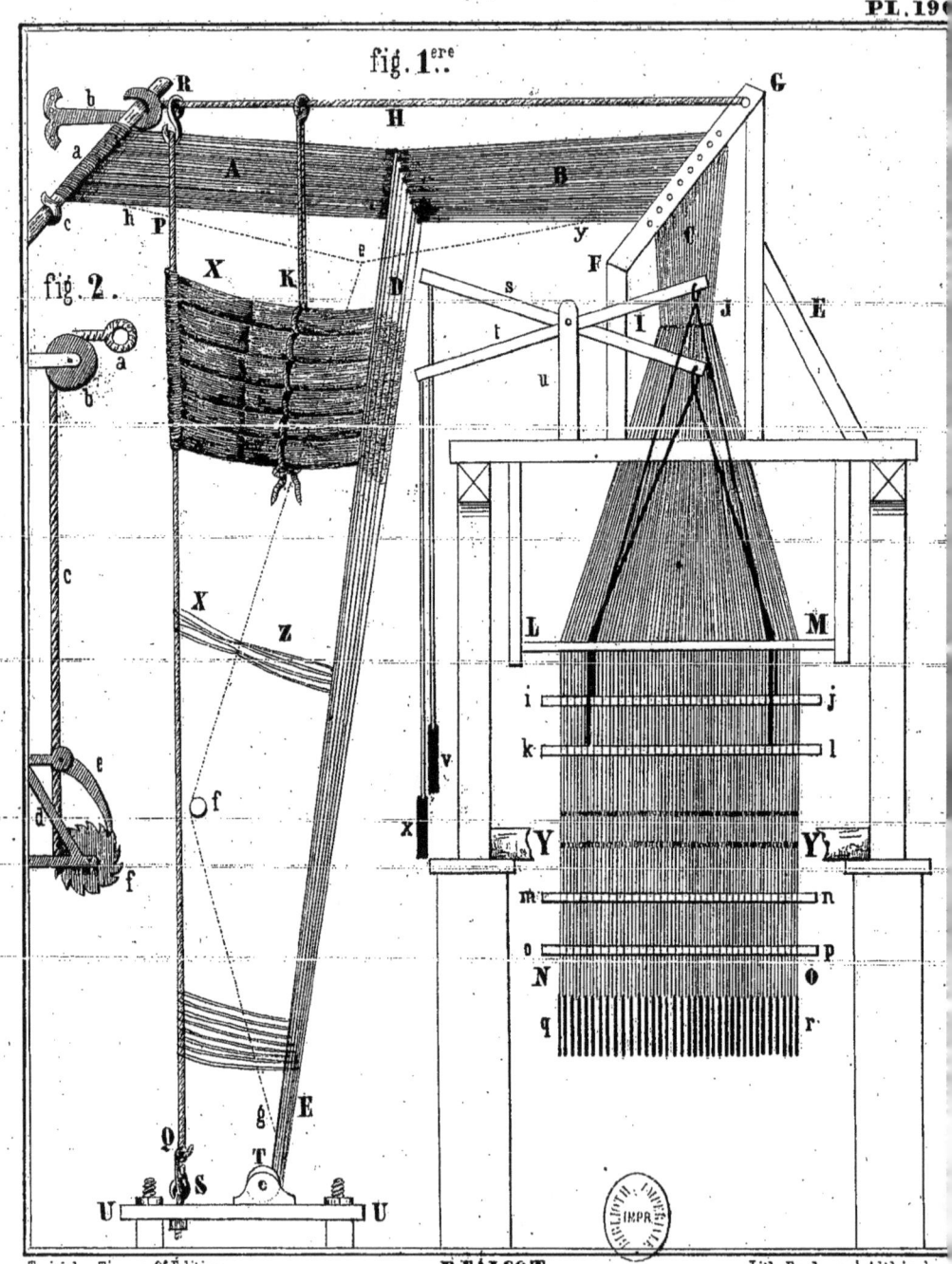

Traité des Tissus. 2.ᵉ Édition. — P. FALCOT. — Lith. Boehrer à Altkirch.

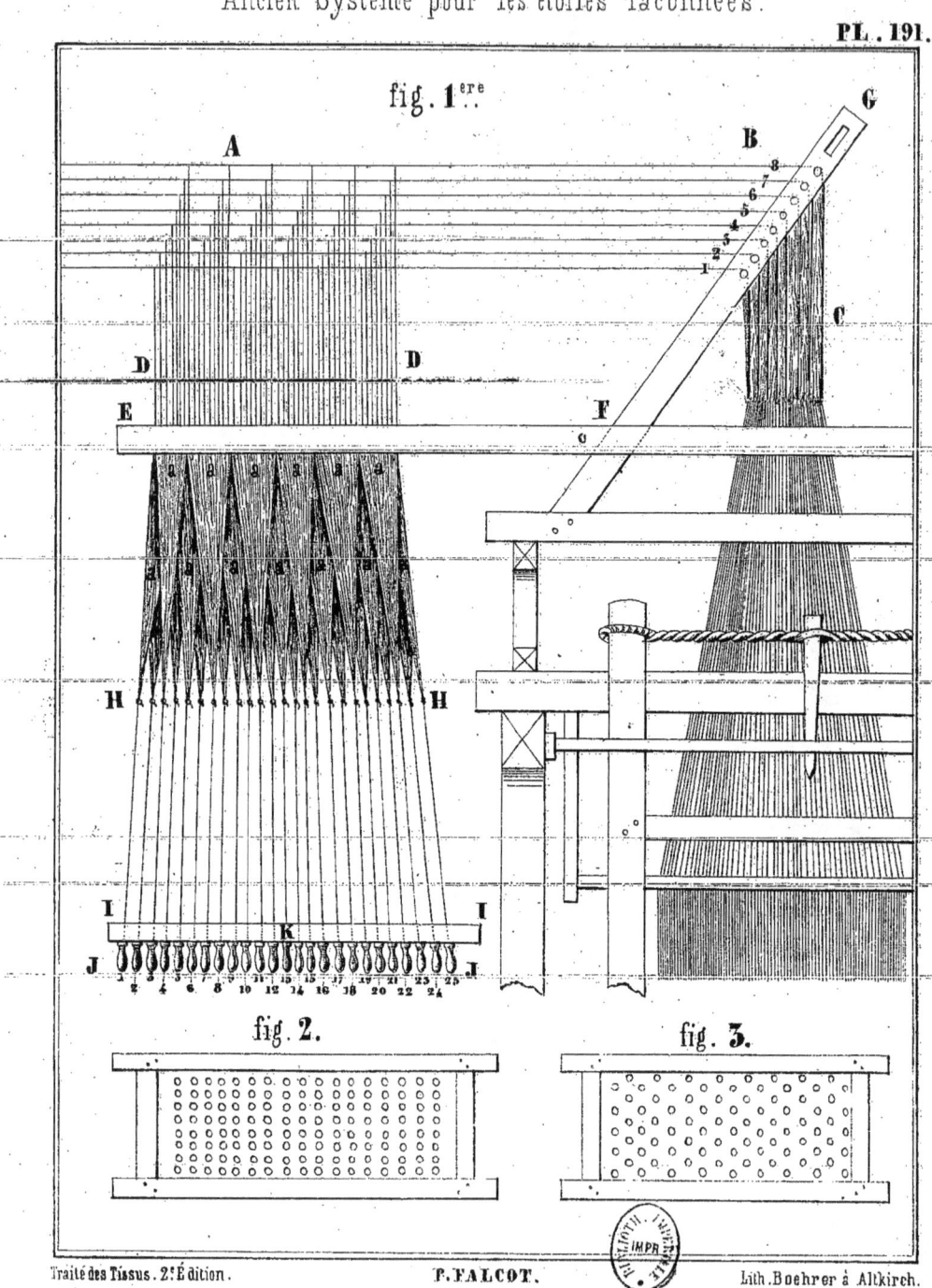

MACHINE À TIRER LES LATS.

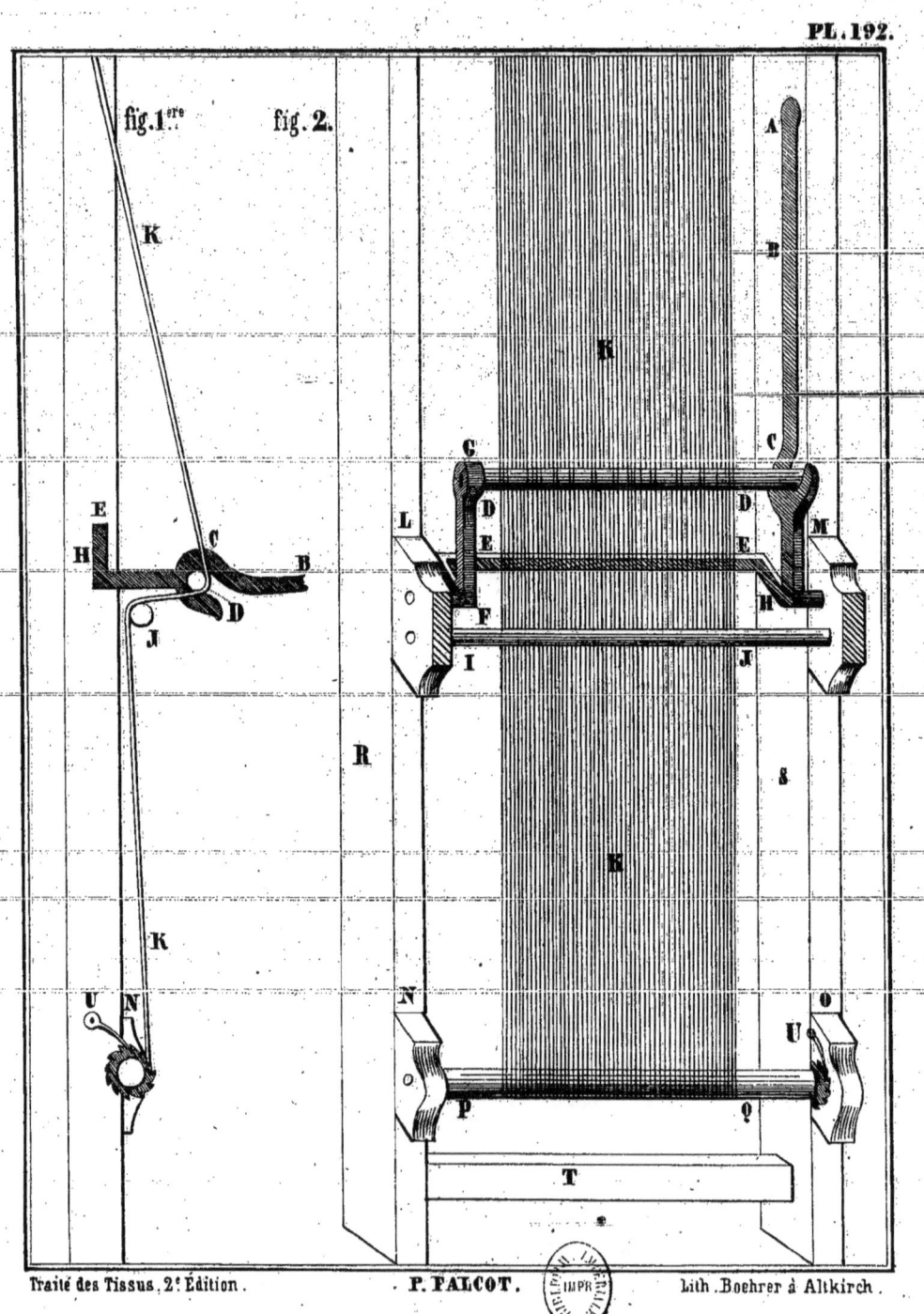

Traité des Tissus, 2.ᵉ Édition.   P. FALCOT.   Lith. Boehrer à Altkirch.

MONTOIR À BARRES
pour les chaînes en grosses matières.

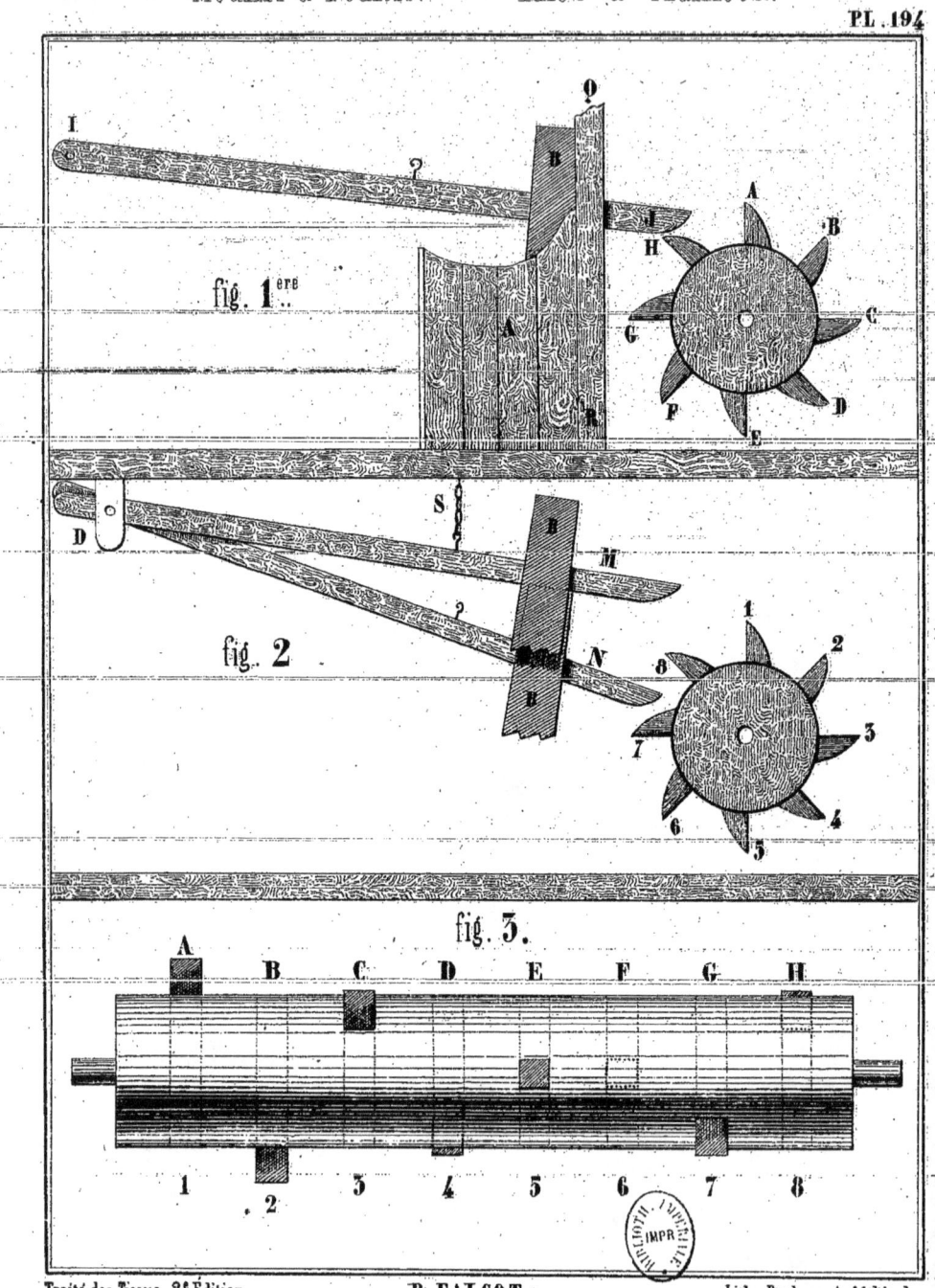

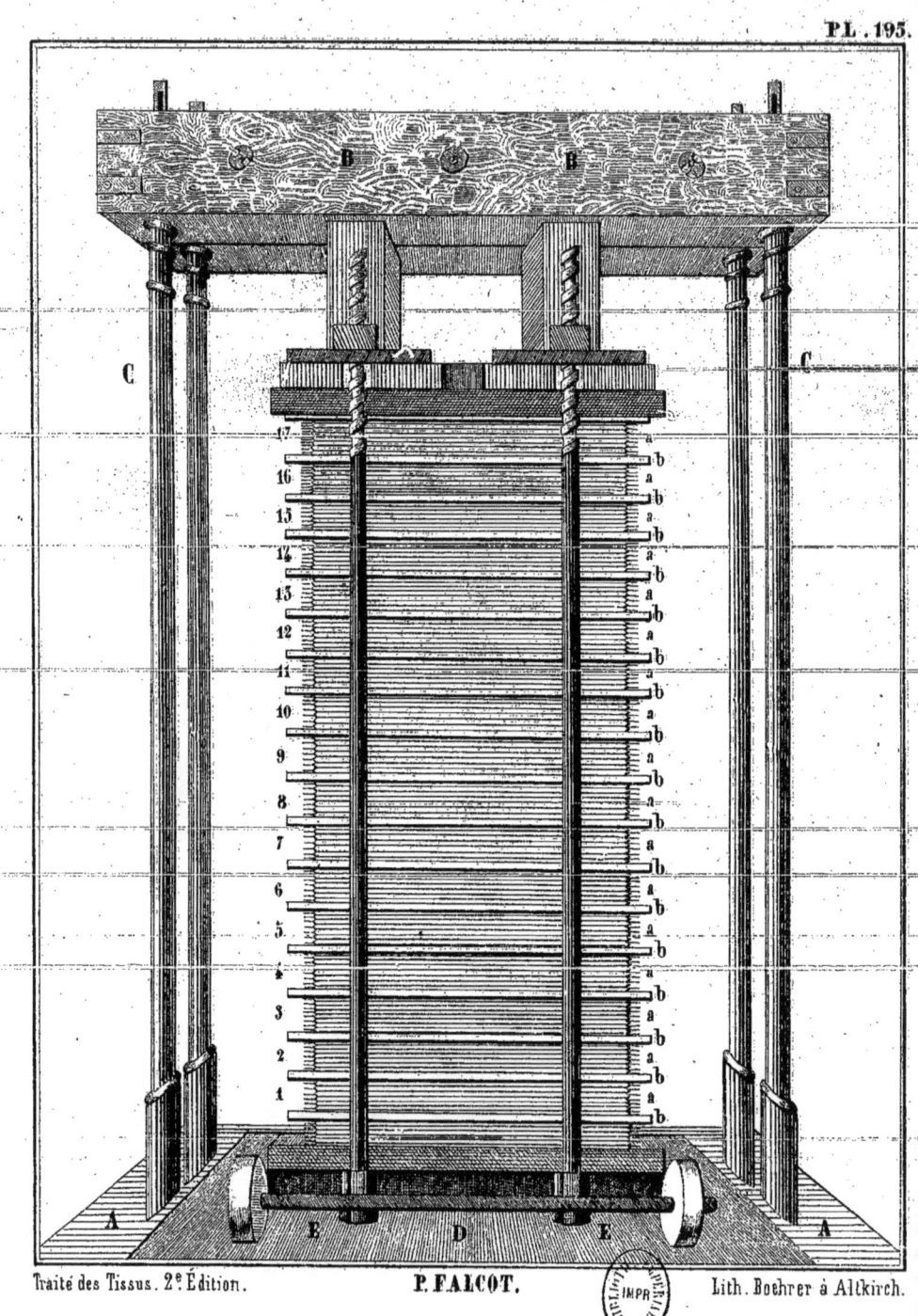

RATINAGE DES ÉTOFFES.

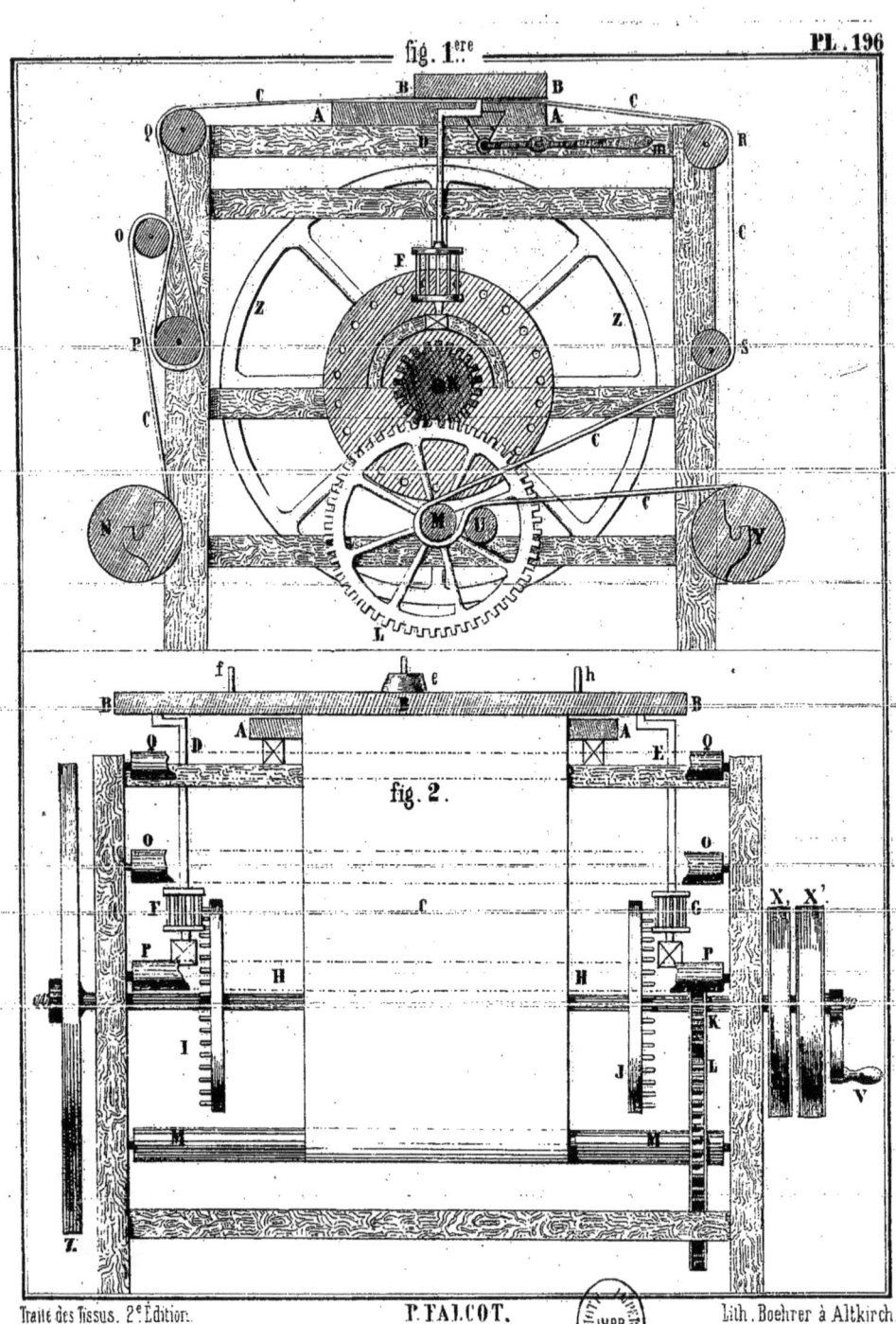

fig. 1ère

PL. 196

fig. 2.

Traité des Tissus. 2e Édition.   P. FALCOT.   Lith. Boehrer à Altkirch.

MISE EN CARTE
pour poils traînants doubletés.

PL. 197.

Traité des Tissus. 2ᵉ Édition.   P. FALCOT.   Lithog. Boehrer, Altkirch.

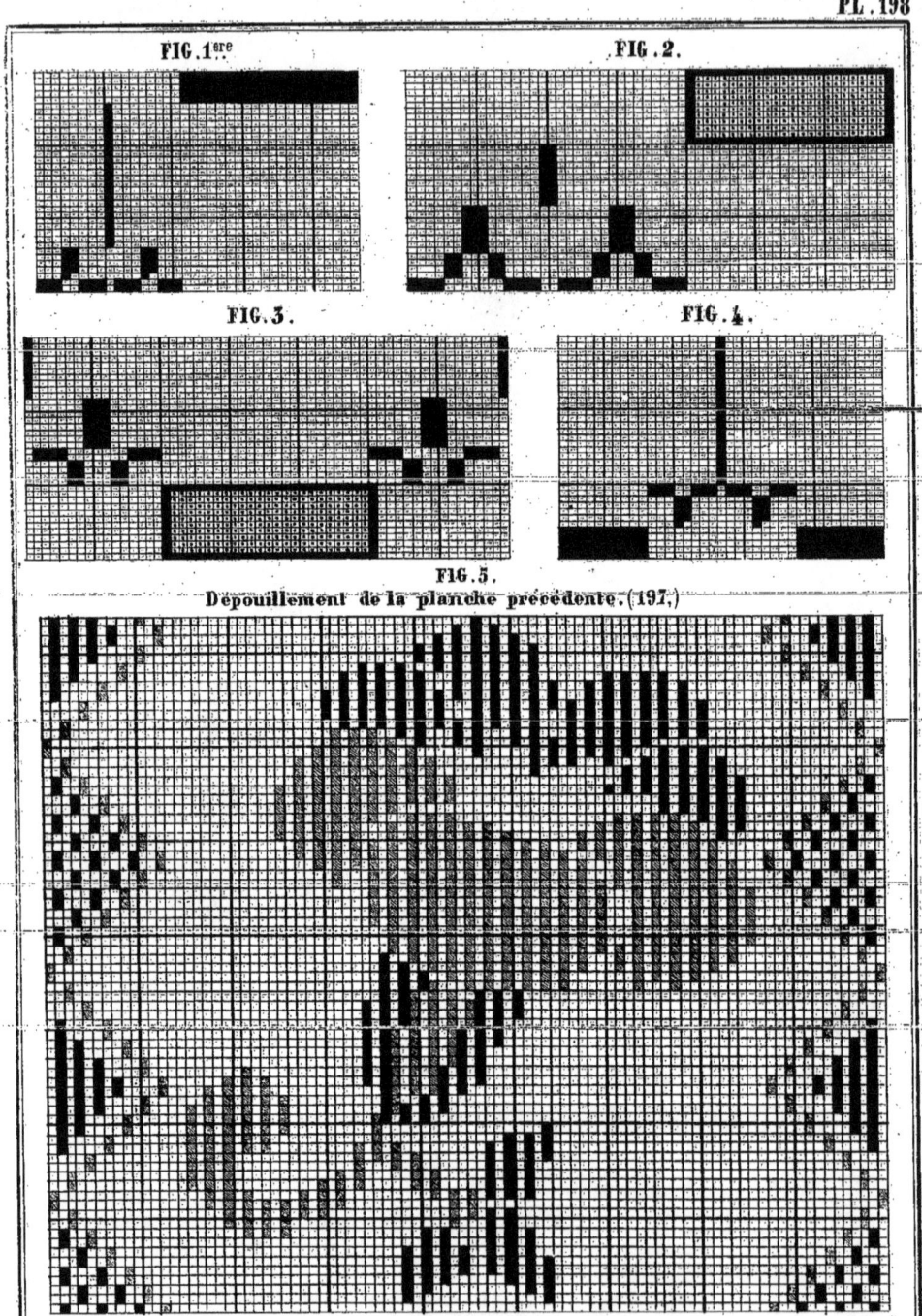

DISPOSITIONS — FORMATION DES LISSES.

FIG. 1ère. FIG. 2. FIG. 3. FIG. 4.

FIG. 5.
Dépouillement de la planche précédente. (197.)

Traité des Tissus, 2e Édition.   P. FALCOT.   Lith. Boehrer à Altkirch.

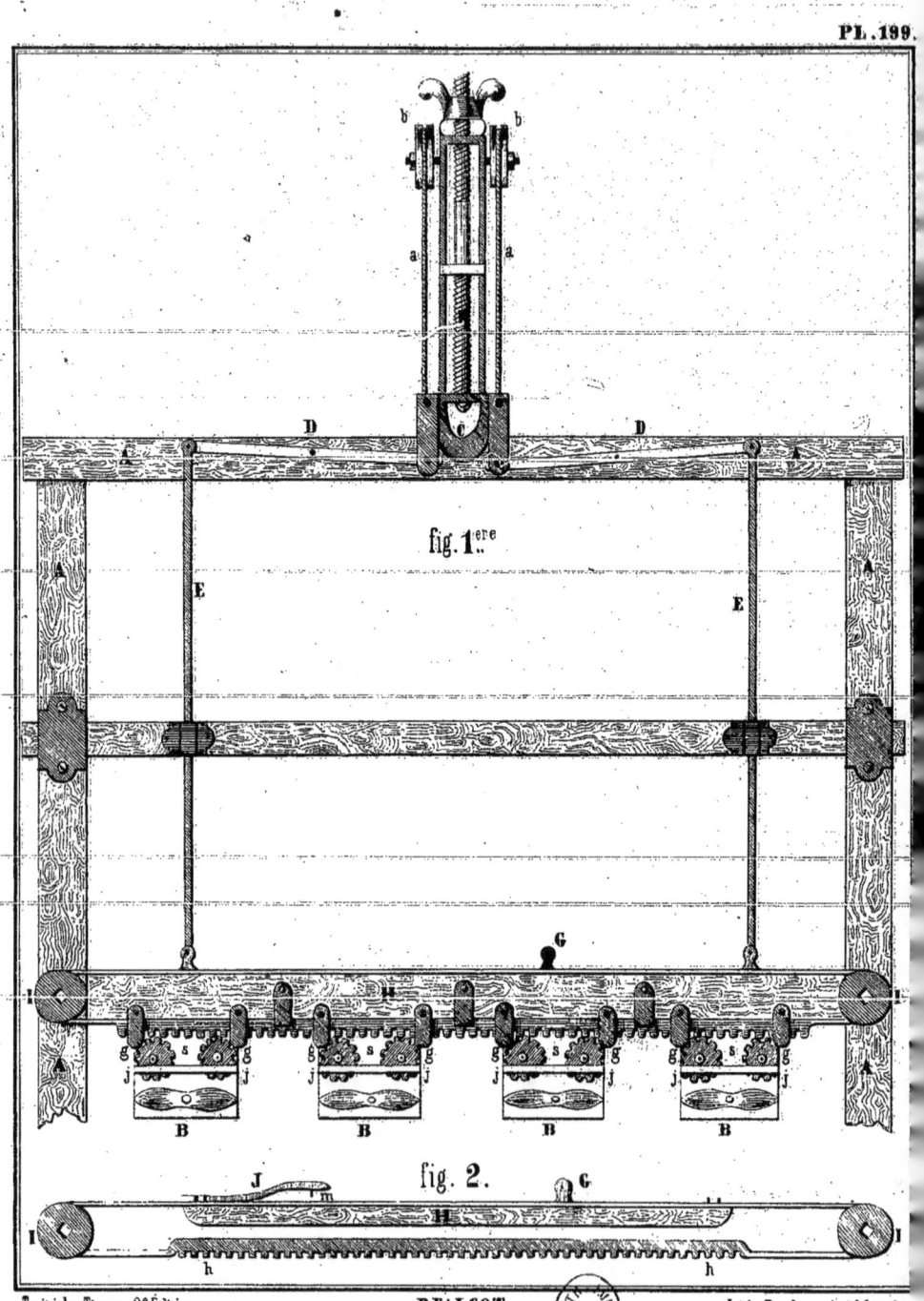

EMPOUTAGE MOBILE.

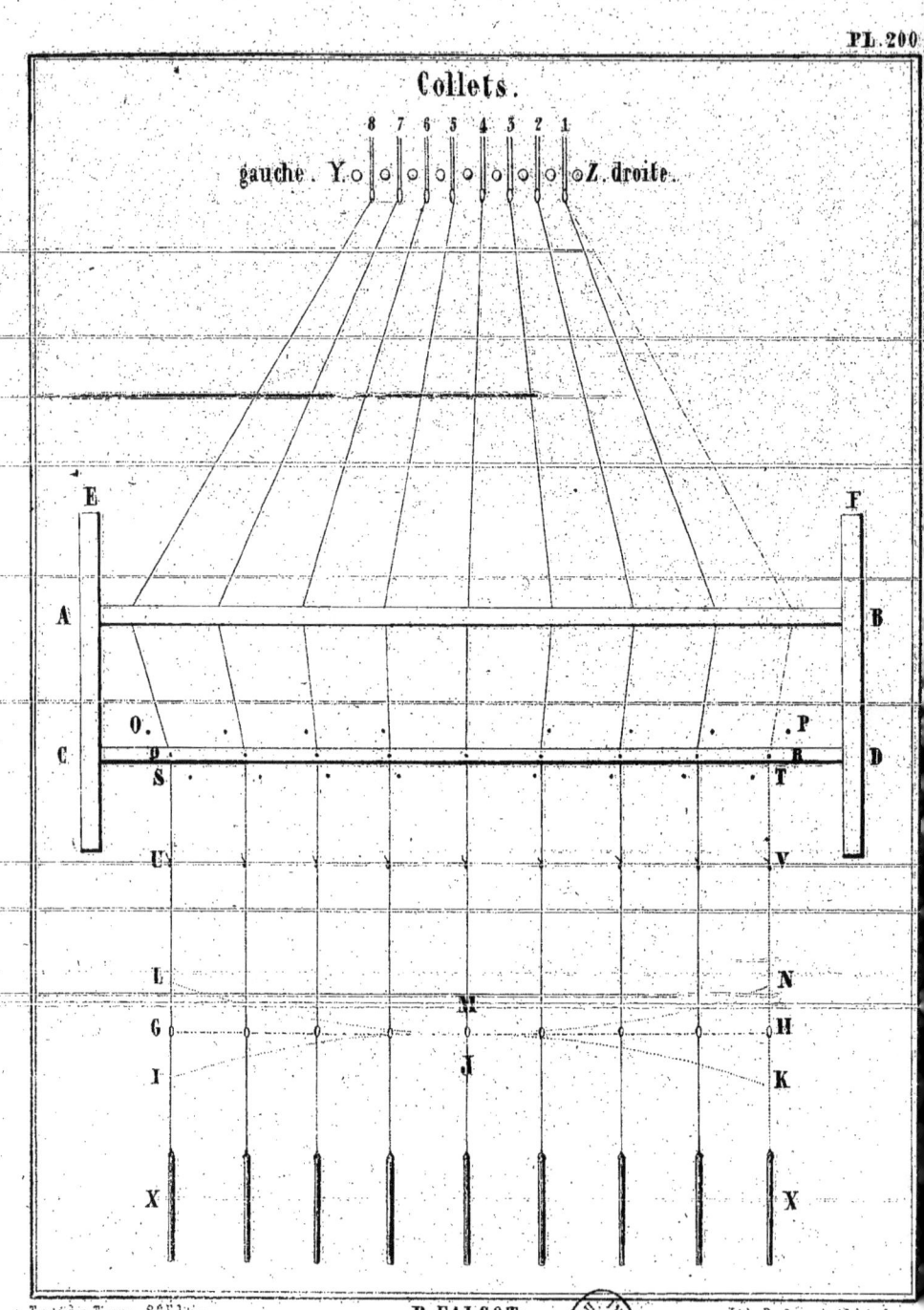

GRAND LISAGE, PERÇAGE, ACCÉLÉRÉ.

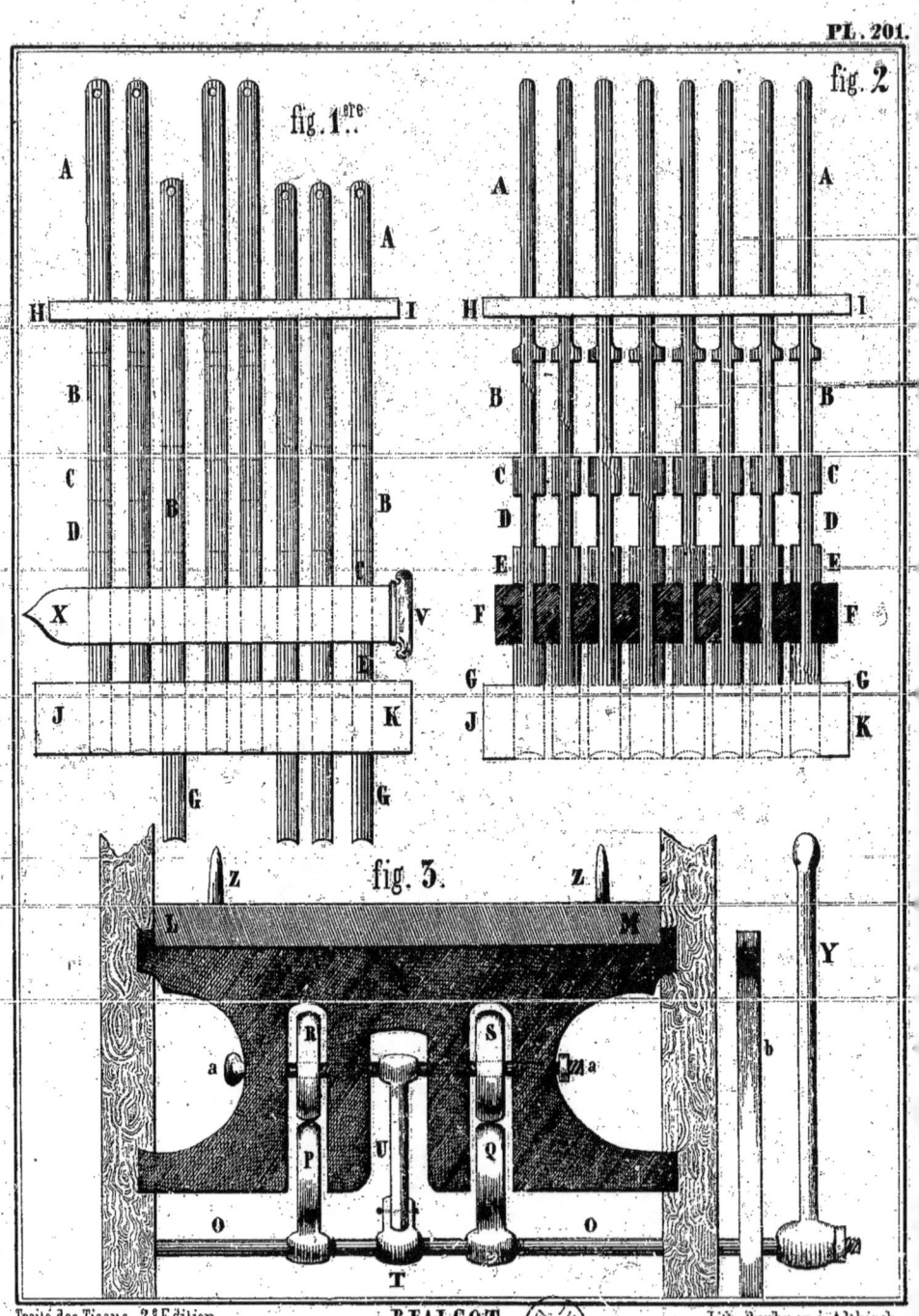

Traité des Tissus. 2ᵉ Edition. — P. FALCOT. — Lith. Boehrer à Altkirch.

LISAGE À TOUCHES. DÉVIDOIR CIRCULAIRE.

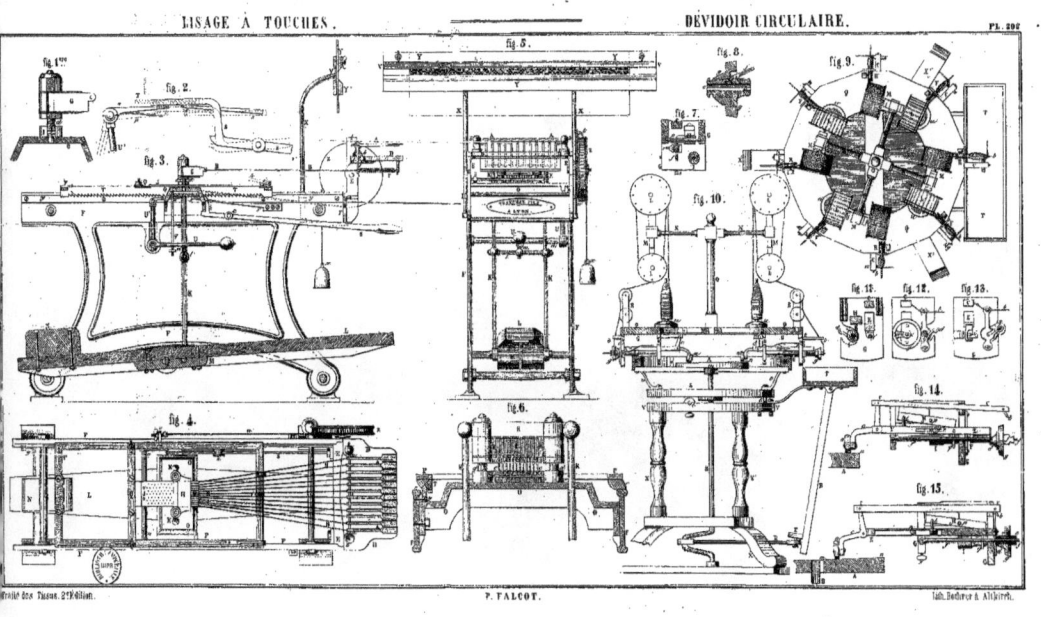

P. FALCOT.

DESSIN INDUSTRIEL. PANTOGRAPHE.

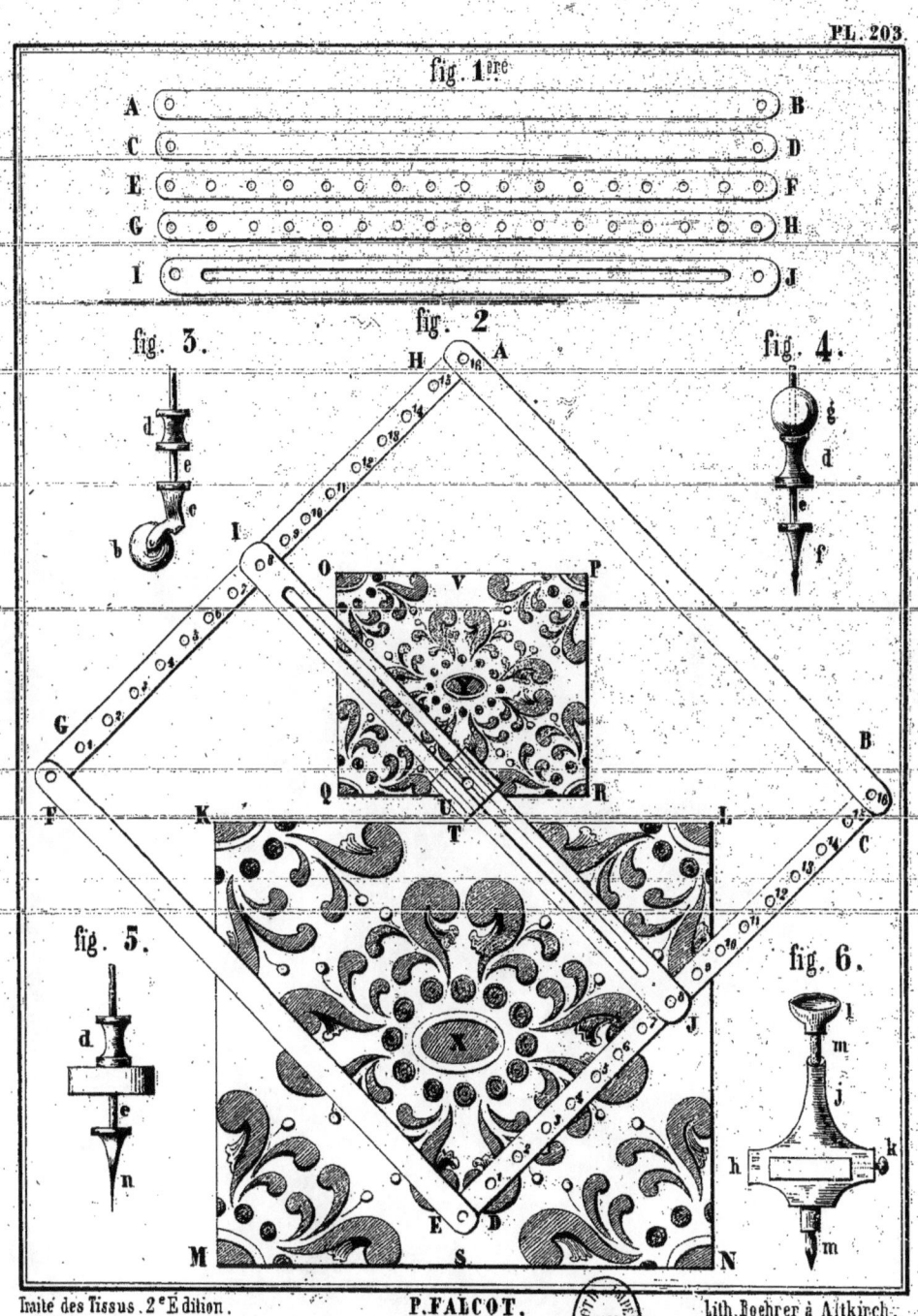

Traité des Tissus. 2ᵉ Édition.   P. FALCOT.   Lith. Boehrer à Altkirch.

PARAGE CONTINU.
Esquisse.— Quinconce sur 25.

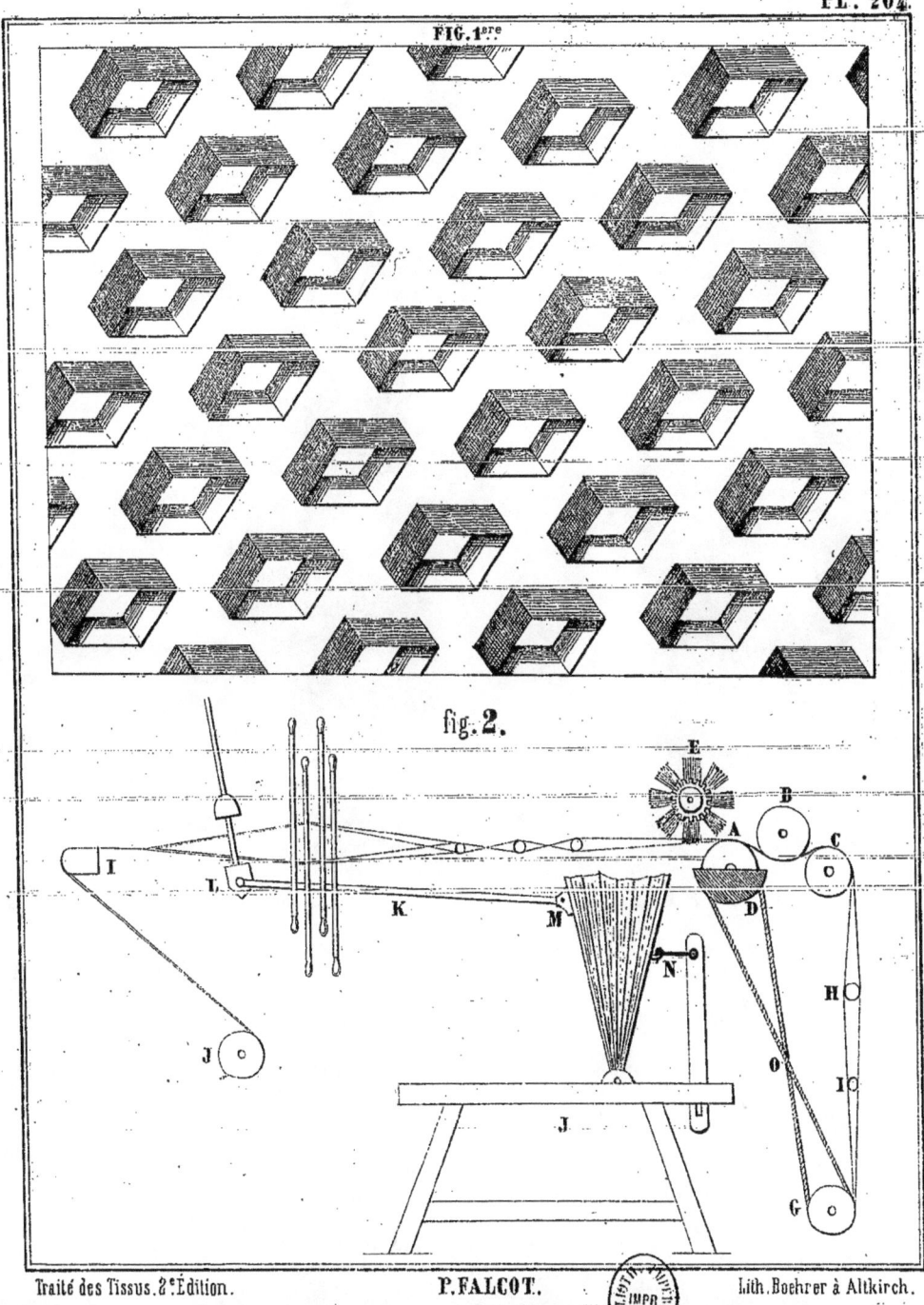

CHÂLE LONG
fragment d'un scapulaire.

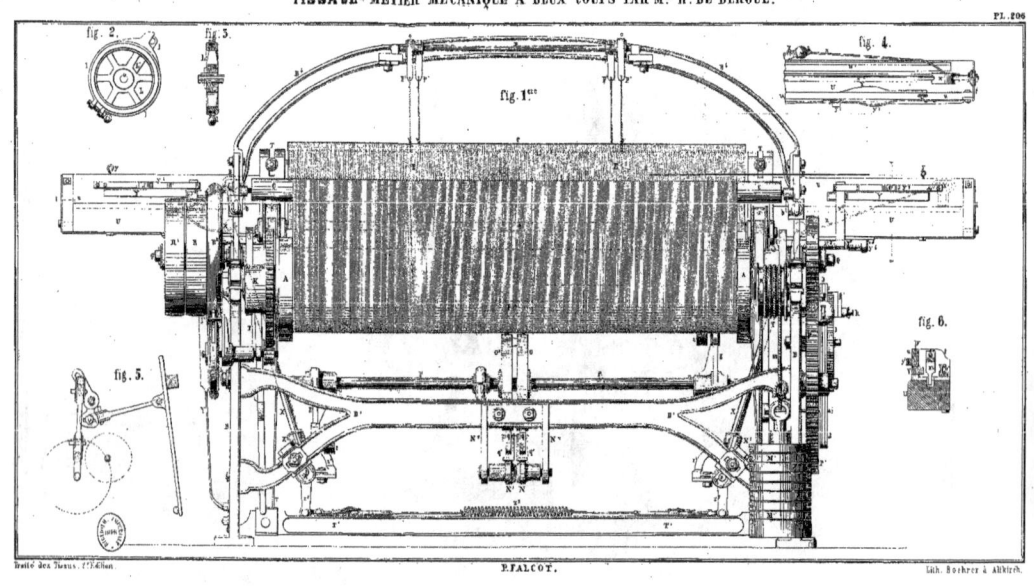

TISSAGE - MÉTIER MÉCANIQUE A DEUX COUPS PAR M. H. DE BERGUE.

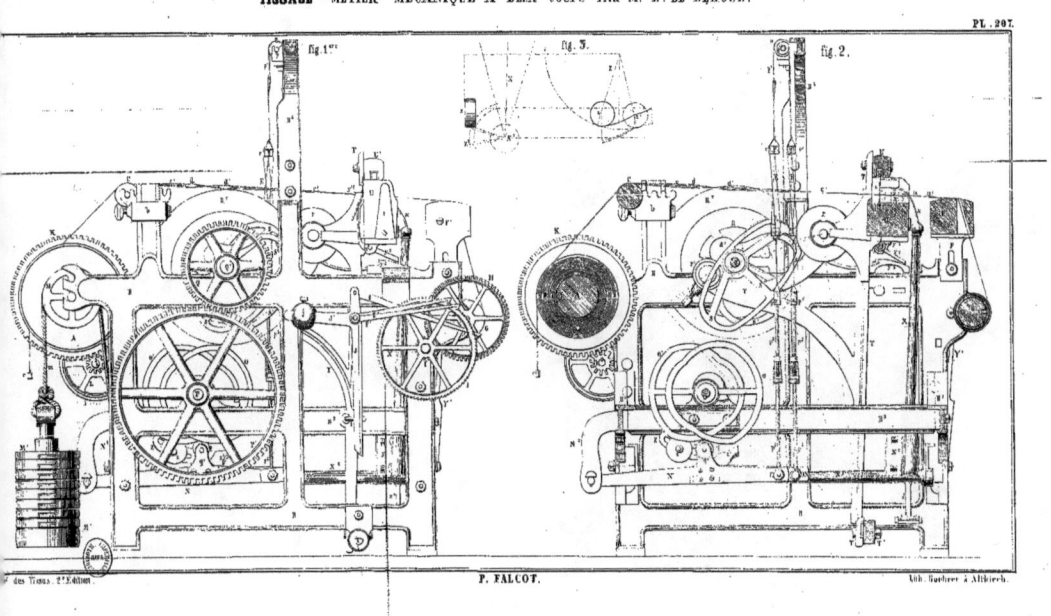

TISSAGE - MÉTIER MÉCANIQUE A DEUX COUPS PAR M. H. DE BERGUE.

P. FALCOT.

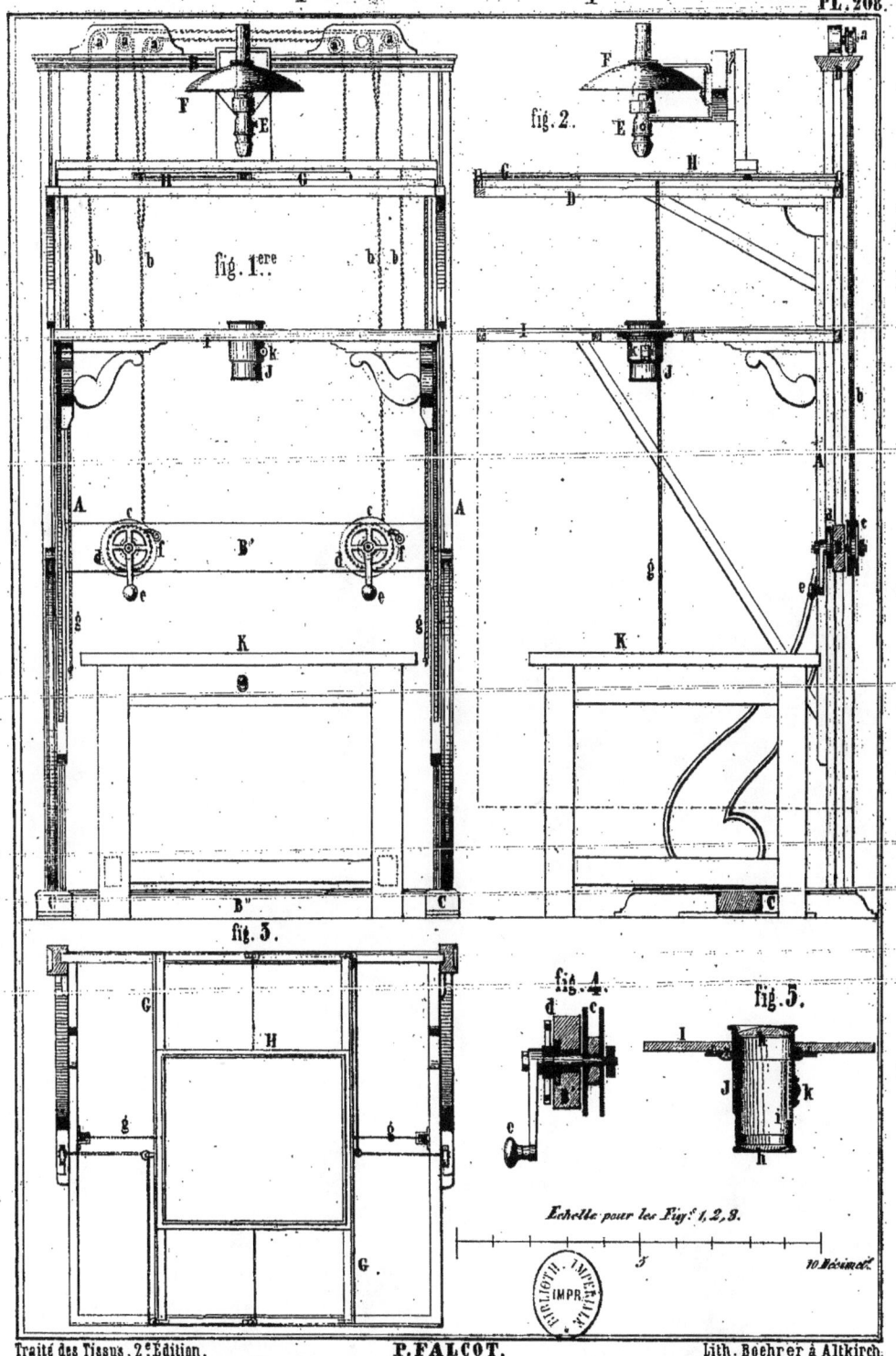

MACHINE à reproduire les Dessins par M. GRILLET. PL. 208.

Traité des Tissus. 2.e Édition. — P. FALCOT. — Lith. Boehrer à Altkirch.

ESQUISSES DIVERSES.

PL. 209

fig. 1ère

fig. 2.

fig. 3.

fig. 4.

fig. 5.

fig. 6.

Traité des Tissus. 2e Édition.

P. FALCOT.

Lith. Boehrer à Altkirch.

ESQUISSES DIVERSES.

PL. 210.

fig. 1ère

fig. 2.

Traité des Tissus. 2.e Édition.   P. FALCOT.   Lith. Boehrer à Altkirch.

ESQUISSES DIVERSES.

Traité des Tissus. 2.ᵉ Édition.   P. FALCOT.   Lith. Boehrer à Altkir

ESQUISSES DIVERSES.

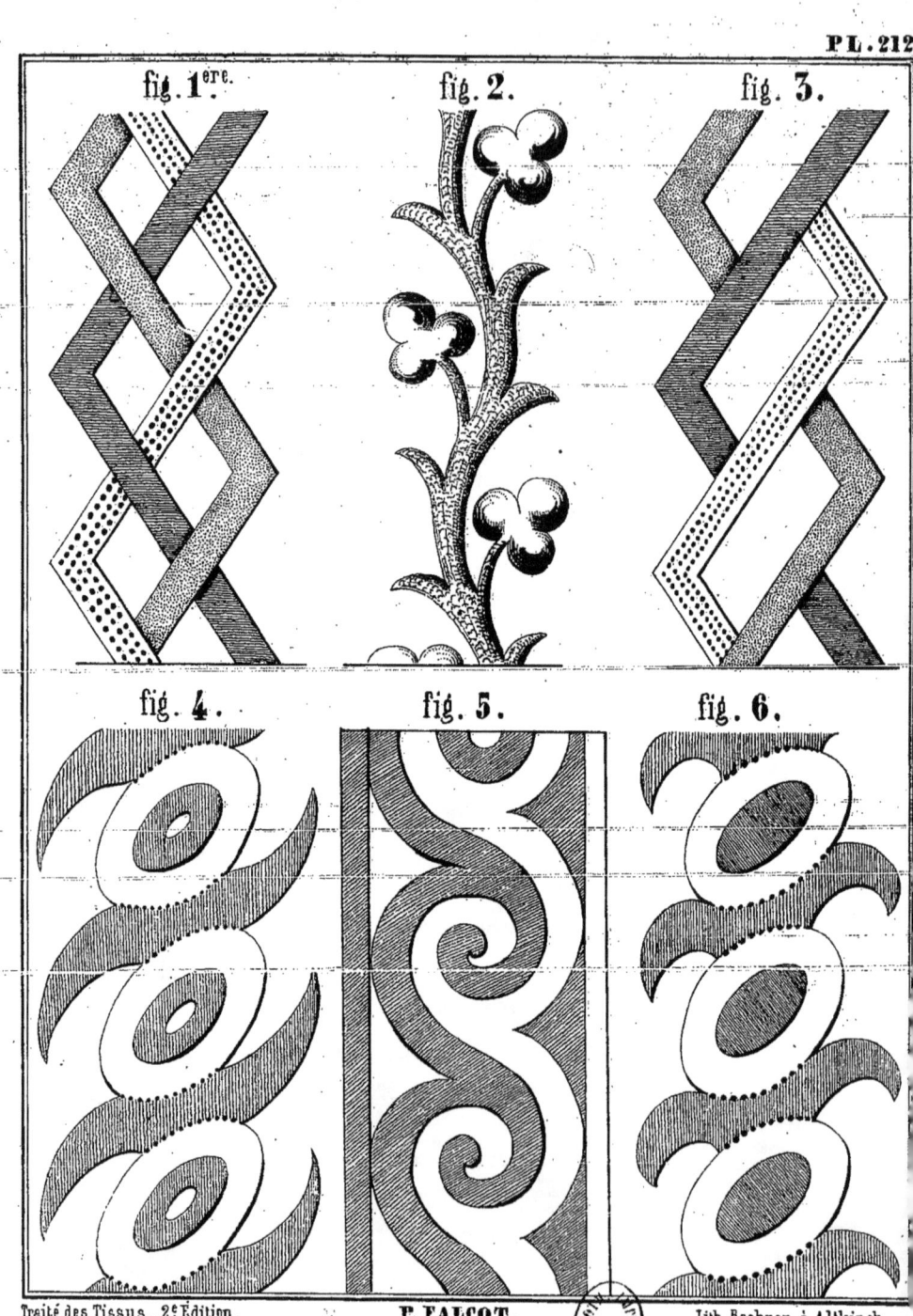

ESQUISSES DIVERSES.

Traité des Tissus. 2.ᵉ Édition.   P. FALCOT.   Lith. Boehrer à Altkirch

ESQUISSES DIVERSES.

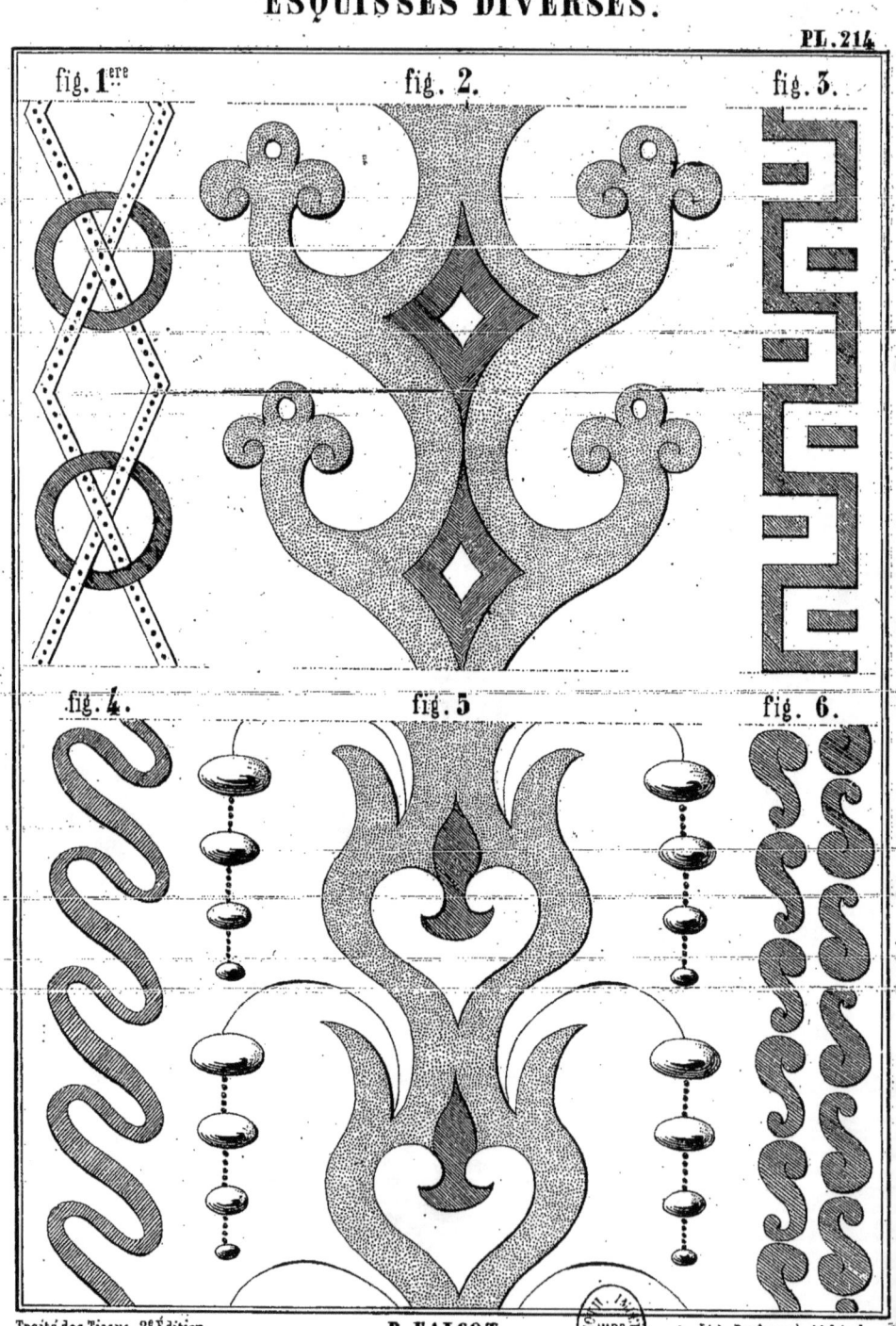

ESQUISSES DIVERSES,
pour étoffes à bandes façonnées.

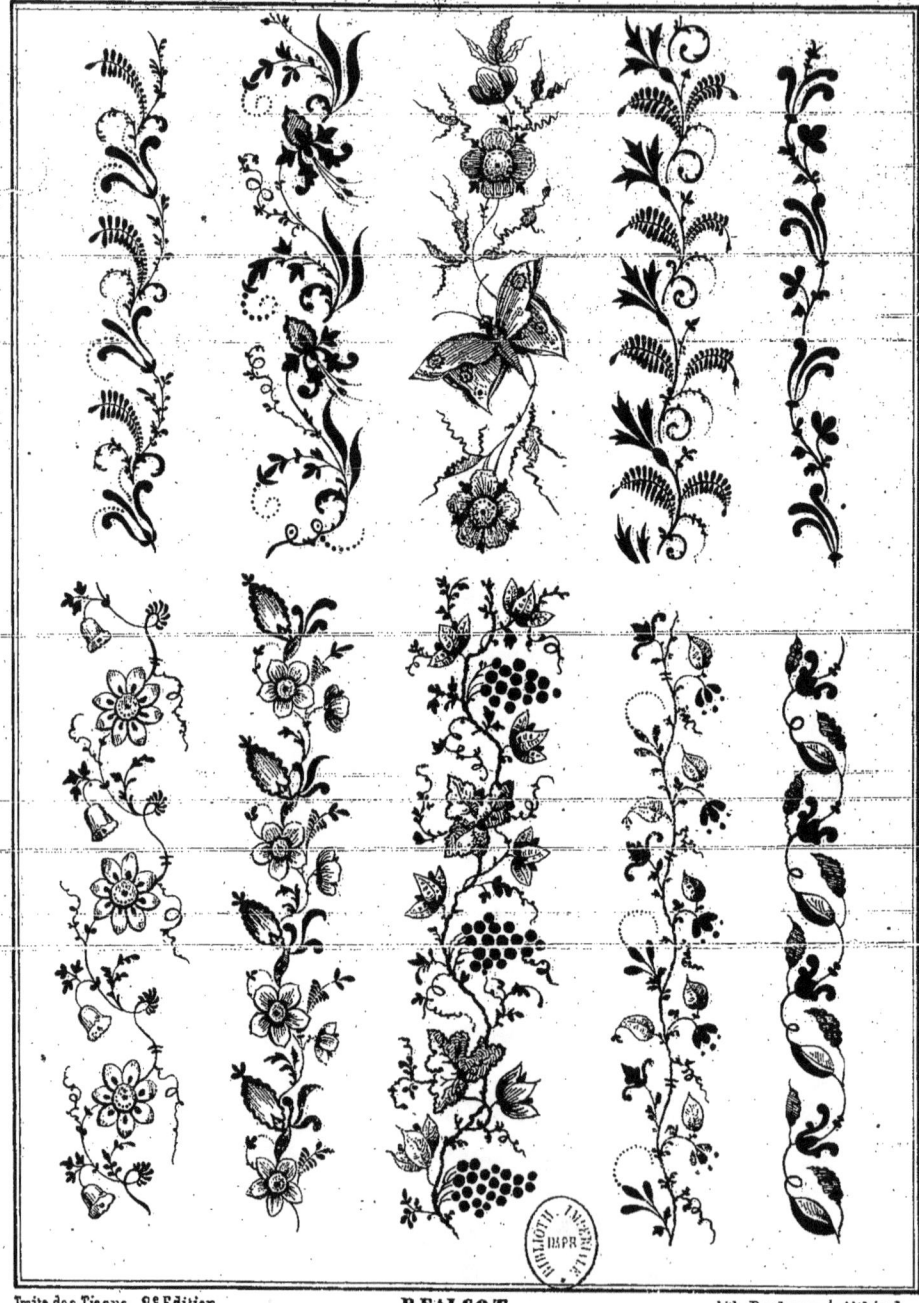

Traité des Tissus. 2.e Edition — P. FALCOT. — Lith. Boehrer à Altkirch.

ESQUISSES DIVERSES,
pour étoffes à bandes façonnées.

PL. 216

Traité des Tissus. 2.e Édition. — P. FALCOT. — Lith. Boehrer à Altkirch.

ESQUISSES DIVERSES,
pour étoffes façonnées.

PL. 217

FIG. 1ᵉʳᵉ

FIG. 2.

FIG. 3.

FIG. 4.

Traité des Tissus. 2ᵉ Edition.   P. FALCOT.   Lith. Boehrer à Altkir

ESQUISSES DIVERSES.

PL. 21.

fig. 1ère

fig. 2.

fig. 3.

fig. 4.

fig. 5.

fig. 6.

Traité des Tissus. 2.e Édition. P. FALCOT. Lith. Boehrer à Altkirch.

ESQUISSE POUR GILETS.

PL 220.

Traité des Tissus. 2.e Édition.   P. FALCOT.   Lith. Boehrer à Altkirch.

PEIGNE CONIQUE
pour élargir et rétrécir un tissu sans interrompre le tissage.

PL. 221.

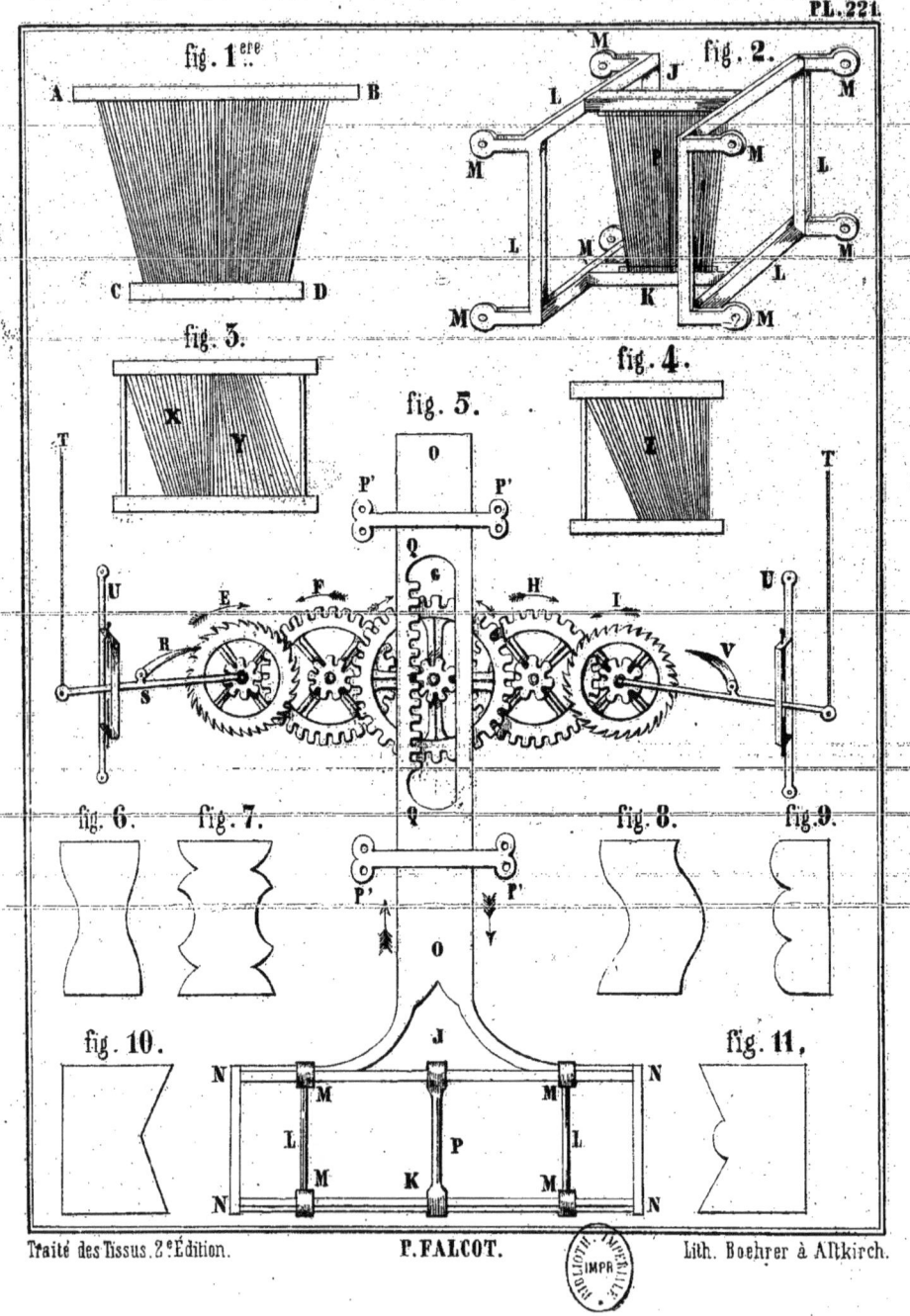

Traité des Tissus. 2.ᵉ Édition.   P. FALCOT.   Lith. Boehrer à Altkirch.

BRETELLES ENTRELACÉES.
Sac sans couture.

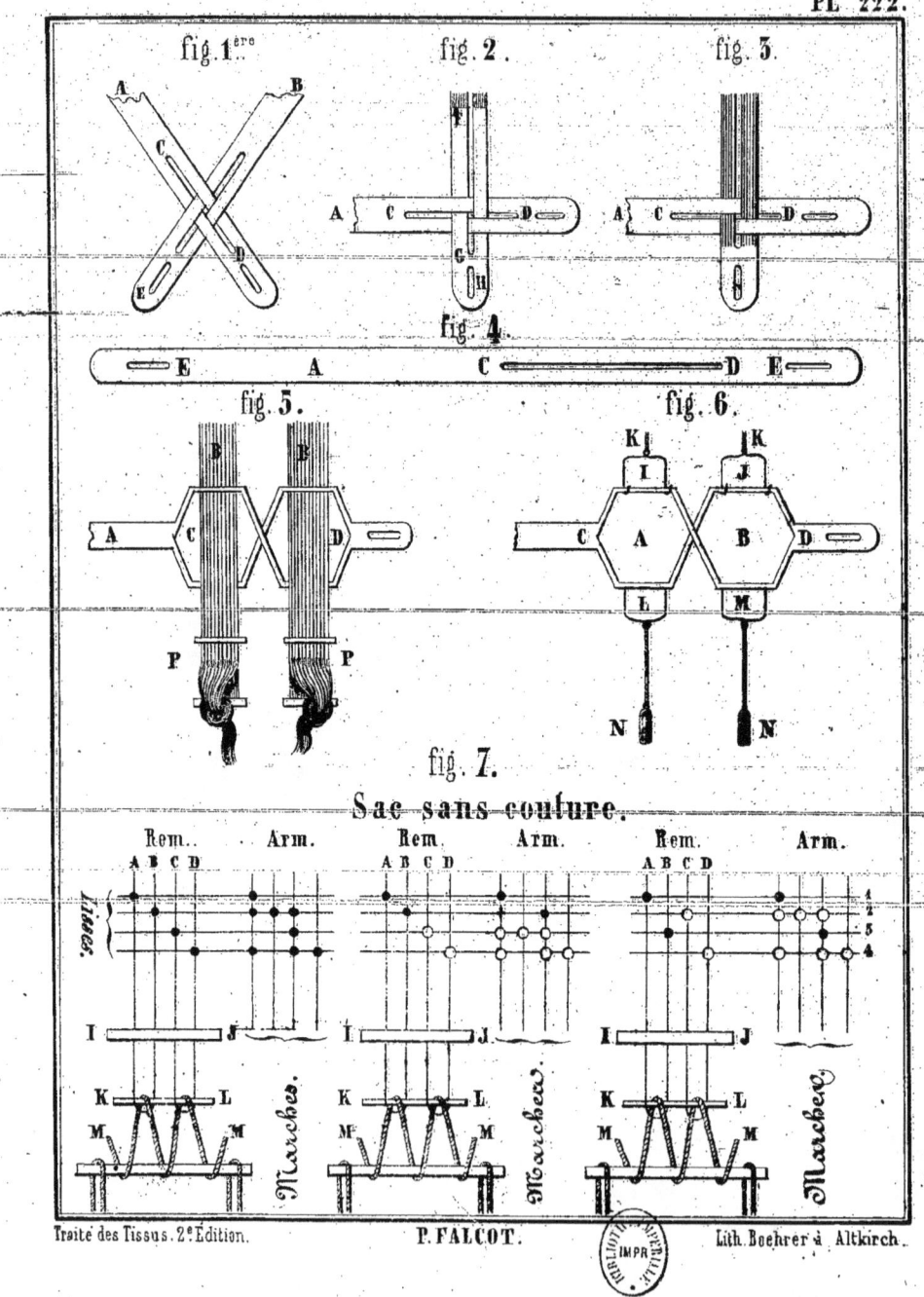

fig. 1ère — fig. 2 — fig. 3 — fig. 4 — fig. 5 — fig. 6 — fig. 7.
Sac sans couture.

Traité des Tissus. 2e Édition. — P. FALCOT. — Lith. Boehrer à Altkirch.

MÉTIERS CHINOIS.

P. FALCOT.

MÉTIER CHINOIS.

Pl. 224.

Traité des Tissus. 2ᵉ Édition. P. FALCOT. Lith. E. Simon à Strasbourg.

DIVISION DU MÈTRE

Comparée aux anciennes mesures du pied (métrique) et fractions de l'aune.

PL. 225.

Traité des Tissus. 2ᵉ Edition.   P. FALCOT.   Lith. Boehrer à Altkirch.

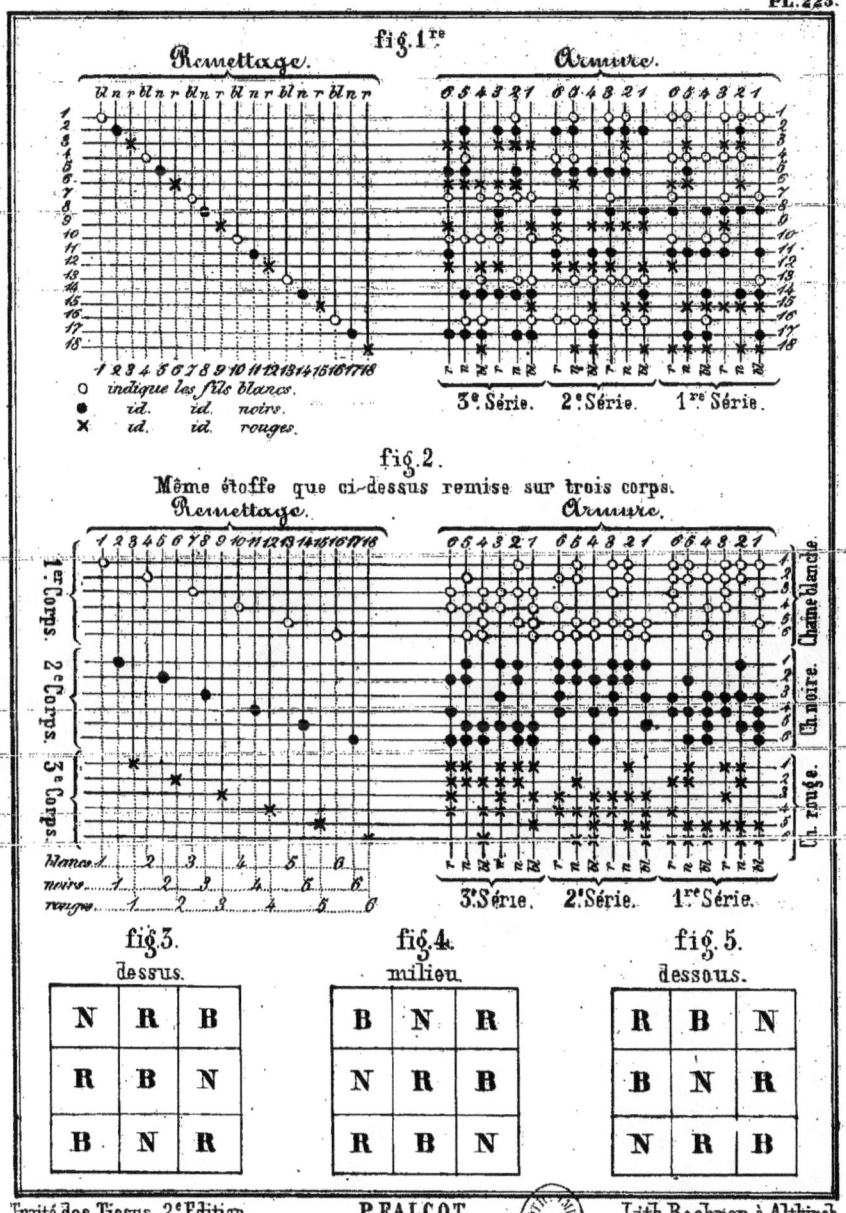

ÉTOFFE TRIPLE.
pour Écossais à trois Couleurs.

www.ingramcontent.com/pod-product-compliance
Lightning Source LLC
Chambersburg PA
CBHW060532220326
41599CB00022B/3499